Super mathematics

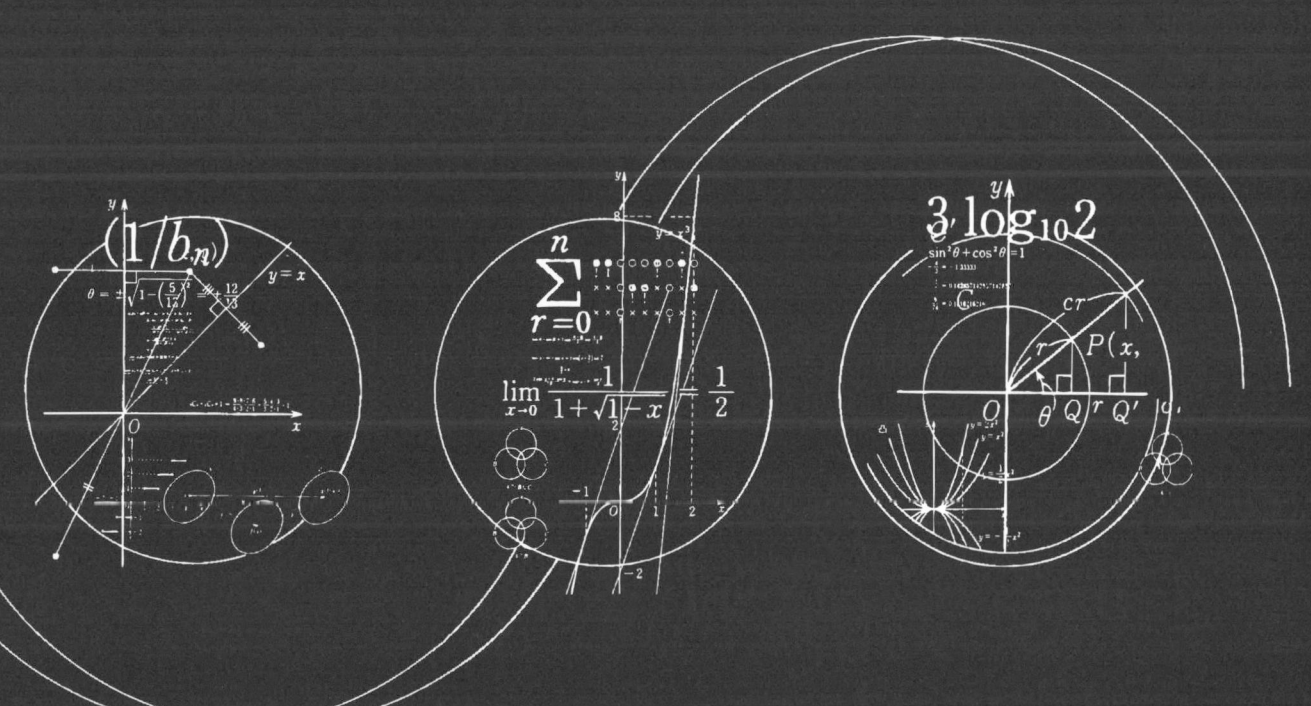

Super mathematics

수학독본

마츠자카 가즈오 지음

김태성 옮김

Super mathematics

수학독본

제 ⑤ 권 미분법의 응용 / 적분법 / 적분법의 응용 / 행렬과 행렬식

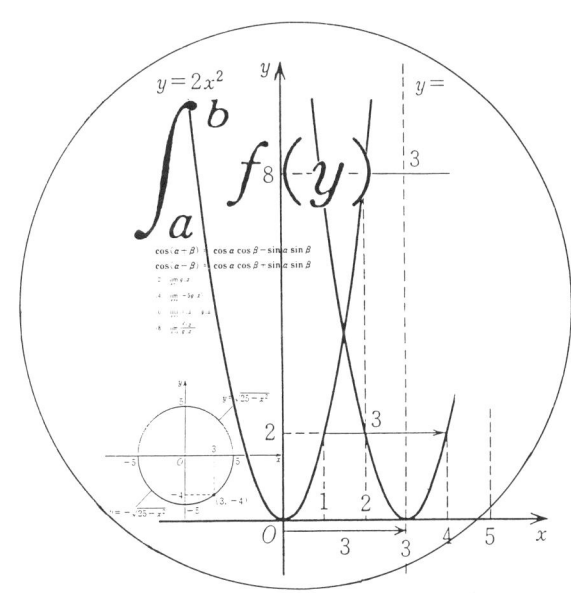

한길사

Sūgaku Tokuhon (수학독본)
(6 vols.) by Kazuo Matsuzaka

Copyright (c) 1989, 1990 by Kazuo Matsuzaka

Originally published in Japanese by Iwanami Shoten,
Publishers, Tokyo in 1989 — 1990

Korean translation copyright (c) 1994 by
Hangil Publishing Co.,Ltd.

All rights reserved. This edition was published by
arrangement with Iwanami Shoten, Publishers,
Tokyo through DRT International, Seoul

머리말

　나는 이 강의를, 초·중등 수학을 성실한 자세로 배우기를 원하는 모든 사람을 위하여 쓰고 있습니다. 내용은 중고교 수학, 특히 고교 수학입니다만, 나이가 어린 독자도 읽을 수 있도록 자세히 쓰고 있습니다.

　이 강의는, 재미있는 이야기를 취하여 하나로 정리한 것은 아닙니다. 이것은 여섯 권 전권을 통하는 어떤 종류의 일관성과 흐름을 가지고 있습니다. 결국, 나는 하나의 새로운 교과서를 쓰는 것인지도 모릅니다. 그러나, 이것은 보통 교과서와는 다릅니다. 왜냐하면 나는 여러 가지 제약없이 이 책을 쓰고 있기 때문입니다. 이 강의는 보통 교과서보다 훨씬 자유롭습니다. 또 ——그러리라고 생각합니다만—— 훨씬 깊고 풍부한 내용을 담고 있습니다. 여러분은 이 강의를 읽음으로써 지금까지 깨닫지 못했던 것을 알게 되고, 새로운 발견을 하기도 하고, 매우 흥미있는 수학 문제에 인도되기도 할 것입니다.

　이 강의에는 예나 예제가 많이 있습니다. 그리고 질문도 많이 있습니다. 질문은 쉬운 문제부터 조금 생각해야만 되는 문제까지 여러 단계의 것이 골고루 있습니다. 그리고 독자의 편의를 위해, 원칙적으로 모든 문제에 대한 해답을 넣었습니다. 나는 독자에게 시간이 허용하는 한 이러한 문제를 모두 풀어 보기를 권유합니다. 수학의 여러 개념을 마음 속에 새겨 두기 위해서는, 그저 책을 읽고 이해한다는 생각만으로는 불충분하고, 역시 "자신의 힘으로 풀어본다"고 하는 실천이 필요하기 때문입니다.

나는 너무 기교적이거나 발생원이 확실하지 않은 이상하고 부자연스러운 문제는 될 수 있는 한 피했습니다. 내가 이 강의를 통해서 이야기하고 싶은 것은 흐름이 있는 수학의 한 이야기이지 기술이나 요령 그 자체가 아니기 때문입니다.

이 강의에서는 상식적인 교과 과정의 의미로 초·중등 수학의 범위로 생각할 수 있기 때문에──어디까지가 초·중등 수학이고 어디부터가 고등 수학인지는 확실하지 않습니다만──조금 위쪽까지 연장하였습니다. 이것은 결코 교과 과정을 거기까지 끌어 올리는 것을 주장하는 의미는 아닙니다. 다만, 이야기의 전개에서 자연적으로 거기까지 나아가는 편이 좋다고 생각했기 때문에 나아가는 것 뿐입니다. 이 강의에는 인위적으로 부자연스러운 곳은 없습니다. 따라서, 이것은 아마 최종적으로는 독자를 상당히 높은 수준까지 이끌 것입니다.

이 강의에는 때때로 생략해도 좋은 곳이 있습니다. 그것은 본문과는 일단 관계가 없는 것이어서 그 때마다 그것을 예고하고 있습니다. 그러나, 그것은 흥미있는 부분이기 때문에 될 수 있으면 독자들이 읽기를 바랍니다. 그러나, 읽어 보고도 알 수 없다면 생략하고, 후일에 또 되돌아보시오. 이 주의는 다른 일반적인 것에서도 통용됩니다. 이 강의를 읽어가면서 이해할 수 없는 곳이 있다면, 독자는 우선 다음으로 나아가고, 조금 지난 후 다시 그곳을 읽어 보십시오.

나는 이 강의를 나이 어린 녹자들이 읽어 수기를 바랍니다. 그러나 또 대학생이나 사회인 ——특히 학교 선생님, 수학에 흥미를 가진 부모님, 일반적으로 교육에 관심을 가진 분들 ——이 읽기를 기대합니다. 이 강의가 수학을 배우는 사람, 수학을 가르치는 사람에게 조금이나마 매력 있는 존재가 된다면 나는 만족합니다.

끝으로 나는, 직접 간접으로 이 강의를 쓰는데 도움을 주신 분들과 이 강의의 출판에 협력해 주신 분들에게 감사를 표합니다.

수학독본 5

Super mathematics

차례

제 18 장   곡선의 성질, 최대·최소 : 미분법의 응용

제 19 장   세분에 의한 덧셈 : 적분법

제 20 장 넓이 · 부피 · 길이 : 적분법의 응용

제 21 장 또 하나의 수학의 기반 : 행렬과 행렬식

얼마 안되는 원리를 써서 아주 많은 것을 이
룩한 일은 기하학의 영광이다.

뉴턴

18 곡선의 성질, 최대 · 최소
—— 미분법의 응용

18.1 평균값의 정리

이 장에서는 미분법의 여러 가지 응용을 다룹니다.

먼저, 우리들은 도함수를 이용하여 함수가 증가하는 범위와 감소하는 범위를 조사할 수 있으며, 함수의 최대점 또는 최소점을 구할 수도 있습니다. 또한 부등식의 증명 등에 도함수를 이용할 수도 있습니다. 이러한 응용의 기초는 바로 평균값의 정리로 이 정리는 미분·적분학에서 가장 중요한 정리입니다. 이 정리의 증명을 위해 필요한 사항부터 설명하기로 합니다.

◆ 극대점·극소점

함수 f가 어떤 구간에서 정의되어 있고, c를 그 구간의 한 점이라 합니다.

만일, 그 구간에 속하는 모든 x에 대하여

$$f(c) \geqq f(x)$$

가 성립하면, c는 그 구간에서 f의 최대점, $f(c)$는 f의 최대값이라고 합니다. 이것은 이미 앞에서도 설명했습니다.

만일, c의 충분히 가까운 근방의 x에 대하여 위의 부등식이 성립하면, 즉 $a_1 < c < b_1$을 만족하는 a_1, b_1을 c의 충분히 가까운 근방에서 취할 때, 구간 (a_1, b_1)에 속하는 모든 x에 대하여

$$f(c) \geqq f(x)$$

가 성립하면, c는 f의 **국소적 최대점** 또는 **극대점**이라 하고, $f(c)$는 f의 **극대값**이라 합니다.

만일, 위의 부등식보다도 강하게, c의 충분히 가까운 근방의 c와는 다른 모든 x에 대하여

$$f(c) > f(x)$$

가 성립하면, c는 f의 **강한 의미의 극대점**, $f(c)$는 f의 **강한 의미의 극대값**이라 합니다.

극소점(국소적 최소점), 극소값 등의 개념은 부등호의 방향을 바꿈으로써 위에서와 같이 정의할 수 있습니다. 즉, c가 f의 극소점이란, c의 충분히 가까운 근방에 있는 모든 x에 대하여

$$f(c) \leqq f(x)$$

가 성립함을 의미합니다.

예를 들면, 구간 $[a, b]$에서 정의된 함수 f의 그래프가 아래 그림과 같다고 합니다.

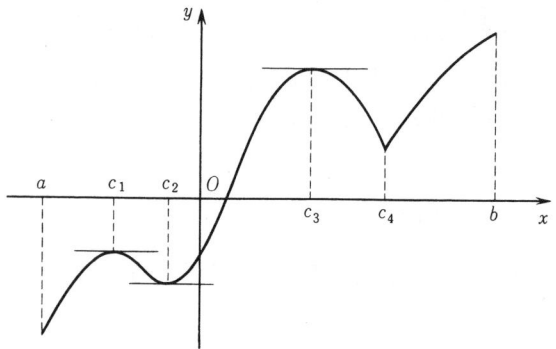

이 때, c_1은 f의 극대점, c_2는 f의 극소점입니다. 또, c_3는 f의 극대점, c_4은 f의 극소점입니다. (이 그림의 경우, 이들은 모두 "강한 의미의" 극대점, 극소점입니다.) 그리고 위의 그래프에서는 구간 $[a, b]$ 전체에서의 f의 최대점, 최소점은 모두 끝점으로 나타납니다. 즉, b가 최대점, a가 최소점입니다.

함수 f의 극대점, 극소점을 통틀어서 f의 **극점**이라 합니다. 또, 극대값, 극소값을 통틀어서 **극값**이라고 합니다.

다시 한 번 위의 그래프에서 살펴 봅시다. 이 그림에 나타난 바와 같이 극점 c_1, c_2, c_3에서의 그래프의 접선은 x축에 평행(수평)합니다. 이것은, 이들 점에서의 f의 미분계수가 0임을 뜻합니다. (점 c_4도 극점이지만 여기에서는 접선을 그을 수 없습니다.)

일반적으로, 점 c가 f의 극점으로서 구간의 끝점이 아니고 또한 f가 c에서 미분가능이라 할 때, 미분계수 $f'(c)$의 값은 0임을 예상할 수 있습니다.

실제로, 이 예상을 정리로서 기술하고 증명할 수 있습니다.

---

f를 구간 I에서 정의된 함수, c를 I의 한 점이라 하고 I의 끝점은 아니라고 한다. c는 f의 극대점 또는 극소점이라 하고, f는 c에서 미분가능이라고 한다. 이 때,
$$f'(c) = 0$$
이다.

증명 c가 f의 극대점이라 하고 증명합니다.

c는 I의 끝점이 아니므로, h를 절대값이 충분히 작은 양수 또는 음수라 하면 $c+h$도 I에 속합니다. 또, f가 c에서 미분가능하므로 극한값
$$\lim_{h \to 0} \frac{f(c+h) - f(c)}{h}$$

가 존재하고 이것은 $f'(c)$가 됩니다. 여기서 h는 양의 값을 취하면서 0에 가까워지기도 하며, 음의 값을 취하면서 0에 가까워지기도 합니다.

c는 f의 극대점이라고 가정했으므로 $|h|$가 충분히 작을 때

$$f(c) \geqq f(c+h)$$

가 성립합니다. 바꾸어 쓰면,

$$f(c+h) - f(c) \leqq 0$$

입니다.

따라서 $h > 0$일 때에는

$$\frac{f(c+h) - f(c)}{h} \leqq 0$$

입니다. 그러므로 그 극한도 $\leqq 0$입니다. 즉,

$$\lim_{h \to +0} \frac{f(c+h) - f(c)}{h} \leqq 0$$

이 됩니다.

한편, $h < 0$일 때에는

$$\frac{f(c+h) - f(c)}{h} \geqq 0$$

입니다. 따라서, 그 극한도 $\geqq 0$입니다. 즉,

$$\lim_{h \to -0} \frac{f(c+h) - f(c)}{h} \geqq 0$$

이 됩니다.

위의 두 극한은 $f'(c)$와 같지 않으면 안됩니다. 그러므로 $f'(c)$는 부등식 $f'(c) \leqq 0$와 $f'(c) \geqq 0$을 만

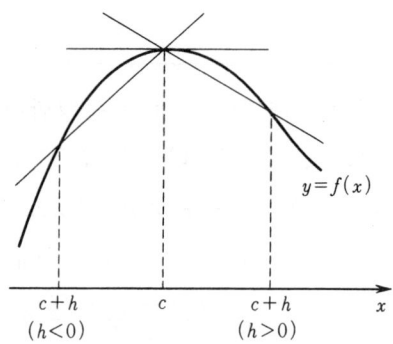

족합니다. 따라서 $f'(c)=0$입니다. 이것으로 정리는 증명되었습니다.

위의 증명에서 기술한 바를 기하학적으로 관찰하면 다음과 같습니다. 즉, $|h|$가 작을 때 $x=c$와 $x=c+h$에 대응하는 $y=f(x)$의 그래프 위의 두 점을 잇는 직선은 $h>0$일 때에는 오른쪽 아래로 내려가고, $h<0$일 때에는 오른쪽 위로 올라갑니다. 또한, $h \to 0$일 때 이들 직선은 점$(c, f(c))$에서의 그래프의 접선에 가까워집니다. 그런 것이 일어나는 경우는 그 접선이 수평이되는 경우뿐입니다. 즉 그것은, $x=c$에서 f의 미분계수 $f'(c)$가 0과 같다는 것을 뜻합니다.

◆ 롤의 정리

롤(Rolle)의 정리는 평균값의 정리의 특별한 경우입니다. 다음에 그 정리를 쓰고 증명을 하겠습니다.

롤의 정리

함수 f가 폐구간 $[a, b]$에서 연속이고
$$f(a) - f(b)$$
라 한다. 또, f는 개구간 (a, b)에서 미분가능하다고 한다. 이 때,
$$f'(c)=0, \quad a<c<b$$
인 점 c가 (적어도 하나) 존재한다.

증명 함수 f가 폐구간 $[a, b]$에서 양 끝점에 대한 값으로 항상 일정한 값을 갖는 상수함수이면 도함수 f'은 상수 0이므로 개구간 (a, b)의 임의의 점 x를 c라 하면 정리의 주장이 성립합니다.

여기서, f는 폐구간 (a, b)에서 상수가 아니라 합니다. 이 때 개구간 (a, b)의 점 s에서 $f(s) \neq f(a)$인 것이 존재합니다.

지금, $f(s)>f(a)$라 합시다. f는 폐구간에서 연

속이므로 최대·최소값의 정리(935페이지 참조)에 의해 f는 이 구간에서 최대점을 갖습니다. 그 점을 c라 하면

$$f(c) \geqq f(s) > f(a)$$

이므로 c는 양 끝점 a, b의 어느 것과도 같지 않습니다. 즉 c는 개구간 (a, b)의 점입니다. 그리고 c는 f의 최대점, 따라서 극대점입니다. 또한 가정에서 f는 c에서 미분가능합니다. 따라서 앞의 항 1019페이지의 정리에 의해

$$f'(c) = 0$$

이어야 합니다. 이것으로 함수 f가 폐구간 $[a, b]$의 한 점 s에서 $f(a)$보다 큰 값을 갖는 경우의 증명을 했습니다.

만일, f가 구간 내의 한 점 s에서 $f(a)$보다 작은 값을 갖는 경우에는 f의 최대점 대신에 f의 최소점을 생각하면 그 점에서의 f의 미분계수의 값이 0이 되는데, 위와 마찬가지로 증명할 수 있습니다.

이상으로 롤의 정리는 증명되었습니다.

아래 그림은 롤의 정리의 기하학적 해석을 보인 것입니다. 이 그래프에서는 세 점 c_1, c_2, c_3에 대한 f의 미분계수의 값이 0입니다.

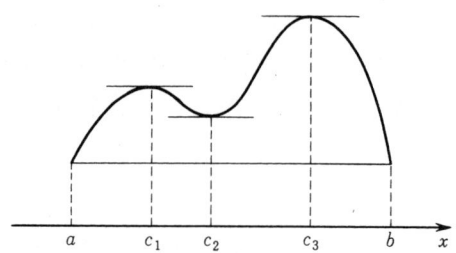

위의 롤의 정리에서 함수 f는 양끝 a, b에서의 값이 같고, 또한

폐구간 $[a, b]$에서 연속, 개구간 (a, b)에서 미분가능

이라고 가정했습니다. 이 가정에서 f가 개구간 (a, b)에서 미분가능하다는 것은 끝점 a 및 b에서는 f가 미분가능이 아니라는 의미는 결코 아닙니다. 물론 f는 끝점 a 또는 b에서도 미분가능(정확히 말하면 a에서 우측 미분가능, b에서 좌측 미분가능)하다고 해도 좋습니다. 단, 끝점 a, b에서는 연속성의 가정이 만족되어 있으면 되며, 미분가능성까지 요구하지 않아도 정리는 성립한다는 뜻입니다.

이를테면, 함수 $f(x) = \sqrt{1 - x^2}$은 폐구간 $[-1, 1]$에서 연속, 개구간 $(-1, 1)$에서 미분가능이고 $f(-1) = f(1) = 0$입니다. 끝점 $x = -1$, $x = 1$에서는 미분가능하지 않습니다. 그러나 아래 왼쪽 그림에서와 같이 $x = 0$에서 $f'(0) = 0$이 됩니다.

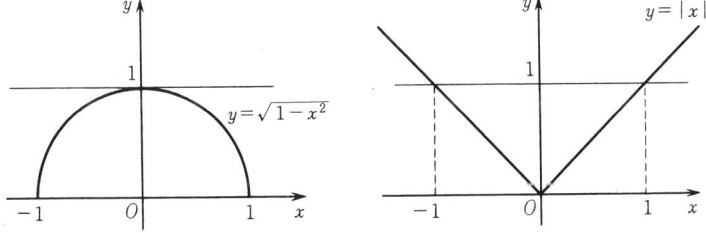

한편, 개구간 (a, b) 안에 f가 미분가능하지 않은 점이 하나라도 있으면 (다른 가정이 모두 만족되어 있어도) 롤의 정리의 결론은 성립한다고는 할 수 없습니다.

이를테면, 함수 $f(x) = |x|$를 폐구간 $[-1, 1]$에서 생각하면

$$f(-1) = f(1) = 1$$

이지만 -1과 1 사이에 $f'(c) = 0$인 점 c는 존재하지 않습니다. 실제로 이 함수 $f(x) = |x|$는 $x = 0$——그것은 우연히 생각하는 구간에서 f의 최소점이 됩니다. ——에서 미분가능하지 않습니다. 이 때문에 롤의 정리의 결론을 적용할 수 없습니다.

◆ 평균값의 정리

앞에서와 같이, 함수 f는 폐구간 $[a, b]$에서 연속, 개구간 (a, b)에서 미분가능하다고 가정합니다. 단, 이번에는 "$f(a)=f(b)$"라는 가정은 제외하고 생각합니다.

이 때, 구간 $[a, b]$에서 $y=f(x)$의 그래프의 양 끝점 $P(a, f(a))$, $Q(b, f(b))$를 잇는 직선은 일반적으로 수평은 아닙니다. 이 직선 PQ의 기울기는

$$\frac{f(b)-f(a)}{b-a}$$

이고, 이것은 a와 b 사이의 f의 평균변화율입니다.

롤의 정리는, 그래프의 양 끝점을 잇는 직선이 수평인 경우에는 양 끝점 이외의 그래프 위의 한 점에서 수평인 접선을 그래프에 그을 수 있다는 것입니다. 이 주장을, 그래프의 양 끝점을 잇는 직선 PQ가 임의의 기울기를 갖는 경우로 일반화하면 양 끝점 이외의 그래프 위의 한 점에서 이 직선 PQ에 평행한 접선을 그래프에 그을 수 있다는 주장과 같아집니다. 바꾸어 말하면 미분계수 $f'(c)$가 위의 평균변화율과 같아지는 점 c가 a와 b 사이에(적어도 하나) 존재한다고 생각할 수 있습니다. 이 주장이 실제로 평균값의 정리입니다.

다음 그림은 위에서 말한 평균값의 정리의 기하학적 해석을 보이고 있습니다.

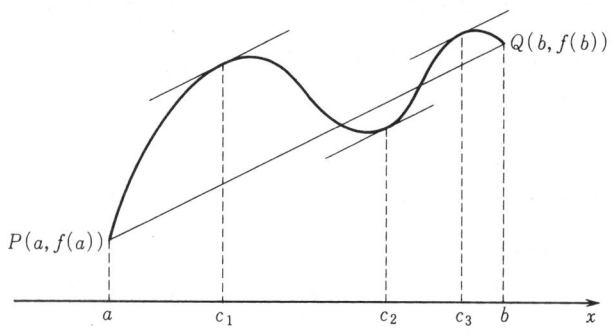

다음에 평균값의 정리를 정확히 쓰고 증명하여 봅시다.

> **평균값의 정리**
>
> 함수 f는 폐구간 $[a, b]$에서 연속, 개구간 (a, b)에서 미분가능하다고 한다. 이 때, $a < c < b$이고
>
> $$\frac{f(b) - f(a)}{b - a} = f'(c)$$
>
> 인 c가 (적어도 하나) 존재한다.

증명 우리는 이 정리를 롤의 정리를 이용하여 증명합시다. 이를 위해 다음과 같이 함수 f의 그래프를 "수평화"하여 롤의 정리를 적용합니다.

먼저, 함수 f의 폐구간 $[a, b]$에서의 그래프의 양 끝점 $(a, f(a))$, $(b, f(b))$를 잇는 직선을 생각하면, 그 방정식은

$$y = \frac{f(b) - f(a)}{b - a}(x - a) + f(a)$$

로 주어집니다. 실제로 이 직선은 기울기

$$\frac{f(b) - f(a)}{b - a}$$

를 가지며 점 $(a, f(a))$를 지나기 때문입니다.

여기서, $f(x)$와 이 직선과의 "차"를 생각합니다. 즉, 함수

$$g(x) = f(x) - \frac{f(b) - f(a)}{b - a}(x - a) - f(a)$$

를 생각합니다. 여기서

$$g(a) = f(a) - 0 - f(a) = 0$$

$$g(b) = f(b) - (f(b) - f(a)) - f(a) = 0$$

이 됩니다. 즉,

$$g(a) = g(b) = 0$$

입니다. 따라서 g도 분명히 폐구간 $[a, b]$에서 연속, 개구간 (a, b)에서 미분가능입니다.

따라서 함수 g에 대하여 롤의 정리를 적용할 수 있습니다. 그렇게 하면 $a < c < b$이고

$$g'(c) = 0$$

인 c가 존재함을 알 수 있습니다.

그런데, $g(x)$를 미분하면 단순한 계산에 의하여

$$g'(x) = f'(x) - \frac{f(b) - f(a)}{b - a}$$

를 얻습니다. 따라서 $g'(c) = 0$인 것은

$$\frac{f(b) - f(a)}{b - a} = f'(c)$$

가 성립함을 뜻합니다. 이것으로 정리가 증명되었습니다.

위의 증명에서는 함수 f의 그래프를 "수평화"하는데 있다는 것을 여러분은 주의하기 바랍니다. 즉, $f(x)$에서 그래프의 양 끝을 잇는 직선의 방정식을 그으면 양 끝에서의 값이 모두 0인, 함수 $g(x)$를 얻습니다. 그 다음 이 함수 $g(x)$에 대하여 롤의 정리를 적용하여 보다 일반적인 결과를 얻을 수 있을 것입니다.

다음 절에서 여러분은 미분법의 여러 가지 응용에서 평균값의 정리가 기본적인 역할을 하고 있다는 것을 살펴 보기 바랍니다. 이 정리에서 주장하고 있는 "c의 존재"가 이론면에서 중요한 기능을 갖습니다. 이 정리의 의의는——강조합니다만——"c의 존재"입니다. 구체적으로 c의 값을 구한다는 것은 일반적으로 곤란하다는 것만이 아니고, 그다지 의미도 없습니다. (단지 연습을 위해 간단히 c의 값을 구할 수 있는 경우에 대한 문제를 다음에 들어 둡니다.)

문제 1 다음 함수 f와 구간 $[a, b]$에 대해 평균값의 정리의 결론을 성립시키는 c의 값을 구하시오.

(1) $f(x) = x^2$, $a = 0$, $b = 2$

(2) $f(x) = x^3$, $a = -2$, $b = 3$

(3) $f(x) = \log x$, $a = 1$, $b = e$

18.2 함수의 증감의 판정과 그 응용

미분법의 가장 두드러진 효용은, 도함수의 부호에 의해 본래의 함수의 증가·감소 상태를 알아볼 수 있다는 데 있습니다. 이 절은 이것을 주요한 주제로 하여 전개합니다.

◆ 도함수의 부호와 함수의 증감

어떤 구간에서 함수 f의 도함수 f'의 값이 항상 양이라고 합니다. 이 때 곡선 $y = f(x)$ 위의 점 x좌표가 그 구간에 속하는 점에서의 접선은 항상 오른쪽 위로 올라가는 직선이 됩니다. 따라서 이 경우, 곡선 $y = f(x)$ 자신도 오른쪽 위로 올라가는 곡선으로 생각할 수 있습니다. 바꾸어 말하면, 함수 f는 그 구간에서 증가함수입니다.

마찬가지로, 어떤 구간에서 함수 f의 도함수 f'의 값이 항상 음이면 그 구간에서 함수 f는 감소함수입니다. 또, 만일 어떤 구간에서 도함수 f'의 값이 항상 0이면 그 구간에서 함수 f의 그래프는 x축에 평행(수평)입니다.

이러한 직관적 판단은 잘못된 것이 아닙니다. 실제로 이 사실을 정리로서 기술하여 증명할 수 있습니다.

다음 정리에서는 상기의 것을 더 자세한 형태로 서술한 것입니다.

이 정리에서 구간 I의 "내부"란 I에서 그 끝점을 제외시킨 집합을 의미합니다. 이를테면, I가 폐구간 $[a, b]$이면 I의 내부는 개구간 (a, b)입니다. I가 개구간 (a, b)이면 I의 내부는 I 자신입니다. 또, 이를테면 I가 구간 $[a, \infty)$이면 I의 내부는 구간 (a, ∞)입니다.

정리 (도함수의 부호와 함수의 증감)

함수 f는 구간 I에서 연속, I의 내부에서 미분가능이라 한다. 이 때,

1 I의 내부에서 항상 $f'(x) > 0$이면

f는 구간 I에서 증가한다.

2 I의 내부에서 항상 $f'(x) < 0$이면

f는 구간 I에서 감소한다.

3 I의 내부에서 항상 $f'(x) = 0$이면

f는 구간 I에서 상수이다.

증명 x_1, x_2를 구간 I의 서로 다른 두 점이라 하고, $x_1 <$ x_2라 합니다. 이 때, 구간 $[x_1, x_2]$에서 함수 f에 평균값의 정리를 적용할 수 있습니다. 즉, $x_1 < c < x_2$이고

$$\frac{f(x_2) - f(x_1)}{x_2 - x_1} = f'(c)$$

인 점 c가 존재함을 알 수 있습니다. 분명히 이 점 c는 구간 I의 끝점은 아닙니다. 즉, c는 I의 내부에 속하는 한 점입니다.

이제, I의 내부에서 항상 $f'(x) > 0$라고 가정합시다. 이 때에는 위의 식에서 $f'(c) > 0$이므로 좌변의 값도 >0입니다. 그리고 분모 $x_2 - x_1 > 0$이므로 분자 $f(x_2) - f(x_1) > 0$가 됩니다. 그러므로

$$f(x_1) < f(x_2)$$

입니다. 이것은 f가 구간 I에서 증가함수임을 의미합니다.

같은 방법으로, I의 내부에서 항상 $f'(x) < 0$이면 위의 식에서 $f'(c) < 0$입니다. 그러므로

$$f(x_1) > f(x_2)$$

입니다. 즉, 이 경우 f는 구간 I에서 감소합니다.

끝으로, 만일 I의 내부에서 항상 $f'(x) = 0$이면, 위의 식에서 $f'(c) = 0$이므로

$$f(x_1) = f(x_2)$$

입니다. 따라서 f는 구간 I에서 상수입니다.

이상으로 **1, 2, 3**의 증명이 모두 끝났습니다.

위의 정리 **1**에 따르면, 이를테면 함수 f가 구간 $[a,$

∞)에서 연속, 구간 (a, ∞)에서 미분가능이고 (a, ∞)에 속하는 모든 x에 대하여 $f'(x)>0$ 이면, f는 구간 $[a, \infty)$에서 증가합니다. $(f'(a)=0$이어도 되고, 존재하지 않아도 상관없습니다.) 즉,

$$x_1,\ x_2\in[a, \infty),\quad x_1<x_2$$

이면

$$f(x_1)<f(x_2)$$

가 성립합니다. 특히, $a<x$이면 $f(a)<f(x)$가 성립합니다.

　위의 정리는 미분법에서 근본적인 중요성을 지니고 있습니다. 지금부터 기술하는 여러 가지 응용은 기본적으로 모두 이 정리가 근원이 됩니다. 그러나, 그러한 응용을 기술하기 전에 위의 정리 **3**에서 유도되는 하나의 계를 들어 놓기로 합니다. 이 계는 특히 적분법에서 중요한 역할을 합니다.

계　어떤 구간 I에서 두 함수 F, G가 미분가능이고 I의 모든 점 x에 대하여

$$F'(x)=G'(x)$$

가 성립한다고 한다. 이 때, 어떤 상수 C가 존재하여 I의 모든 점 x에 대하여.

$$G(x)=F(x)+C$$

가 성립한다.

증명　가정에서 $F'(x)=G'(x)$이므로 $G(x)-F(x)$의 도함수는

$$(G(x)-F(x))'=G'(x)-F'(x)=0$$

이 됩니다. 그러므로 정리 **3**에 의해 $G(x)-F(x)$는 구간 I에서 상수입니다. 이 상수를 C라 하면 I에서 $G(x)-F(x)=C$, 즉

$$G(x)=F(x)+C$$

가 성립합니다.

이제 정리의 응용으로 들어갑니다. 우선 간단한 예부터 시작합시다.

예 $f(x) = e^x$라 하면

$$f'(x) = e^x$$

이고, 모든 x에 대하여 $f'(x) > 0$입니다. 그러므로 함수 $f(x) = e^x$은 실수의 전구간 $(-\infty, \infty)$에서 증가합니다. ——단, 이 사실은 물론 도함수의 부호를 조사해 보지 않더라도 우리는 이전부터 알고 있습니다.

예 $f(x) = \log x$라 합니다. 이 때

$$f'(x) = \frac{1}{x}$$

이고, 모든 $x > 0$에 대하여 $f'(x) > 0$입니다. 그러므로 함수 $f(x) = \log x$는 정의역 $(0, \infty)$에서 증가합니다. ——이 사실도 도함수의 부호를 살펴보기 이전부터 알고 있습니다.

예 $f(x) = x^3 - 3x + 1$일 때, 이 함수가 증가하는 구간과 감소하는 구간을 구하여 봅시다.

함수 $f(x)$를 미분하면,

$$f'(x) = 3x^2 - 3 = 3(x+1)(x-1)$$

입니다. 따라서

구간 $x < -1$ 에서 $f'(x) > 0$

구간 $-1 < x < 1$에서 $f'(x) < 0$

구간 $1 < x$ 에서 $f'(x) > 0$

입니다. 따라서 $f(x)$는 구간 $x \le -1$에서는 증가, 구간 $-1 \le x \le 1$에서는 감소, 구간 $1 \le x$에서는 증가합니다.

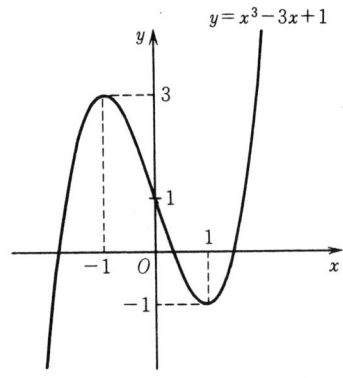

[주의 : 이 해답에서 쓴 것과 같이 이를테면 구간 $(-\infty, -1)$, $(-\infty, -1]$을 "구간 $x < -1$", "구간 $x \le -1$"와 같이 부등식 그대로 나타냅니다.]

앞 페이지 왼쪽에 이 함수의 그래프를 그렸습니다.

위의 예의 함수 $f(x) = x^3 - 3x + 1$에 대하여 $f'(x)$ 의 부호와 $f(x)$의 증감의 관계를 표로 나타내면 아래와 같습니다.

x	$\cdots$	-1	$\cdots$	1	$\cdots$
$f'(x)$	$+$	0	$-$	0	$+$
$f(x)$	↗	3	↘	-1	↗

이와 같은 표를 **증감표**라고 합니다. 표 중의 ↗는 증가를, ↘는 감소를 나타냅니다.

일반적으로, 함수의 증감에 관하여 조사할 때에는 이와 같은 증감표를 만들면 편리합니다.

위의 함수 $f(x) = x^3 - 3x + 1$에서 x가 증가하면서 -1을 지날 때, $x = -1$까지는 증가하고 $x = -1$을 넘으면 감소합니다. 따라서 $x = -1$은 이 함수의 극대점이며, $f(-1) = 3$은 극대값입니다. 또, x가 증가하면서 1을 지날 때, $x = 1$까지는 감소하고 $x = 1$을 넘으면 증가합니다. 따라서, $x = 1$은 이 함수의 극소점이고 $f(1) = -1$은 극소값입니다.

위의 예와 마찬가지로 일반적으로 다음을 알 수 있습니다.

"미분가능한 함수 f가 어떤 구간 내의 한 점 c에서

$$f'(c) = 0$$

이고, x가 증가하면서 c를 지날 때

$f'(x)$의 값이 양에서 음으로 바뀌면

$x = c$는 f의 극대점이다.

$f'(x)$의 값이 음에서 양으로 바뀌면

$x = c$는 f의 극소점이다.

실제로 이것이 함수의 극값을 구하기 위한 기본적인 판정법입니다.

$f'(c) = 0$이어도 $x = c$의 전후에서 $f'(x)$의 부호가 바

꿔지 않으면 $f(c)$는 극값이 아닙니다.

이를테면, $f(x)=x^3$이면
$$f'(x)=3x^2$$
이고, $x=0$에서 $f'(0)=0$입니다. 그러나 $x<0$에서도, $0<x$에서도 $f'(x)>0$이므로 $f(x)$는 구간 $(-\infty, 0]$, $[0, \infty)$의 각각에서 증가합니다. 그러므로 $x=0$은 이 함수의 극점이 아닙니다.

함수 $f(x)=x^3$은 결국, 실수 전체의 구간 $(-\infty, \infty)$에서 증가합니다. 왜냐하면, 구간 $(-\infty, 0]$, $[0, \infty)$을 합하면 $(-\infty, \infty)$가 되기 때문입니다.

또 한 가지 주의할 점은, 함수에 따라서는 미분가능이 아닌 점에서 극값을 갖는 경우가 있습니다. 예를 들면, 함수 $f(x)=|x|$는 $x=0$에서 미분가능이 아니지만 $x=0$은 이 함수의 극소점입니다.

예를 더 들어 보겠습니다.

예 함수 $f(x)=x^4+2x^3$의 증감을 조사하고, 그 극값을 구하시오.

풀이 $f(x)$를 미분하면
$$f'(x)=4x^3+6x^2=2x^2(2x+3)$$
따라서 다음의 증감표를 얻습니다.

x		$-\dfrac{3}{2}$		0	
$f'(x)$	$-$	0	$+$	0	$+$
$f(x)$	$\searrow$	$-\dfrac{27}{16}$	$\nearrow$	0	$\nearrow$

따라서, 이 함수는
$$\text{구간 } \left(-\infty, -\frac{3}{2}\right] \text{에서 감소하고,}$$
$$\text{구간 } \left[-\frac{3}{2}, \infty\right) \text{에서 증가합니다.}$$

$x=-\dfrac{3}{2}$은 극소점이고, $f\left(-\dfrac{3}{2}\right)=-\dfrac{27}{16}$은 극소값

입니다.(이것은 또 전구간에서 $f(x)$의 최소값입니다.)

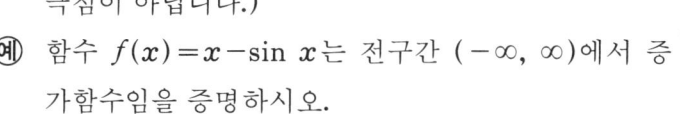

그래프의 개형은 오른쪽 그림과 같습니다.

(원점 O에서의 그래프는 x축에 접하지만 $x=0$은 극점이 아닙니다.)

예 함수 $f(x)=x-\sin x$는 전구간 $(-\infty, \infty)$에서 증가함수임을 증명하시오.

증명 $f(x)$를 미분하면,
$$f'(x)=1-\cos x$$
이고, 정수 n에 대하여 $x=2n\pi$일 때를 제외하면,
$$\cos x<1 \quad 그러므로 \quad f'(x)>0$$
입니다. 즉, $f'(x)$는 구간
$$\cdots, \quad (-2\pi, 0), \quad (0, 2\pi), \quad (2\pi, 4\pi), \quad \cdots$$
의 각각에서 양입니다. 따라서 정리에 의해 $f(x)$는 구간
$$\cdots, \quad [-2\pi, 0], \quad [0, 2\pi], \quad [2\pi, 4\pi], \quad \cdots$$
의 각각에서 증가합니다. 결국, $f(x)$는 전구간 $(-\infty, \infty)$에서 증가합니다.

문제 2 도함수를 이용하여 이차함수 $y=ax^2+bx+c$는 구간 $x\leqq -\dfrac{b}{2a}$에서 감소하고, 구간 $-\dfrac{b}{2a}\leqq x$에서 증가함을 보이시오. 단, $a>0$라 합니다.

문제 3 삼차함수 $y=x^3+ax^2+bx+c$는 $a^2-3b>0$이면 극대점·극소점을 1개씩 갖는다는 것과 $a^2-3b\leqq 0$이면 극값을 갖지 않음을 증명하시오.

문제 4 다음 함수의 증감을 조사하고 극값을 구하시오.

(1) $y=12x-x^3$ (2) $y=\dfrac{1}{3}x^3+x^2$

(3) $y=x^3+x-5$ (4) $y=-2x+x^2-x^3$

(5) $y=x^4-2x^2+1$ (6) $y=x^4+x^2$

(7) $y=x^3(x-4)$ (8) $y=|x^3-3x^2|$

(9)　$y = x + \dfrac{1}{x}$　　　　(10)　$y = xe^x$

(11)　$y = x + 2\sin x \ (0 \leqq x \leqq 2\pi)$

문제 5 다음 성질을 갖는 삼차함수를 구하시오.

(1)　$x = -1$일 때 극대값 10, $x = 2$일 때 극소값 -17을 갖는다.

(2)　$x = 0$일 때 극소값 -8을 갖고, 점 $(2, 0)$에서 그래프가 x축에 접한다.

◆　**방정식 · 부등식의 응용**

앞에서 설명한 "함수의 증감"의 조사 방법을 활용하면 여러 가지 부등식을 증명할 수 있고, 또 방정식의 실근의 개수를 조사할 수도 있습니다. 이 절에서는 이런 종류의 문제를 다룹니다.

예제　n을 1보다 큰 정수라 합니다. $x > 1$일 때,
$$x^n - 1 > n(x - 1)$$
이 성립함을 증명하시오.

증명　$f(x) = (x^n - 1) - n(x - 1)$이라 하면,
$$f'(x) = nx^{n-1} - n = n(x^{n-1} - 1)$$
입니다. n은 $n > 1$인 정수이므로 $n - 1$은 자연수입니다. 따라서 $x > 1$이면 $x^{n-1} > 1$, 그러므로
$$f'(x) > 0$$
입니다. 즉, 구간 $x \geqq 1$에서 $f(x)$는 단조증가합니다. 따라서 $x > 1$이면
$$f(x) > f(1)$$
인데, 분명히 $f(1) = 0$이므로 $x > 1$일 때 $f(x) > 0$, 즉
$$x^n - 1 > n(x - 1)$$
입니다.

예제　$x \neq 0$일 때

$$\cos x > 1 - \frac{x^2}{2}$$

이 성립함을 증명하시오.

증명 좌변에서 우변을 뺀 차를

$$f(x) = \cos x - \left(1 - \frac{x^2}{2}\right)$$

이라 놓고, 이것을 미분하면,

$$f'(x) = -\sin x + x$$

입니다. 1033페이지의 예에서 함수 $x - \sin x$는 구간 $(-\infty, \infty)$에서 단조증가한다는 것을 알았습니다.

이 함수의 $x = 0$에서의 값은 0이므로

$$x < 0 일 때 \quad f'(x) < 0$$
$$x > 0 일 때 \quad f'(x) > 0$$

입니다. 그러므로, 함수 $f(x)$는 구간 $(-\infty, 0]$에서 감소, 구간 $[0, \infty)$에서 증가하고, $x = 0$에서 최소값을 갖습니다. 그 최소값은

$$f(0) = \cos 0 - (1 - 0) = 0$$

입니다. 따라서 $x \neq 0$일 때 $f(x) > f(0) = 0$, 즉

$$\cos x > 1 - \frac{x^2}{2}$$

예제 n을 임의의 자연수라 합니다. $x > 0$일 때

$$e^x > 1 + \frac{x}{1!} + \frac{x^2}{2!} + \cdots + \frac{x^n}{n!}$$

이 성립함을 증명하시오.

증명 함수 $f_n(x)$를

$$f_n(x) = e^x - \left(1 + \frac{x}{1!} + \frac{x^2}{2!} + \cdots + \frac{x^n}{n!}\right)$$

라 정의합니다. 증명해야 할 것은

$$x > 0 일 때 \quad f_n(x) > 0$$

입니다. 이것을 다음과 같이 n에 관한 수학적귀납법에 의해 증명합니다.

1 $n = 1$일 때,

함수 $f_1(x) = e^x - (1 + x)$를 미분하면,

$$f_1{}'(x) = e^x - 1$$

이고, e^x은 단조증가하므로 $x > 0$일 때 $e^x > e^0 = 1$. 그러므로

$$f_1{}'(x) > 0$$

따라서, $f_1(x)$는 구간 $[0, \infty)$에서 증가합니다. 따라서, $x > 0$일 때

$$f_1(x) > f_1(0) = 0$$

2 $n = k$에 대하여 명제가 성립한다고 가정합니다. 즉,

$$x > 0 일 때 \qquad f_k(x) > 0$$

가 성립한다고 가정합니다. 이 가정에 따라 $n = k+1$에 대해서도 명제가 성립한다는 것, 즉

$$x > 0 일 때 \qquad f_{k+1}(x) > 0$$

이 성립함을 증명합시다.

먼저, 함수

$$f_{k+1}(x) = e^x - \left(1 + \frac{x}{1!} + \frac{x^2}{2!} + \cdots + \frac{x^k}{k!} + \frac{x^{k+1}}{(k+1)!} \right)$$

을 미분하면,

$$(e^x)' = e^x, \qquad (1)' = 0, \qquad \left(\frac{x}{1!} \right)' = 1,$$

$$\left(\frac{x^2}{2!} \right)' = \frac{2x}{2!} = \frac{x}{1!},$$

$$\left(\frac{x^3}{3!} \right)' = \frac{3x^2}{3!} = \frac{x^2}{2!}, \quad \cdots, \quad \left(\frac{x^{k+1}}{(k+1)!} \right)' = \frac{x^k}{k!}$$

이므로

$$f_{k+1}{}'(x) = e^x - \left(1 + \frac{x}{1!} + \frac{x^2}{2!} + \cdots + \frac{x^k}{k!} \right) = f_k(x)$$

가 됩니다. 따라서, 귀납법의 가정에 의해서

$$x > 0 일 때 \qquad f_{k+1}{}'(x) > 0$$

입니다. 다음의 논의는 이미 몇 번 경험한 바와 같습니다. 즉, 위의 결과에서 $f_{k+1}(x)$는 구간 $[0, \infty)$에서 증가함을 알 수 있고, $f_{k+1}(0) = 0$인 것에 주의하면,

$$x > 0 일 때 \qquad f_{k+1}(x) > f_{k+1}(0) = 0$$

임을 알 수 있습니다.

여기서 원하는 증명이 얻어졌습니다.

예제 앞의 예제의 결과를 이용하여

$$\lim_{x\to\infty}\frac{e^x}{x}=+\infty, \quad \lim_{x\to\infty}\frac{e^x}{x^2}=+\infty, \cdots\cdots,$$

일반적으로, 임의의 자연수 n에 대하여

$$\lim_{x\to\infty}\frac{e^x}{x^n}=+\infty$$

가 성립함을 증명하시오. 같은 것이지만, 이 결과는 또

$$\lim_{x\to\infty}\frac{x^n}{e^x}=0$$

으로도 나타낼 수 있습니다. [이 예제는 x가 커질 때 e^x는 급격히 커짐을 나타냅니다. 즉, $x\to\infty$일 때, 어떤 n에 대해서도 e^x은 x^n보다 "매우 빠르게 커진다"는 것입니다.]

증명 n을 하나의 주어진 자연수라 합니다. 앞의 예제에 의하면 $x>0$일 때

$$e^x>1+\frac{x}{1!}+\frac{x^2}{2!}+\cdots+\frac{x^n}{n!}+\frac{x^{n+1}}{(n+1)!}$$

이 성립합니다. 우변의 합은, 그 전체 항이 양이므로 최후의 1항보다 큽니다.

이 때 훨씬 간단한 부등식

$$e^x>\frac{x^{n+1}}{(n+1)!}$$

을 얻습니다. 이 양변을 x^n으로 나누면

$$\frac{e^x}{x^n}>\frac{x}{(n+1)!}$$

를 얻고, 여기서 $x\to+\infty$라 하면 좌변은 $+\infty$가 됩니다. 따라서

$$\lim_{x\to\infty}\frac{e^x}{x^n}=+\infty$$

이것으로 주장한 바가 증명되었습니다.

예제 m을 실수인 상수라 할 때 x에 관한 방정식

$$e^x = mx$$

는 몇 개의 서로 다른 실근을 갖는가요? m의 값에 따라 분류하시오.

▐풀이▐ 이 방정식은 $x = 0$을 근으로 하지 않으므로 양변을 x로 나눈 방정식

$$\frac{e^x}{x} = m$$

에 관하여 생각하면 됩니다. 이 방정식의 실근은, 함수

$$f(x) = \frac{e^x}{x}$$

의 그래프와 x축에 평행한 직선 $y = m$과의 교점의 x좌표입니다.

$f(x)$를 미분하면

$$f'(x) = \frac{e^x \cdot x - e^x}{x^2} = \frac{e^x(x-1)}{x^2}.$$

따라서, $f(x)$의 증감표는 다음과 같습니다.

x		0		1	
$f'(x)$	$-$		$-$	0	$+$
$f(x)$	$\searrow$		$\searrow$	e	$\nearrow$

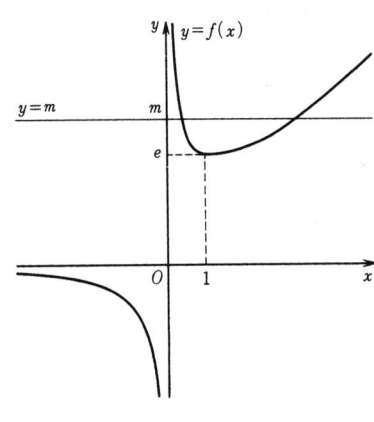

또, $x \to +0$, $x \to -0$, $x \to \infty$, $x \to -\infty$일 때의 $f(x)$의 극한은 각각

$$\lim_{x \to +0} \frac{e^x}{x} = +\infty, \qquad \lim_{x \to -0} \frac{e^x}{x} = -\infty,$$

$$\lim_{x \to \infty} \frac{e^x}{x} = +\infty, \qquad \lim_{x \to -\infty} \frac{e^x}{x} = 0$$

이 됩니다. 그러므로 $y = f(x)$의 그래프의 개형은 왼쪽과 같습니다.

주어진 방정식의 서로 다른 실근의 개수는, $y = f(x)$의 그래프와 직선 $y = m$과의 공유점의 개수와 같습니다. 따라서 왼쪽 그림에서 다음 결론을 얻습니다.

$$m < 0일 \ 때 \quad 1개,$$

$$0 \le m < e일 \ 때 \quad 0개,$$

$$m = e \text{일 때 } 1\text{개,}$$
$$m > e \text{일 때 } 2\text{개.}$$

문제 6 $x > 0$일 때 $x - 1 \geqq \log x$임을 증명하시오.

문제 7 $x > 1$일 때 $\dfrac{1}{x} < \dfrac{\log x}{x-1} < 1$을 증명하시오.

문제 8 $x > 0$일 때

$$x - \frac{x^2}{2} < \log(1+x) < x - \frac{x^2}{2} + \frac{x^3}{3}$$

임을 보이시오.

일반적으로,

$$g_n(x) = x - \frac{x^2}{2} + \frac{x^3}{3} - \cdots + (-1)^{n-1}\frac{x^n}{n}$$

이라 합니다. $x > 0$인 범위에서 $g_n(x)$와 $\log(1+x)$의 대소는 어떻게 될까요?

문제 9 $x > 0$일 때, 다음 부등식이 성립함을 증명하시오. (이 중의 일부는 이미 증명이 끝났습니다.)

$$x - \frac{x^3}{3!} < \sin x < x$$
$$1 - \frac{x^2}{2!} < \cos x < 1 - \frac{x^2}{2!} + \frac{x^4}{4!}$$

이들 부등식을 더 일반화할 수 있습니까?

문제 10 $x < 1,\, x \neq 0$이면

$$1 + x < e^x < \frac{1}{1-x}$$

이 성립함을 증명하시오. [힌트 : 오른쪽 부등식을 증명하려면 왼쪽 부등식의 x를 $-x$로 바꾸어 놓습니다.]

문제 11 $f_n(x) = e^x - \left(1 + \dfrac{x}{1!} + \dfrac{x^2}{2!} + \cdots + \dfrac{x^n}{n!}\right)$ 이라 합니다. n이 홀수이면 $x \neq 0$일 때 $f_n(x) > 0$이고, n이 짝수이면, $x < 0$일 때 $f_n(x) < 0$, $x > 0$일 때 $f_n(x) > 0$임을 증명하시오. [힌트 : n이 홀수이면 $f_n(x)$는 구간 $(-\infty, 0]$에서 감소하고, 구간 $[0, \infty)$에서 증가한다는 것과, n이 짝수이면 $f_n(x)$는 전구간 $(-\infty, \infty)$에서 증가한다는 것을 보이시오. 증명은 귀납법에 의합니다.]

문제 12   함수 f는 구간 $[0, \infty)$에서 연속, 구간 $(0, \infty)$에서 미분가능, $f(0)=1$이고, $(0, \infty)$에서 $f'(x)>f(x)$가 성립합니다. 이 때, $(0, \infty)$에서 $f(x)>e^x$임을 증명하시오. [힌트 : 함수 $f(x)e^{-x}$을 생각합니다.]

문제 13 a, b는 $a>0$, $b>0$, $a+b=1$을 만족하는 상수라 합니다.

(1) $t>0$에 대하여 정의된 함수
$$f(t) = at+b-t^a$$
의 증감을 조사함으로써 $t>0$일 때,
$$at+b \geqq t^a$$
이 성립함을 증명하시오.

(2) (1)을 사용하여 $x>0$, $y>0$이면
$$ax+by \geqq x^a y^b$$
이 성립함을 증명하시오.

문제 14   (1) n을 임의의 자연수, b를 양의 상수라 합니다. $x>0$에서 정의된 함수
$$f(x) = \left(\frac{b+x}{n+1}\right)^{n+1} - \left(\frac{b}{n}\right)^n x$$
의 증감을 조사함으로써 $x>0$에서 부등식
$$\left(\frac{b+x}{n+1}\right)^{n+1} \geqq \left(\frac{b}{n}\right)^n x$$
가 성립함을 증명하시오.

(2) 위의 부등식을 사용하여 임의의 n개의 양수 $a_1, a_2, \cdots, a_n$에 대하여
$$\left(\frac{a_1+a_2+\cdots+a_n}{n}\right)^n \geqq a_1 a_2 \cdots a_n$$
이 성립함을 수학적귀납법에 의해서 증명하시오. [힌트 : n에서 $n+1$로 옮기기 위해, (1)의 부등식의 b에 $a_1+a_2+\cdots +a_n$을, x에 a_{n+1}을 대입해 봅니다.]

문제 15 a를 실수인 상수라 하고 삼차방정식 $2x^3-3x^2+a=0$을 생각합니다. 이 방정식의 실근의 개수는 a의 값에 따라 어떻게 변합니까?

문제 16 a를 실수인 상수라 할 때, 삼차방정식

$$x^3 = a(x-1)$$

이 서로 다른 세 개의 실근을 갖는 a값의 범위를 구하시오.
[힌트 : $f(x) = x^3/(x-1)$의 그래프의 개형을 그려 봅니다.]

문제 17 m을 실수인 상수라 할 때, 방정식 $\log x = mx$의 서로 다른 실근의 개수에 대하여 조사하시오.

◆ **최대·최소 문제**

주어진 함수의 최대값·최소값을 구하는 문제에는 언제나 매력이 담겨 있습니다. 특히 기하학적 또는 물리학적 방면에서 유용한 응용을 많이 볼 수 있습니다.

아래에 몇 개의 예제와 문제를 들어둡니다.

예제 두 변수 x, y 사이에 $x+y = 1$, $x \geqq 0$, $y \geqq 0$인 관계가 있을 때 $x^4 + 8y^4$의 최대값·최소값을 구하시오.

풀이 주어진 조건에서 $0 \leqq x \leqq 1$, 또

$$x^4 + 8y^4 - x^4 + 8(1-x)^4$$

입니다. 따라서 폐구간 $0 \leqq x \leqq 1$에서, 함수

$$f(x) = x^4 + 8(1-x)^4$$

의 최대값·최소값을 구하면 됩니다. [폐구간에서 연속인 함수는 최대값·최소값을 갖는다는 것은 정리로서 알고 있습니다.]

$f(x)$를 미분하면

$$f'(x) = 4x^3 + 32(1-x)^3 = 4\{x^3 - 8(1-x)^3\}$$

$f'(x) = 0$을 풀면 $x = 2(1-x)$에서 $x = \dfrac{2}{3}$. 따라서 $f'(x)$의 부호는 구간 $\left[0, \dfrac{2}{3} \right)$에서 음, 구간 $\left(\dfrac{2}{3}, 1 \right]$에서 양입니다.

즉, $f(x)$는 구간 $\left[0, \dfrac{2}{3} \right]$에서 감소하고, 구간 $\left[\dfrac{2}{3}, 1 \right]$에서 증가합니다.

따라서 구간 $[0, 1]$에서 f의 최소값은

$$f\left(\frac{2}{3}\right) = \frac{8}{27}$$

입니다.

또, 최대값은 구간 $[0, 1]$의 양 끝점 중 어느 한 점에서 취하는데,

$$f(0) = 8,$$
$$f(1) = 1$$

이므로, 최대값은 $f(0) = 8$입니다.

예제 뚜껑이 없는 직육면체의 그릇이 있습니다. 이 그릇의 밑면과 옆면의 넓이의 합을 일정하게 하고, 부피를 최대로 하려면 밑면의 반지름과 높이의 비를 어떻게 하면 될까요?

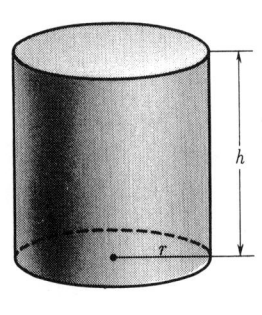

풀이 밑면의 반지름의 길이를 r, 높이를 h라 합니다. 밑면과 옆면의 넓이의 합을 S, 부피를 V라 하면 S, V는 각각

$$S = \pi r^2 + 2\pi r h \qquad ①$$
$$V = \pi r^2 h \qquad ②$$

로 나타납니다. 여기서 S는 상수입니다.

①에서

$$h = \frac{S - \pi r^2}{2\pi r} \qquad ③$$

이고, 이것을 ②에 대입하면

$$V = \frac{1}{2}(Sr - \pi r^3) \qquad ④$$

입니다. $r > 0$, $h > 0$이므로 ③에서 r의 변역은

$$0 < r < \sqrt{\frac{S}{\pi}}$$

입니다. ④의 V의 식을 r에 관하여 미분하면

$$\frac{dV}{dr} = \frac{1}{2}(S - 3\pi r^2)$$

따라서, $r_0 = \sqrt{S/3\pi}$ 라고 하면 V의 증감표는 다음과 같습니다.

r	0		r_0		$\sqrt{\dfrac{S}{\pi}}$
$\dfrac{dV}{dr}$		$+$	0	$-$	
V		$\nearrow$		$\searrow$	

그러므로 V는 $r=r_0$일 때 최대입니다. 그리고 $r=r_0$ 일 때의 h의 값을 h_0라 하면, ③에서

$$h_0 = \frac{S-\pi r_0^{\,2}}{2\pi r_0} = \frac{3\pi r_0^{\,2}-\pi r_0^{\,2}}{2\pi r_0} = r_0$$

을 얻습니다. 즉, 부피 V가 최대가 되는 것은 밑면의 반지름과 높이의 비를 $1:1$로 했을 때입니다.

예제 포물선 $y^2=4x$ 위의 점 중에서 점 $(0,3)$에 가장 가까운 점을 구하시오.

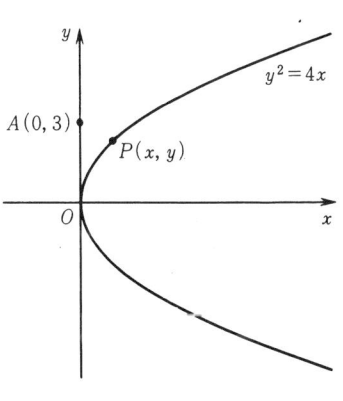

풀이 정점 $(0,3)$을 A라 하고 포물선 $y^2=4x$ 위의 임의의 점을 $P(x,y)$라 합니다. 거리 AP의 제곱은

$$AP^2 = x^2 + (y-3)^2$$

입니다. 여기서 $y^2=4x$, 따라서 $x=y^2/4$이므로 이것을 대입하면

$$AP^2 = \frac{y^4}{16} + (y-3)^2$$

이 되며, 이것으로 AP^2이 y의 함수로 나타내졌습니다. 이 함수를 $f(y)$라 나타냅니다.

$f(y)$를 y에 관하여 미분하면,

$$f'(y) = \frac{y^3}{4} + 2(y-3) = \frac{1}{4}(y^3+8y-24)$$

여기서 $f'(y)=0$이 되는 y를 구하면 $y=2$이고 $f'(y)$ 는

$$f'(y) = \frac{1}{4}(y-2)(y^2+2y+12)$$

로 인수분해됩니다. 인수 $y^2+2y+12$의 값은 항상 양이므로 $f'(y)$의 부호는 $y-2$의 부호와 일치합니다. 이

것에서 직관적으로 $f(y)$는 $y=2$일 때 최소가 됨을 알 수 있습니다. 그리고 관계식 $y^2=4x$에서 $y=2$일 때 $x=1$입니다.

따라서 포물선 $y^2=4x$ 위의 점 중에서 점 $(0, 3)$에 가장 가까운 점은

$$점 (1, 2)$$

입니다.

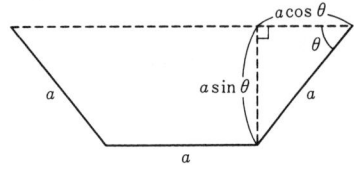

예제　밑면이 수평이고 단면이 그림과 같은 물탱크를 만들려고 합니다. 단, a는 상수입니다. 이 물탱크의 단면적을 최대로 하려면 그림의 각 $\theta\ \left(0<\theta<\dfrac{\pi}{2}\right)$를 얼마로 하면 되겠습니까?

풀이　이 단면의 사다리꼴의 한 밑변은 a이고 다른 한 밑변은

$$a+2a\cos\theta$$

입니다. 또, 이 사다리꼴의 높이는 $a\sin\theta$입니다. 따라서 단면적을 S라 하면, S는

$$\frac{1}{2}\cdot\{a+(a+2a\cos\theta)\}\cdot a\sin\theta$$

와 같습니다. 즉,

$$S=a^2\sin\theta(1+\cos\theta)$$

입니다. 그러므로 문제는 θ의 함수

$$f(\theta)=\sin\theta(1+\cos\theta)$$

를 최대로 하는 θ를 구하면 됩니다.

그럼, $f(\theta)$를 θ에 관하여 미분하면,

$$\begin{aligned}f'(\theta)&=\cos\theta(1+\cos\theta)+\sin\theta\cdot(-\sin\theta)\\&=2\cos^2\theta+\cos\theta-1\\&=(2\cos\theta-1)(\cos\theta+1)\end{aligned}$$

이고, $0<\theta<\dfrac{\pi}{2}$의 범위에서 $f'(\theta)=0$이 되는 θ를 구하면 $2\cos\theta-1=0$에서

$$\theta=\frac{\pi}{3}$$

를 얻습니다. 그리고 θ가 증가하면서 $\dfrac{\pi}{3}$를 지날 때 $f'(\theta)$의 부호는 양에서 음으로 바뀝니다. 그러므로 $f(\theta)$는 $\theta=\dfrac{\pi}{3}$일 때 최대입니다.

즉, 물탱크의 단면적이 최대가 되는 것은 빗면과 수평면이 이루는 각 θ가 $\dfrac{\pi}{3}\,(=60°)$일 때입니다.

예제 빛의 공기 중의 속도를 v_1, 물 속에서의 속도를 v_2라 합니다. 지금, 빛이 수면 위에 있는 한 점 P_1에서 수면 아래에 있는 한 점 P_2까지 최단 경로를 따라서 나아갑니다.

우리는 광선이 P_1과 P_2를 지나는 수직면 내를 나아간다는 것과 공기 중, 수중에서는 각각 직선 경로를 따라 나아간다고 가정합니다. 이 때 광선이 수면과 만나는 점을 Q라 하고, Q에 대한 수면의 수선이 P_1Q, P_2Q와 이루는 각을 θ_1, θ_2라 하면

$$\frac{\sin\theta_1}{v_1}=\frac{\sin\theta_2}{v_2}$$

가 성립함을 증명하시오.

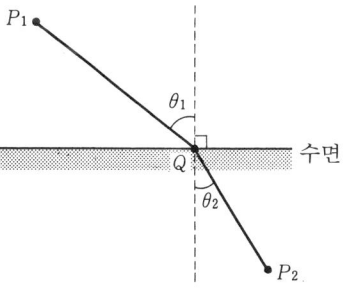

증명 P_1, P_2를 지나는 수직면 내에 아래 그림과 같이 좌표축을 잡고, P_1, P_2의 좌표를 각각 $(0, p_1)$, (b, p_2)라 합니다. 단, $p_1>0$, $b>0$, $p_2<0$입니다. P_2에서 x축에 내린 수선의 발을 $B(b, 0)$라 합니다.

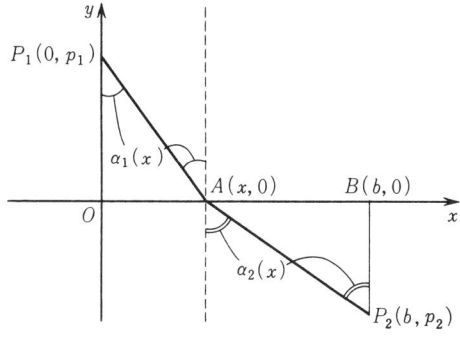

이제, $A(x, 0)$을 x축 위의 동점으로 하고, 광선이 꺾이는 선 P_1AP_2를 지나 P_1에서 P_2까지 달할 때의 소

요시간을 $f(x)$라 합니다.

P_1A, P_2A의 길이는 각각

$$\sqrt{x^2+p_1^{\,2}}, \quad \sqrt{(b-x)^2+p_2^{\,2}}$$

이고, 가정에 의해서 빛의 공기 중, 수중에서의 속도는 각각 v_1, v_2이므로, $f(x)$는

$$f(x)=\frac{\sqrt{x^2+p_1^{\,2}}}{v_1}+\frac{\sqrt{(b-x)^2+p_2^{\,2}}}{v_2}$$

입니다. 실제로 광선은 $f(x)$가 최소가 되는 경로를 따라서 나아갑니다. $f(x)$가 최소가 될 때의 점 A의 위치가 문제 속의 점 Q입니다.

여기서 $f(x)$가 최소가 되는 점 A의 위치를 생각합니다. 그것이 O와 B사이에 있음은 분명하므로, x의 변역은

$$0 \le x \le b$$

라고 가정해도 됩니다.

이제, $f(x)$를 미분하면

$$f'(x)=\frac{x}{v_1\sqrt{x^2+p_1^{\,2}}}-\frac{b-x}{v_2\sqrt{(b-x)^2+p_2^{\,2}}} \qquad ①$$

입니다. 위의 그림에서와 같이 $\angle AP_1O$를 $\alpha_1(x), \angle AP_2B$를 $\alpha_2(x)$라 하면 $(\alpha_1(x), \alpha_2(x)$로 나타낸 것은 이들 각도 x의 함수이기 때문입니다.) 위의 식 ①은

$$f'(x)=\frac{\sin \alpha_1(x)}{v_1}-\frac{\sin \alpha_2(x)}{v_2}$$

로 나타낼 수 있습니다.

여기에서 x를 0에서 b까지(즉 A를 O에서 B까지) 움직입니다. 이때 그림에서 알 수 있듯이 $\alpha_1(x)$는 0에서 $\angle BP_1O$까지 단조증가하고, $\alpha_2(x)$는 $\angle BP_2O$에서 0까지 단조감소합니다. 따라서 구간 $0 \le x \le b$에서

$\dfrac{\sin \alpha_1(x)}{v_1}$ 는 증가함수, $\dfrac{\sin \alpha_2(x)}{v_2}$ 는 감소함수

입니다. 그러므로 $f'(x)$는 구간 $0 \le x \le b$에서 증가함수입니다.

한편, $f'(x)$는 분명히 연속인 함수이고

$$f'(0) = -\frac{\sin \alpha_2(0)}{v_2} < 0,$$

$$f'(b) = \frac{\sin \alpha_1(b)}{v_1} > 0$$

입니다. 따라서, 중간값의 정리 (그리고 위의 $f'(x)$의 단조성)에 의해서

$$f'(x_0) = \frac{\sin \alpha_1(x_0)}{v_1} - \frac{\sin \alpha_2(x_0)}{v_2} = 0$$

이 되는 점 x_0가 0과 b 사이에 단 하나 존재합니다. 구간 $[0, x_0)$에서는 $f'(x)<0$, 구간 $(x_0, b]$에서는 $f'(x) >0$입니다. 그러므로 $f(x)$는 $x=x_0$일 때 최소입니다. 그리고 $x=x_0$일 때의 A의 위치 및 $\alpha_1(x_0)$, $\alpha_2(x_0)$가 각각 문제 중의 점 Q 및 각 θ_1, θ_2입니다. 따라서

$$\frac{\sin \theta_1}{v_1} = \frac{\sin \theta_2}{v_2}$$

입니다. 이상으로 증명이 끝났습니다.

  [주의 : 위의 증명은 문제에서 요구하는 간단한 결론 이상의 것을 증명하고 있습니다. 실제, 이 증명에서는 최단경로 P_1QP_2의 "존재" 및 "일의성"이——현재 우리가 가지고 있는 지식의 범위 내에서 가능한 한—— 정확히 증명된 셈입니다. 여러분은 이 사실에 주의하기 바랍니다.]

문제 18   함수 $f(x)=x^3-12x+10$의 구간 $-3 \leq x \leq 5$에서의 최대값, 최소값을 구하시오.

문제 19 $x \geq 0$, $y \geq 0$, $x+y=1$일 때 x^3+2y^3의 최대값, 최소값을 구하시오.

문제 20   겉넓이 전체가 일정한 직원기둥 중에서, 부피가 최대인 것의 밑면의 반지름과 높이의 비를 구하시오.

문제 21   곡선 $y=x^3$ 위의 점 중에서 점 $(4, 0)$에 가장 가까운 점을 구하시오.

문제 22   (1) 곡선 $y=e^x$ 위의 점에서 직선 $y=x$와의 거리

가 최소인 점을 구하시오.

(2) 곡선 $y = e^x$ 위의 점 A와 곡선 $y = \log x$ 위의 점 B와의 거리 AB의 최소값을 구하시오. [힌트 : 두 곡선이 직선 $y = x$에 관하여 대칭인 점에 주의합니다.]

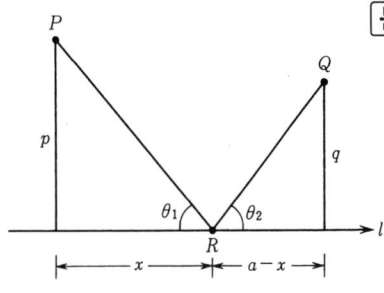

문제 23　평면 위에 한 직선 l과 l에 의해 나누어진 두 반평면의 한쪽에 두 정점 P, Q가 있습니다. 두 정점 P, Q와 직선 l과의 거리는 각각 p, q이고, 또 P, Q로부터 l에 내린 두 수선의 발 사이의 거리는 a입니다. 직선 l 위에 점 R를 취할 때 거리 PR와 QR의 합의 최소값을 구하시오.

　[여러분은 초등기하학에서 $PR + QR$이 최소가 되는 것은 Q의 l에 관한 대칭인 점 Q'을 잡고, P와 Q'을 잇는 선분과 l과의 교점을 R라 했을 때, 합의 최소값은 선분 PQ'의 길이와 같다는 것을 기억해 둡니다. 이것을 다음의 미분법에 의한 풀이와 비교해 보도록 합니다. 그림과 같이 x를 잡고, 거리의 합을 $f(x)$라 합니다. 이 때, 조건 $f'(x) = 0$은 $\cos \theta_1 = \cos \theta_2$를 나타냅니다. (실제로 이 문제에서는 초등기하학에 의한 풀이가 훨씬 간단합니다. 미분법에 의한 풀이는 기계적이고 보편성을 지니지만, 언제나 다른 방법보다는 우월하다고 말할 수는 없습니다.]

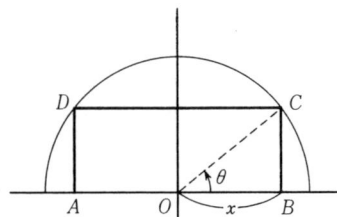

문제 24　반지름 1인 반원에 내접하는 그림과 같은 직사각형 $ABCD$에 대하여

(1) 넓이의 최대값을 구하시오.

(2) 원둘레의 길이의 최대값을 구하시오.

　[그림의 길이 x와 각 θ 중 어느 것을 독립변수로 정하는가에 따라 두 가지 방법을 생각할 수 있습니다. 시간에 여유가 있는 여러분은 두 풀이를 시도해 보고 비교해 보는 것도 좋습니다. 실제로는 각 θ의 함수로 나타내서 미분법이 아닌 삼각함수의 공식을 이용하는 것이 간단합니다.]

문제 25　좌표평면의 y축 위에 두 정점 $A(0, 9)$, $B(0, 16)$이 있습니다. 점 $P(x, 0)$이 x축의 양의 부분을 움직일 때 $\angle APB = \theta$가 최대가 되는 것은 x가 얼마일 때입니까?

[힌트 : $\tan \theta$를 x의 함수로 나타냅니다. 이를 위해 탄젠트의 덧셈정리를 사용합니다.]

문제 26 둘레의 길이가 $12\mathrm{m}$인 부채꼴의 넓이가 최대가 될 때의 반지름의 길이와 중심각의 크기를 구하시오. 또, 그 넓이의 최대값을 구하시오.

문제 27 수평한 평면 위에 반지름의 길이가 a인 원이 있습니다. 이 원의 중심 바로 위에 한 점의 광원을 놓고 바로 아래를 비춥니다. 광원을 어느 높이에 두면 원둘레가 가장 잘 비추어질까요? 단, 평면 위의 점의 조도는 빛의 투사각 θ의 코사인에 비례하고, 광원으로부터의 거리의 제곱에 반비례하는 것으로 합니다.

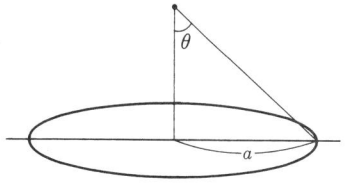

문제 28 밑면의 반지름의 길이가 r, 높이가 h인 직원뿔의 옆넓이를 S, 부피를 V라 합니다. S를 일정하게 하고 V를 최대로 하려면 r과 h의 비를 어떻게 하면 되겠습니까?

문제 29 정점 $P(1, 2)$를 지나고 기울기가 음인 직선이 x축, y축의 양의 부분과 만나는 점을 각각 A, B라 합니다. O를 좌표축의 원점이라 할 때,

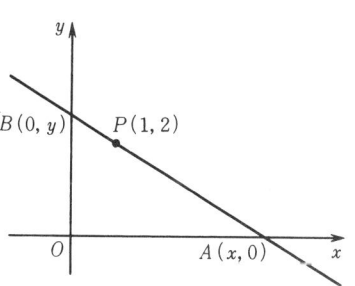

(1) 삼각형 OAB의 넓이의 최소값을 구하시오.

(2) 선분 AB의 길이의 최소값을 구하시오.

[힌트 : $A(x, 0)$, $B(0, y)$라 하면,
$$\frac{1}{x} + \frac{2}{y} = 1$$
입니다.]

문제 30 앞의 문제에서 삼각형 OAB의 둘레의 길이의 최소값을 구하시오. 풀이는 미분법을 사용하시오.

[힌트 : 독립변수를 취하는 방법은 여러 가지로 생각할 수 있는데, 이를테면 앞의 문제의 힌트에서 $y = mx$로 두면 둘레의 길이는 m의 함수
$$f(m) = \frac{m+2}{m}(m+1+\sqrt{m^2+1})$$
과 같이 나타납니다.]

문제 31 (이 문제는 제8장 끝 부분의 "[보충] 삼각형의 오

심"을 읽은 사람들에게 제공합니다.)

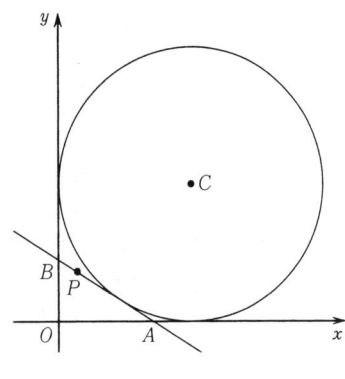

　앞의 문제 △OAB의 둘레의 길이의 최소값을 구하기 위한 다른 방법으로, 그림과 같이 두 좌표축과 직선 AB에 접하고, 제1사분면 내에 있는 △OAB의 방접원 C를 그립니다.

　이 때, 459페이지의 문제 51에 의해 △OAB의 둘레의 길이는, O에서 이 방접원이 x축에 접하는 점까지의 거리의 2배, 즉 원 C의 반지름의 2배(지름)와 같습니다. 따라서 △OAB의 둘레의 길이를 최소로 하려면 이 방접원의 반지름의 길이가 최소가 되도록 하면 됩니다. 그러므로 점 P를 지나고 두 좌표축에 접하는 원을 (O와 반대쪽에) 그려, 점 P에서 이 원의 접선을 그린 다음, 이것을 AB로 했을 때 △OAB의 둘레의 길이는 최소입니다. 이 사고 방법으로 앞의 문제를 풀면 됩니다. (이 문제에서도 초등기하학적 방법이 효과를 발휘합니다.)

$18._3$ 곡선의 요철, 곡선의 개형

　우리들은 이미 제1계도함수를 사용하여 함수의 "증감"을 조사하는 방법을 알았습니다. 함수가 증가하는 범위, 감소하는 범위를 아는 것은 함수의 그래프를 그리기 위해 무엇보다도 중요합니다. 하지만, 함수의 증감을 아는 것만으로는 실제 문제를 푸는 데는 충분하지 못합니다. 만일 다른 면으로부터의 정보, 즉 곡선의 "굽은 정도"가 어느 정도인가 하는 정보를 알고 있다면, 우리들은 더 정확히 함수의 그래프를 그릴 수 있습니다. 그와 같은 정보는 제2계도함수의 부호를 조사해 봄으로써 얻을 수 있다는 것을 이 절에서 배웁니다.

◆ 위로 볼록, 아래로 볼록

이차함수 $y = ax^2$의 그래프가 $a > 0$일 때 아래로 볼록, $a < 0$일 때 위로 볼록하다고 하는 것은 이미 249페이지에

서 배운 바 있습니다.

일반적으로, 어떤 구간에서 함수 $y=f(x)$의 그래프가 아래 왼쪽 그림과 같이 "하향으로 구부러져 있다"면 이 구간에서 그래프는 **아래로 볼록**이라 하고, 오른쪽 그림과 같이 "상향으로 구부러져 있다"면 이 구간에서 그래프는 **위로 볼록**이라고 합니다.

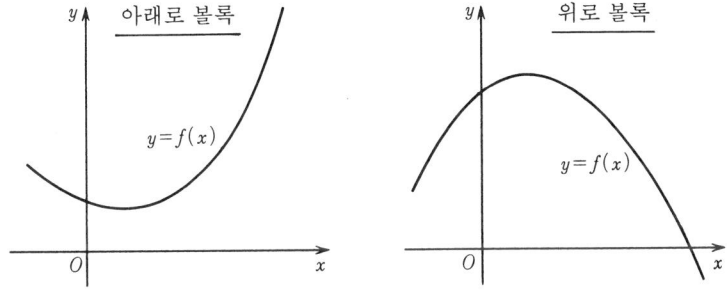

좀 더 정확히 정의를 내려 봅시다.

지금, I를 한 구간으로 하고, 함수 f가 I에서 정의되어 있다고 합니다. a, b를 구간 I에 속하는 임의의 서로 다른 두 수라 합니다. 구간 $[a, b]$ (또는 $[b, a]$)에서 그래프 위의 두 점 $P(a, f(a))$, $Q(b, f(b))$를 직선으로 연결합니다. 이 때, 구간 $[a, b]$ (또는 $[b, a]$)의 내부에서 직선 PQ가 함수 $y=f(x)$의 그래프보다 위쪽에 있으면, 곡선 $y=f(x)$는 구간 I에서 **아래로 볼록**입니다.

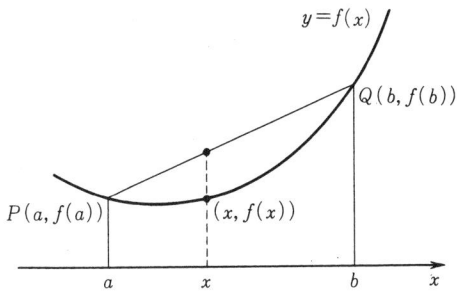

두 점 $P(a, f(a))$, $Q(b, f(b))$를 잇는 직선의 방정식은

$$y = f(a) + \frac{f(b) - f(a)}{b-a}(x-a)$$

로 주어지므로, 구간 $[a, b]$ (또는 $[b, a]$)의 내부에서 직

선이 곡선 $y=f(x)$보다 위쪽에 있다는 것은, $a<x<b$ (또는 $b<x<a$)를 만족하는 임의의 x에 대하여 부등식

$$f(x)<f(a)+\frac{f(b)-f(a)}{b-a}(x-a)$$

이 성립함을 나타냅니다.

즉, 곡선 $y=f(x)$가 구간 I에서 아래로 볼록이라 함은, I에 속하는 임의의 서로 다른 두 수 a, b와 그 사이에 있는 임의의 수 x에 대하여 언제나 위의 부등식이 성립함을 의미합니다.

만일, 위의 부등식이 부등호 $<$ 대신에 $\leq$에서 성립하면, 곡선 $y=f(x)$는 구간 I에서 **약한 의미로 볼록**이라 합니다.

[주의 : 약한 의미로 볼록이라는 것을 간단히 "볼록"이라 하고 본문의 의미에서의 볼록을 "강한 의미에서 볼록"이라고도 합니다.]

위와 반대로 I에 속하는 임의의 서로 다른 두 수 a, b와 그 사이에 있는 임의의 수 x에 대하여, 부등식

$$f(x)>f(a)+\frac{f(b)-f(a)}{b-a}(x-a)$$

가 성립하면, 곡선 $y=f(x)$는 구간 I에서 **위로 볼록**이라고 합니다.

아래로 볼록인 곡선을 **위로 오목**이라고도 합니다. 위로 볼록인 곡선을 **아래로 오목**이라고도 합니다.

곡선 $y=f(x)$가 아래로 볼록 또는 위로 볼록인 것을 함수 f가 그 구간에서 아래로 볼록 또는 위로 볼록이라 합니다.

아래로 볼록인 함수를 간단히 **볼록함수**라고 부릅니다. 또, 위로 볼록인 함수를 **오목함수**라고 부릅니다.

f가 볼록함수이면 $-f$는 오목함수입니다. f가 오목함수이면 $-f$는 볼록함수입니다.

◆   **도함수의 증감과 요철(오목, 볼록)**

함수 f가 구간 I에서 도함수 f'을 가질 때, 다음 정리가 성립합니다.

> 도함수 f'이 I에서 (강한 의미에서) 증가하면 f는 I에서 볼록이다. f'이 I에서(강한 의미에서)감소하면 f는 I에서 오목이다.

다음 그림은 정리의 내용을 시각적으로 나타낸 것입니다.

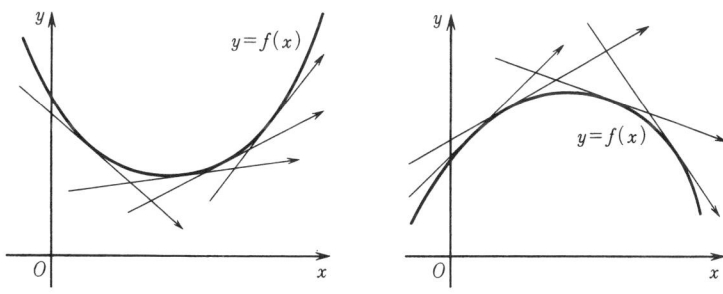

증명 전반을 증명하여 봅시다. (후반도 마찬가지로 증명됩니다.)

지금, 도함수 f'이 구간 I에서 증가함수라 하고, a, b를 I에 속하는 임의의 서로 다른 두 수라 합니다. 어느 것이든 같으므로 $a<b$로 가정합시다. 함수 g를

$$g(x) = f(x) - \left\{ f(a) + \frac{f(b)-f(a)}{b-a}(x-a) \right\}$$

라 정의합니다. 여기에서, 증명할 것은, $a<x<b$일 때

$$g(x) < 0$$

가 성립한다는 것입니다.

먼저, g의 정의에서 $x=a$, $x=b$라 두면, $g(a)=0$, $g(b)=0$을 얻는다는 것에 주의합시다.

함수 g를 미분하면

$$g'(x) = f'(x) - \frac{f(b)-f(a)}{b-a}$$

입니다. 평균값의 정리에 의해, 이 우변의 둘째 항은, $a<c<b$를 만족하는 수 c에 따라 $f'(c)$로 나타납니다.

따라서

$$g'(x) = f'(x) - f'(c)$$

입니다.

가정에서 f'은 증가함수이므로 g'도 증가함수이고, $g'(c)=0$이므로 구간 (a, c)에서는 $g'(x)<0$, 구간 (c, b)에서는 $g'(x)>0$가 됩니다. 그러므로, 함수 g는 구간 $[a, c]$에서는 감소, 구간 $[c, b]$에서는 증가입니다.

그리고 위에서 주의한 바와 같이 $g(a)=0$, $g(b)=0$입니다. 따라서 x가 a에서 b까지 움직일 때, 함수 $g(x)$는 $g(a)=0$에서 감소하여 $x=c$에서 최소값이 되며, 이후는 증가하여 $g(b)=0$에 이릅니다.

그러므로 $a<x<b$이면 $g(x)<0$입니다. 이것으로 주장한 바를 증명했습니다.

[주의 : 실은 (도함수 f'이 존재한다는 가정과 함께) 위의 정리의 역도 성립합니다. 즉, f가 구간 I에서 볼록함수이면 f'은 I에서 증가하고, f가 오목함수이면 f는 I에서 감소합니다. 이 증명도 별로 어렵지는 않지만 여기에서는 생략합니다. 여러분 스스로 증명을 시도해 보십시오.]

문제 32 위와 같이 구간 I에서 도함수 f'이 증가한다고 합니다. 이 때, a를 구간 I의 내부에 있는 임의의 수라 하고, 점 $P(a, f(a))$에서 곡선 $y=f(x)$에 접선을 그으면, 점 P 이외에서의 곡선 $y=f(x)$는 그 접선보다 위쪽에 있음을 증명하시오.

◆ 제2계도함수의 부호와 요철

함수 f가 구간 I에서 제2계도함수 f''을 가질 때 다음 정리가 성립합니다.

구간 I에서 항상 $f''(x)>0$이면, f는 I에서 볼록

이다. I에서 항상 $f''(x)<0$이면, f는 I에서 오목
이다.

증명 f''은 f'의 도함수이므로, 만일 구간 I에서 항상
$f''(x)>0$이면 f'은 I에서 단조증가합니다. 따라서,
앞의 정리에 의해 함수 f는 구간 I에서 볼록입니다.

위의 정리의 후반부도 마찬가지로 증명할 수 있습니
다.

위의 정리는, 함수의 오목·볼록은 제2계도함수의 부호
에 의해서 판정된다는 것을 보이고 있습니다. 이것은 제2
계도함수의 가장 직접적인 효용입니다. 몇 가지 예를 통
하여 이것을 확인해 보십시오.

(예) 포물선 $y=x^2$의 그래프는 아래로 볼록입니다. 실제로
$y''=2$이고 $2>0$이기 때문입니다. 이것은, 포물선
$y=x^2$이 지금까지 그려 본 모양임을 알 수 있습니
다.

(예) $f(x)=e^x$라 놓으면, $f''(x)=e^x$입니다. 그러므로 항
상
$$f''(x)>0$$
입니다. 따라서 $f(x)=e^x$의 그래프는 $(-\infty,\ \infty)$에
서 아래로 볼록인 곡선입니다. 실제로 우리들은 지
금까지 항상 지수함수 곡선을 그와 같은 모양으로
그렸습니다.

(예) $f(x)=\log x$라 하면,
$$f'(x)=\frac{1}{x},\quad f''(x)=-\frac{1}{x^2}$$
이고, 따라서 구간 $(0,\ \infty)$에서 $f''(x)<0$입니다. 그
러므로 곡선 $y=\log x$는 구간 $(0,\ \infty)$에서 위로 볼록
입니다.

(예) 함수 $f(x)=\sin x$를 생각합니다. 이 때,
$$f''(x)=-\sin x$$

입니다. 그러므로 사인곡선 $y = \sin x$는 $\sin x > 0$인 구간에서는 위로 볼록, $\sin x < 0$인 구간에서는 아래로 볼록입니다.

이를테면, 0과 2π 사이에서 생각하면 구간 $(0, \pi)$에서는 위로 볼록, 구간 $(\pi, 2\pi)$에서는 아래로 볼록입니다.

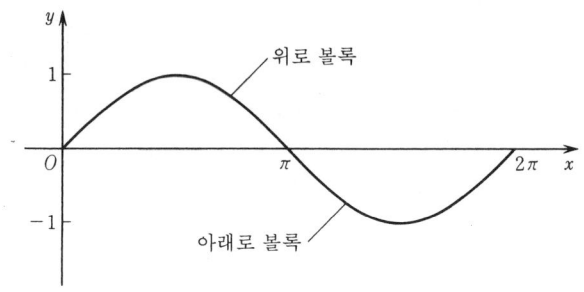

이 결론도 우리들이 항상 그려 보았던 사인곡선의 그래프입니다.

위의 예의 사인곡선 $y = \sin x$에서 x가 0에서 2π까지 움직일 때, 점 $(\pi, 0)$의 좌우에서 요철이 바뀌어 있습니다.

일반적으로, 곡선 $y = f(x)$ 위의 점 $P(a, f(a))$의 좌우에서, 곡선이 위로 볼록에서 아래로 볼록으로, 또는 그 반대로 옮겨지면, 점 P를 그 곡선의 **변곡점**이라 합니다. 이를테면 점 $(\pi, 0)$은 사인곡선 $y = \sin x$의 하나의 변곡점입니다.

함수 $f(x)$가 제2계도함수를 가질 때 $f''(a) = 0$이고, x가 증가하면서 a를 지날 때, $f''(x)$의 값이 양에서 음으로, 또는 음에서 양으로 바뀌면, 점 $(a, f(a))$는 곡선의 변곡점입니다.

예 곡선 $y = x^3 - 6x^2 + 9x + 1$의 요철을 조사하고, 변곡점을 구하시오.

풀이 $y' = 3x^2 - 12x + 9,$
$\qquad y'' = 6x - 12 = 6(x - 2)$

입니다. 그러므로 곡선은 구간 $(-\infty, 2)$에서는 위로 볼록, 구간 $(2, \infty)$에서는 아래로 볼록이며, 점 $(2, 3)$은 변곡점입니다.

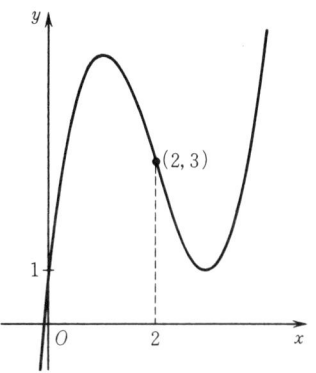

문제 33 다음 곡선의 요철을 조사하고, 변곡점을 구하시오.

(1) $y = -x^3 + 3x^2$ (2) $y = (x^2 - 1)^2$

(3) $y = \tan x \quad \left(-\dfrac{\pi}{2} < x < \dfrac{\pi}{2} \right)$

문제 34 삼차함수의 그래프는 반드시 단 하나의 변곡점을 갖는다는 것을 보이시오.

문제 35 함수 f는 구간 I에서 제2계도함수 f''을 가지며, a는 f의 내부에 속하는 수라 합니다. $f''(a) = 0$이고 x가 증가하면서 a를 지날 때 f''의 값이 음에서 양으로 바뀐다고 합니다. 이 때 변곡점 $P(a, f(a))$에서 곡선 $y = f(x)$에 접선을 그으면, 점 P에 가까운 $x < a$인 부분에서 곡선은 접선보다 아래쪽에 있고, $x > a$인 부분에서 곡선은 접선보다 위쪽에 있음을 밝히시오.

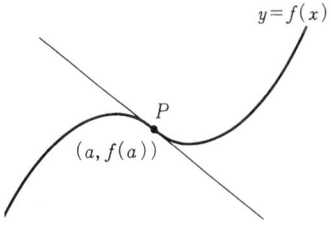

◆ **곡선의 개형**

지금까지 개발한 여러 가지 수단을 이용하면 대부분의 경우, 우리들은 주어진 함수의 그래프를 이전보다 더욱 효율적으로 그릴 수 있습니다.

곡선 $y = f(x)$의 개형을 그릴 때, 여러분은 특히 다음에 주의하면서 그립니다.

1 좌표축과의 교점 등, 특별한 점

2 점, 직선에 관한 대칭성의 유무

3 주기성의 유무

4 함수의 증감과 극값

5 곡선의 요철과 변곡점

6 $x \to +\infty,\, x \to -\infty$일 때의 상태

7 불연속점, 미분가능이 아닌 점 등, 특수한 점의 근방

에서의 상태

8 점근선의 유무

이상의 정보를 알면 여러분은 충분히 정확성을 지닌 그래프를 그릴 수 있습니다.

예제　함수 $f(x) = \dfrac{2x}{x^2+1}$ 의 그래프의 개형을 그리시오.

풀이　$f'(x), f''(x)$를 계산하면

$$f'(x) = \frac{2(1-x^2)}{(x^2+1)^2},$$

$$f''(x) = \frac{4x(x^2-3)}{(x^2+1)^3}$$

이 됩니다.

여기서 f'과 f''의 부호를 조사하면, $f(x)$의 증감 및 요철에 관한 다음 표가 얻어집니다.

x		-1		1	
$f'(x)$	$-$	0	$+$	0	$-$
$f(x)$	↘	-1	↗	1	↘

x		$-\sqrt{3}$		0		$\sqrt{3}$	
$f''(x)$	$-$	0	$+$	0	$-$	0	$+$
$f(x)$	위로 볼록	$-\dfrac{\sqrt{3}}{2}$	아래로 볼록	0	위로 볼록	$\dfrac{\sqrt{3}}{2}$	아래로 볼록

그러므로, $f(1)=1$은 극대값, $f(-1)=-1$은 극소값입니다. 또, $(-\sqrt{3}, -\sqrt{3}/2)$, $(0, 0)$, $(\sqrt{3}, \sqrt{3}/2)$ 의 세 점은 변곡점입니다.

한편, $f(-x) = -f(x)$이므로, 그래프는 원점에 관하여 대칭입니다. 또, 분명히 $x \to \pm\infty$일 때, $f(x)$는 0에 가까워집니다.

이상에서 $f(x)$의 그래프를 그리면 대략 왼쪽 그림과 같이 됩니다.

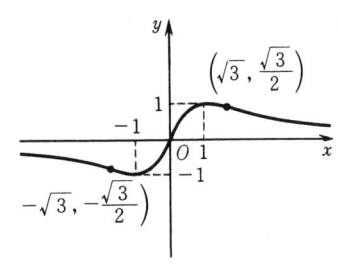

예제 곡선 $y = \dfrac{x^2}{x-1}$의 개형을 그리시오.

풀이 y의 식을 변형하면,

$$y = x+1+\frac{1}{x-1} \qquad ①$$

이 되고, y', y''을 계산하면

$$y' = 1-\frac{1}{(x-1)^2} = \frac{x(x-2)}{(x-1)^2},$$

$$y'' = \frac{2}{(x-1)^3}$$

가 됩니다.

이로부터 다음 표를 얻습니다.

x		0		1		2	
y'	$+$	0	$-$		$-$	0	$+$
y	↗	극대 0	↘		↘	극소 4	↗

x		1	
y''	$-$		$+$
y	위로 볼록		아래로 볼록

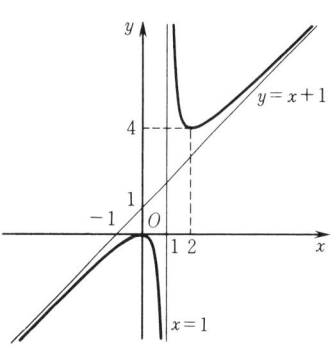

①의 우변에서 $\dfrac{1}{x-1}$은, $x \to +\infty$일 때에도 $x \to -\infty$일 때에도 0에 가까워집니다. 따라서 $x \to +\infty$, $x \to -\infty$일 때, 곡선은 직선 $y = x+1$에 한없이 가까워집니다.

또, $\lim\limits_{x \to 1+0} y = +\infty$, $\lim\limits_{x \to 1-0} y = -\infty$ 입니다.

이상에서 오른쪽 그림을 얻습니다.

이 예제의 곡선은 $x \to +\infty$, $x \to -\infty$일 때, 직선 $y = x+1$에 한없이 가까워집니다. 또, $x \to 1+0$, $x \to 1-0$일 때, 각각 $y \to +\infty$, $y \to -\infty$로 되어 직선 $x = 1$에 한없이 가까워집니다.

일반적으로, 곡선이 무한히 먼 쪽으로 멀어짐에 따라,

곡선이 어떤 일정한 직선에 가까워지면, 그 직선을 곡선의 **점근선**이라고 합니다.

위의 예제의 곡선 $y = \dfrac{x^2}{x-1}$ 은 두 직선 $y = x+1$ 과 $x = 1$ 을 점근선으로 가집니다. [실은, 이 곡선은 이들 두 직선을 점근선으로 하는 쌍곡선입니다.]

예제   함수 $f(x) = x^2 e^{-x}$ 의 그래프의 개형을 그리시오.

풀이 $f'(x), f''(x)$ 을 계산하면
$$f'(x) = x(2-x)e^{-x},$$
$$f''(x) = (x^2 - 4x + 2)e^{-x}$$

여기서, 예처럼 $f'(x), f''(x)$ 의 부호의 변화를 조사하면(표를 작성하는 데 흥미 있는 사람은 스스로 증감과 요철의 표를 만들어 봅니다.) 함수 $f(x)$ 는 구간 $(-\infty, 0]$ 에서 감소, $[0, 2]$ 에서 증가, $[2, \infty)$ 에서 감소한다는 것과, 또 구간 $(-\infty, \alpha]$ 에서 아래로 볼록, $[\alpha, \beta]$ 에서 위로 볼록, $[\beta, \infty)$ 에서 아래로 볼록임을 알 수 있습니다. 단, α, β 는 이차방정식
$$x^2 - 4x + 2 = 0$$
의 해이고,
$$\alpha = 2 - \sqrt{2}, \quad \beta = 2 + \sqrt{2}$$
입니다.

극소값은 $f(0) = 0$, 극대값은 $f(2) = 4e^{-2}$ 입니다. 또 x좌표가 α, β 인 그래프 위의 두 점은 그래프의 변곡점입니다.

또, $x \to +\infty, x \to -\infty$ 일 때의 극한은
$$\lim_{x \to +\infty} f(x) = \lim_{x \to +\infty} \frac{x^2}{e^x} = 0,$$
$$\lim_{x \to -\infty} f(x) = \lim_{x \to -\infty} x^2 e^{-x} = +\infty$$
입니다. 그러므로 $f(x)$ 의 그래프의 개형은 다음과 같습니다.

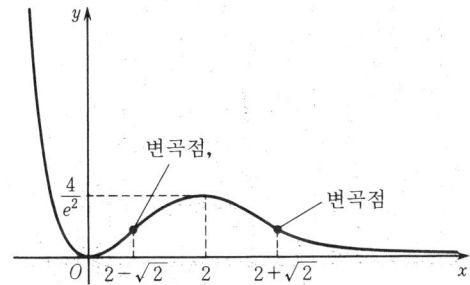

예제 $x \neq 0$에서 정의된 함수

$$f(x) = e^{\frac{1}{x}}$$

의 그래프를 그리시오.

풀이 먼저, 이 함수의 값은 항상 양임에 주의합니다.

$f'(x)$를 계산하면

$$f'(x) = -\frac{1}{x^2}\, e^{\frac{1}{x}}$$

입니다. $x \neq 0$일 때 항상 $f'(x) < 0$ 이므로 f는 구간 $(-\infty,\ 0),\ (0,\ \infty)$의 각각에서 감소합니다. 다음에 $f''(x)$을 계산하면

$$f''(x) = -\left(\frac{-2}{x^3}\right) e^{\frac{1}{x}} - \frac{1}{x^2} \cdot \left(-\frac{1}{x^2}\, e^{\frac{1}{x}}\right)$$

$$= \frac{2}{x^4}\, e^{\frac{1}{x}} \left(x + \frac{1}{2}\right)$$

이 부호는 $x + \dfrac{1}{2}$ 의 부호와 일치하므로, 구간 $x < -\dfrac{1}{2}$ 에서는 $f''(x) < 0$이고 f는 위로 볼록입니다. 구간 $-\dfrac{1}{2} < x < 0$ 및 구간 $0 < x$에서는 $f''(x) > 0$이고 f는 아래로 볼록입니다. x좌표가 $-\dfrac{1}{2}$인 점은 그래프의 변곡점입니다.

또, $x \to +\infty$ 또는 $x \to -\infty$일 때, $\dfrac{1}{x}$은 0에 가까워지므로 $e^{\frac{1}{x}}$은 $e^0 = 1$에 가까워집니다. 즉,

$$\lim_{x \to +\infty} f(x) = 1, \quad \lim_{x \to -\infty} f(x) = 1$$

입니다.

끝으로 $x = 0$의 근방에서 f의 모양을 조사합니다. x가 양의 값을 가지면서 0에 가까워지면 $\dfrac{1}{x} \to +\infty$

이므로 $e^{\frac{1}{x}}$ 은 양의 무한대가 됩니다. 한편 x가 음의 값을 가지면서 0에 가까워지면 $\frac{1}{x} \to -\infty$이므로 $e^{\frac{1}{x}}$ 은 0에 가까워집니다. 즉,

$$\lim_{x \to +0} f(x) = +\infty, \quad \lim_{x \to -0} f(x) = 0$$

입니다. 이상에서 $f(x)$의 그래프는 대략 다음과 같습니다. 직선 $y=1$은 $x \to \pm\infty$일 때의 이 곡선의 점근선입니다.

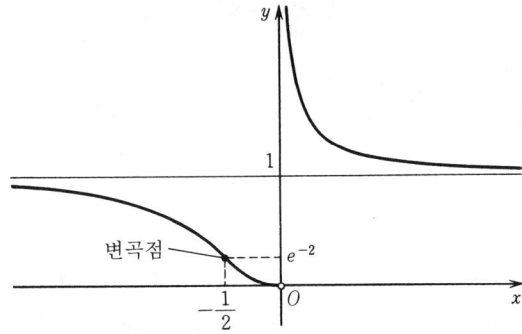

문제 36 다음 함수의 그래프를 그리시오.

(1) $3x^4 + 4x^3$ (2) $-x - \dfrac{4}{x}$ $(x \neq 0)$

(3) e^{-x^2} (4) xe^{-x}

(5) $\dfrac{x^2}{x^2+1}$ (6) $\dfrac{\log x}{x}$ $(x>0)$

◆ 볼록함수의 다른 형태의 정의

화제가 바뀌는데, 여기서는 볼록함수의 정의를 다른 형태로 고쳐서 설명하기로 합니다.

앞에서 설명한 바와 같이, 함수 f가 구간 I에서 볼록(아래로 볼록)이라 함은, $a<x<b$ 또는 $b<x<a$를 만족하는 I의 임의의 세 점 a, b, x에 대하여

$$f(x) < f(a) + \frac{f(b)-f(a)}{b-a}(x-a) \qquad (*)$$

가 성립하는 것이었습니다. (상기하기 위해 1052페이지를 다시 한번 보십시오.)

이제,

$$\frac{x-a}{b-a}=t$$

라 놓고 위의 부등식 (∗)을 고쳐 봅시다.

우리들이 생각하고 있는 부등식 (∗)에서 x는 구간 (a, b) (또는 구간 (b, a))를 움직입니다. 이것은, 위와 같이 놓았을 때 t가 $0 < t < 1$의 범위를 움직인다는 것을 의미합니다.

위의 식의 분모를 없애면

$$x - a = t(b-a)$$

그러므로

$$x = (1-t)a + tb$$

가 됩니다. 따라서 (∗)의 좌변은

$$f((1-t)a + tb)$$

로 나타납니다.

한편, (∗)의 우변은

$$f(a) + \frac{x-a}{b-a}(f(b) - f(a))$$

로 바꾸어 쓸 수 있으므로,

$$f(a) + t(f(b) - f(a)) = (1-t)f(a) + tf(b)$$

로 나타납니다. 그러므로 부등식 (∗)은

$$f((1-t)a + tb) < (1-t)f(a) + tf(b)$$

와 같이 됩니다. 여기서 a, b는 구간 I에 속하는 임의의 서로 다른 두 개의 수였다는 것과 $0 < t < 1$이었다는 것을 반복해 둡니다.

이에 따라 우리는 볼록함수의 정의를 다음과 같이 말할 수 있습니다.

> 함수 f가 구간 I에서 볼록 (아래로 볼록), 또는 볼록함수라는 것은, I에 속하는 임의의 서로 다른 두 수 a, b 및 $0 < t < 1$을 만족하는 수 t에 대하여
>
> $$\boldsymbol{f((1-t)a + tb) < (1-t)f(a) + tf(b)} \quad (\text{∗∗})$$
>
> 가 성립한다.

이 정의에서 사용되고 있는 부등식 (**)은, 단지 부등식 (*)를 바꾸어 쓴 것에 지나지 않습니다만 실제로는 이 부등식 쪽이 모양도 좋고, 운용에도 편리합니다. 이 부등식 (**)에서 $1-t=s$라 놓으면, 이것은 보다 대칭적인 다음 형태로 쓸 수 있습니다.

$$f(sa+tb) < sf(a)+tf(b)$$

여기에서 s, t는 $s>0$, $t>0$, $s+t=1$을 만족하는 임의의 실수입니다.

부등식 (**)가 부등식 (*)보다도 편리한 이유 중의 하나는 이 부등식에는 $b-a$라는 분모가 나타나 있지 않기때문입니다.

여러분은 여기에서, 만일 $a=b$이면 (**)의 양변은 모두 $f(a)$가 된다는 것과, 또 $t=0$일 때에도 양변은 모두 $f(a)$가 되고, $t=1$일 때에는 양변은 모두 $f(b)$가 된다는 것에 주의해 둡시다. 즉, $a=b$ 또는 $t=0$ 또는 $t=1$일 때에는 (**)의 양변은 같아집니다. f가 볼록이고 $a\neq b$, $0<t<1$일 때에 위의 부등식 (**)가 (부등호 $<$를 써서) 성립합니다. 또한 여기에서는 "볼록"이라는 말을 강한 의미로 사용하고 있다는 것을 새삼 강조해 둡니다.

만일, 함수 f가 구간 I에서 "약한 의미에서 볼록"이라는 정의를 위의 형식으로 말한다면 다음과 같습니다 : "I에 속하는 임의의 $a, b(a=b$이어도 됩니다.) 및 $0\leq t\leq 1$을 만족하는 임의의 t에 대하여

$$f((1-t)a+tb) \leq (1-t)f(a)+tf(b)$$

가 성립합니다."

함수 f가 구간 I에서 위로볼록(오목함수)일 때에는, 위의 부등식의 부등호의 방향이 역으로 됩니다. 이에 대한 자세한 설명은 여러분에게 맡깁니다.

문제 37 함수 f가 구간 I에서(강한 의미에서) 볼록이라 합니다. 이 때, $a<x<b$인 I에 속하는 임의의 세 수 a, x, b에

대하여

$$\frac{f(x)-f(a)}{x-a} < \frac{f(b)-f(a)}{b-a} < \frac{f(b)-f(x)}{b-x}$$

가 성립함을 증명하시오.

문제 38 함수 f가 구간 I에서 (강한 의미에서) 볼록이라 합니다. 이 때, I에 속하는 임의의 a, b에 대하여

$$f\left(\frac{a+b}{2}\right) \leqq \frac{f(a)+f(b)}{2}$$

가 성립함을 증명하시오. 등호는 어떤 때에 성립할까요?

문제 39 p를 $p>1$인 상수라 합니다. $x>0$에서 정의된 함수 $f(x)=x^p$의 요철을 조사하시오. 이 결과를 이용하여 임의의 수 $a>0, b>0$에 대하여

$$\frac{a+b}{2} \leqq \left(\frac{a^p+b^p}{2}\right)^{\frac{1}{p}}$$

이 성립함을 증명하시오. [힌트 : f''의 부호를 조사합니다.]

문제 40 $0<p<1, a>0, b>0$일 때에도 앞의 문제의 부등식은 성립합니까? $p<0, a>0, b>0$일 때에는 어떻게 됩니까?

문제 41 f가 구간 I에서 볼록함수라 합니다. 이 때, I에 속하는 임의의 수 $x_1, \cdots, x_n$과 $t_1+\cdots+t_n=1, t_1\geqq0, \cdots, t_n\geqq0$인 임의의 수 $t_1, \cdots, t_n$에 대하여, 부등식

$$f(t_1x_1+\cdots+t_nx_n) \leqq t_1f(x_1)+\cdots+t_nf(x_n)$$

이 성립함을 증명하시오. 증명은 귀납법에 의합니다. [힌트 : $t_n=1$이면 양변 모두 $f(x_n)$이 되므로 $t_n<1$라 합니다. $s_i=t_i/(1-t_n)\ (i=1, \cdots, n-1)$이라 하면, 귀납법의 가정에 의해

$$f(s_1x_1+\cdots+s_{n-1}x_{n-1}) \leqq s_1f(x_1)+\cdots+s_{n-1}f(x_{n-1})$$

이 성립합니다. 여기서

$$t_1x_1+\cdots+t_nx_n=(1-t_n)(s_1x_1+\cdots+s_{n-1}x_{n-1})+t_nx_n$$

임을 써서, f가 볼록이라는 성질을 이용합니다.]

문제 42 함수 f가 구간 I에서 볼록이면 I에 속하는 임의의

$x_1, \cdots, x_n$에 대하여

$$f\left(\frac{x_1+\cdots+x_n}{n}\right) \leqq \frac{1}{n}\{f(x_1)+\cdots+f(x_n)\}$$

이 성립함을 증명하시오. f가 I에서 오목(즉 위로볼록)일 때에는 대응하는 부등식은 어떻게 됩니까?

문제 43　$f(x)=\log\ x$는 $x>0$에서 위로볼록이고 단조증가합니다. 이것을 써서 임의의 수 $x_1>0, \cdots, x_n>0$에 대하여

$$\frac{x_1+\cdots+x_n}{n} \geqq (x_1\cdots x_n)^{\frac{1}{n}}$$

이 성립함을 유도하시오.

◆ 제2계도함수와 극대·극소

본절의 마지막에 제2계도함수의 조밀한 효용을 또 하나 보충해둡니다. 그것은 제2계도함수의 값에 따라 극대·극소를 판정하는 방법입니다.

즉, 다음 정리가 성립합니다.

함수 f가 연속인 제2계도함수를 가질 때
　$f'(a)=0,\ f''(a)>0$이면 $f(a)$는 극소값,
　$f'(a)=0,\ f''(a)<0$이면 $f(a)$는 극대값
이다.

증명　$f'(a)=0,\ f''(a)>0$이라 합니다.

f''이 연속이므로, 이때 a의 근방에서는 $f''(x)>0$입니다. 그러므로 a의 근방에서 f'은 증가합니다. 또, $f'(a)=0$이므로 x가 증가하면서 a를 지날 때, f'의 값은 음에서 양으로 바뀝니다.

그러므로 $f(a)$는 극소값입니다.

$f'(a)=0,\ f''(a)<0$일 때 $f(a)$가 극대값이어도 마찬가지로 증명할 수 있습니다.

이 정리에 의하면 앞에서와 같이, $f'(a)=0$인 a의 전후에서 f'의 부호를 조사하지 않아도 단지 $f''(a)$의 값

을 조사하는 것만으로 (그 값이 0이 아니면) a가 극대점인지, 극소점인지를 판정할 수 있습니다. 단, 이 정리는 $f'(a)=0$, $f''(a)=0$일 때에 관해서는 어떤 결론도 내리지 않고 있습니다. (이것은 이 정리의 큰 결함입니다.) 실제로 $f'(a)=0$, $f''(a)=0$일 때에는, $f(a)$는 극값인 경우도 있고 극값이 아닌 경우도 있습니다.

(예) $f(x)=x^3-3x^2-9x$라 하면,

$$f'(x)=3x^2-6x-9=3(x+1)(x-3),$$
$$f''(x)=6x-6=6(x-1)$$

이고, 방정식 $f'(x)=0$의 해는 $x=-1, 3$입니다. 그리고

$f''(-1)=-12<0$이므로 $x=-1$은 극대점,
$f''(3)=12>0$이므로 $x=3$은 극소점

입니다.

문제 44 제2계도함수의 값을 조사하는 방법에 따라 다음 함수의 극점을 구하시오.

(1) $f(x)=3x^4+4x^3-12x^2$ (2) $f(x)=x^2-\dfrac{16}{x}$

18.4 매개변수로 나타나는 곡선

이 절에서는 지금까지와는 다소 다른 형태의 곡선의 방정식을 다룹니다. 또 평면 위를 운동하는 점에 대하여 그 속도와 가속도를 생각해 봅시다.

◆ 곡선의 매개변수표시

우리는 제9장의 502페이지에서 평면 위의 직선을 매개변수(또는 파라미터) t를 써서 표시하는 방법을 보았습니다. 이를테면, 방정식

$$x=2t-3, \quad y=t+1$$

은 점 $(-3, 1)$을 지나고 $\vec{d} = (2, 1)$을 방향 벡터로 하는 직선을 나타냅니다. 이 두 방정식에서 t를 소거하기 위해 첫째 방정식에서 둘째 방정식의 2배를 빼면,

$$x - 2y = -5$$

가 되어, 보통의 직선의 방정식이 됩니다.

위의 매개변수표시에서 t를 시간으로 보면, 점

$$(x, y) = (2t - 3, t + 1)$$

은 시간의 경과에 따라서 직선 $x - 2y = -5$위를 움직입니다.

일반적으로, 평면 위를 점 $P(x, y)$가 운동할 때, 그 x좌표, y좌표는 시각 t의 함수로서

$$x = f(t), \quad y = g(t)$$

로 나타납니다. 이 때, t의 변화와 함께 점 P는 평면 위의 한 곡선을 그립니다.

이와 같이, 평면 위의 어떤 곡선의 x좌표, y좌표가 변수 t에 의해 위의 형태로 나타날 때, 이것을 그 곡선의 **매개변수표시** 또는 **파라미터표시**라 하고, t를 **매개변수** 또는 **파라미터**라 합니다. 운동하는 점이 그리는 곡선의 매개변수표시에서 매개변수는 시간 또는 시각(time)입니다. 그러나 일반적으로 매개변수는 반드시 시각일 필요는 없습니다. 또, 그것을 나타내는 데에 언제나 t를 사용할 필요도 없습니다.

아래, 두 세 가지의 예를 들었습니다.

㉺ 원점 O를 중심으로 하는 반지름 1인 원은

$$x = \cos t, \quad y = \sin t$$

로 매개변수 표시할 수 있습니다. 여기서 매개변수 t는 원주 위의 점 $P(x, y)$의 동경 OP가 x축의 양의 방향과 이루는 회전각입니다.

만일, t가 시간이고 점 $P(x, y)$가 시간의 변화에 따라 운동한다고 하면, 점 P는 시간이 2π 경과할 때마다 원주를 1회전하고, t가 구간 $[0, \infty)$을 움직이면

P는 원주 위를 무한회 회전합니다. 그러나, 단지 도형으로서 원을 매개변수표시한다고 하면, 매개변수 t의 변역은, 이를테면 $0 \le t \le 2\pi$로 제한할 수 있습니다.

또, 만일 이 매개변수표시에 t의 변역을 $0 \le t \le \pi$로 하면, 점 $(x,\ y)$가 그리는 곡선은 원 $x^2 + y^2 = 1$의 $y \ge 0$인 반원 부분입니다.

예 매개변수가 실수 전체를 움직일 때

$$x = t^2, \quad y = t^3$$

으로 나타나는 곡선은 어떤 모양의 곡선이 될까요? 이 경우, 먼저 $x \ge 0$인 점에 주의합니다. 그리고 t를 x를 나타내면 $t = \pm x^{\frac{1}{2}}$이므로 $y = \pm x^{\frac{3}{2}}$이 됩니다. 즉, 위와 같이 매개변수표시된 곡선은 방정식

$$y = x^{\frac{3}{2}} \quad \text{또는} \quad y = -x^{\frac{3}{2}}$$

으로 나타나는 두 곡선을 합친 것이 됩니다. 단, x의 변역은 $x \ge 0$입니다.

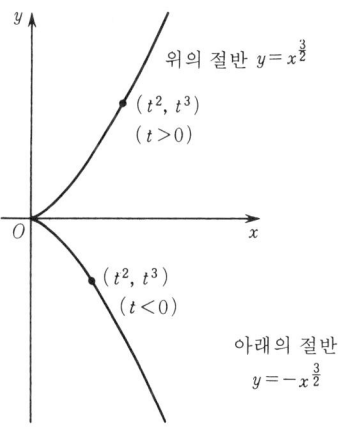

위의 두 방정식은 또 다음과 같이 함께 나타낼 수도 있습니다. 이 점에 주의합니다.

$$y^2 = x^3$$

이것은 $x = t^2, y = t^3$에서 "t를 소거"한 것에 지나지 않습니다. 이 곡선의 개형은 위와 같습니다.

예 반지름 a인 한 원 C와 그 위의 정점 P가 있습니다. 원 C가 한 정직선에 따라 미끄러지지 않고 회전하면 점 P는 아래와 같은 곡선을 그립니다. 이 곡선을 **사**

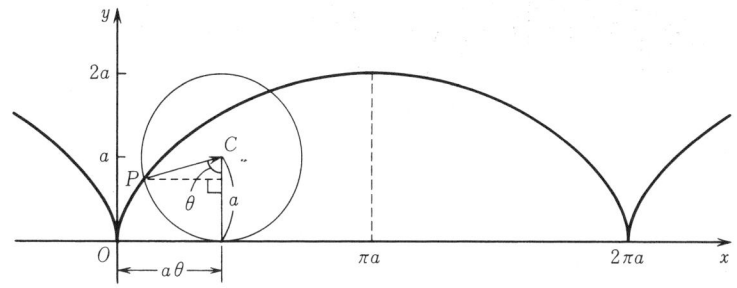

이클로이드(Cycloid)라고 합니다. 지금, 정직선을 x축으로 하고 원 C가 원점 O에서 x축에 접할 때, 정점 P가 O의 위치에 있을 때 사이클로이드의 방정식을 구해 봅시다.

원 C가 원점 O에서 x축에 접한 상태로 각 θ만큼 회전했을 때를 생각합니다. 이 때, 중심 C의 좌표는 분명히

$$C(a\theta, a)$$

입니다. 또, 위의 그림에서 알 수 있듯이 벡터 $\overrightarrow{PC}$의 x성분, y성분은 각각 $a\sin\theta$, $a\cos\theta$이므로,

$$\overrightarrow{PC} = (a\sin\theta, a\cos\theta)$$

가 됩니다. 그러므로 이 때의 P의 좌표를 (x, y)라 하면

$$x = a\theta - a\sin\theta = a(\theta - \sin\theta)$$
$$y = a - a\cos\theta = a(1 - \cos\theta)$$

즉,

$$x = a(\theta - \sin\theta), \; y = a(1 - \cos\theta)$$

입니다. 이것으로 사이클로이드의 매개변수표시를 얻었습니다.

위의 예의 사이클로이드에서 θ가 0에서 2π까지 움직이면 원 C는 1회전하여, 점 P가 다시 x축 위에 옵니다. P가 다시 x축 위에 오는 점의 좌표는 $(2\pi a, 0)$입니다. 구간 $0 \le \theta \le 2\pi$ 는 사이클로이드의 "한 개의 호"에 대응합니다. 사이클로이드 전체는 이 호를 무한히 반복하여 얻은 곡선입니다.

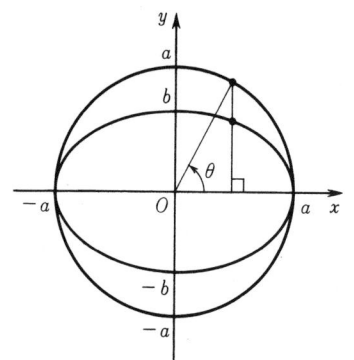

문제 45 타원 $\dfrac{x^2}{a^2} + \dfrac{y^2}{b^2} = 1$은 그림의 각 θ를 매개변수로 하여

$$x = a\cos\theta, \quad y = b\sin\theta$$

로 매개변수표시된 것임을 보이시오.

◈ 매개변수로 나타난 함수의 미분법

사이클로이드의 매개변수표시

$$x = a(\theta - \sin\theta), \quad y = a(1 - \cos\theta)$$

에서 x는 θ의 함수로서 단조증가인 연속함수입니다. 따라서, 그 역함수를 생각할 수 있으며, θ는 x의 함수가 됩니다. 즉 x의 값을 하나 정하면 θ의 값이 단 하나 정해집니다. 이 때 또 y의 값이 하나만 정해지므로 결국 y는 x의 함수로 생각할 수 있습니다.

매개변수표시

$$x = t^2, \quad y = t^3$$

로 정의된 곡선의 경우에는, x의 양의 값에 대하여 t의 값은 $\pm x^{\frac{1}{2}}$으로 두 개 대응하고 따라서 y의 값은 $y = \pm x^{\frac{3}{2}}$으로 두 개 대응합니다. 그러므로 이 경우 본래의 의미에서 y는 x의 함수가 아닙니다. 그러나, (음함수일 때에도 그렇게 생각했듯이), 위의 매개변수표시

$$x = t^2, \quad y = t^3$$

에 의해서 두 함수 $y = x^{\frac{3}{2}}, y = -x^{\frac{3}{2}}$ 중의 어느 하나가 나타나 있다고 생각할 수도 있습니다. 이 경우, 예를 들면 함수

$$y = x^{\frac{3}{2}}$$

은 함수 $y = t^3$과 함수 $t = x^{\frac{1}{2}}$과의 합성함수입니다.

이와 같은 의미에서 일반적으로, 매개변수방정식

$$x = f(t), \quad y = g(t)$$

에 의해 y가 x의 함수 $y = F(x)$로 생각될 때, 도함수 $\dfrac{dy}{dx}$를 구하는 일을 생각해 봅시다.

이 경우, $y = F(x)$는 $y = g(t)$와 $x = f(t)$의 역함수인 $t = h(x)$와의 합성함수가 됩니다. 따라서 합성함수의 미분법에 따라

$$\frac{dy}{dx} = \frac{dy}{dt} \cdot \frac{dt}{dx}$$

한편 또, 역함수의 미분법에 의해

$$\frac{dt}{dx} = \frac{1}{dx/dt}$$

입니다. 따라서

$$\frac{dy}{dx} = \frac{dy/dt}{dx/dt}$$

가 됩니다. 이것이 "매개변수로 나타난 함수의 미분법"의 공식입니다. 이 공식은 $\frac{dx}{dt} \neq 0$인 t의 구간에서 성립합니다.

위의 도함수의 공식에서, 우변은 일반적으로 매개변수 t의 함수로 나타나 있다는 것에 주의합니다.

(예) 사이클로이드

$$x = a(\theta - \sin\theta), \quad y = a(1 - \cos\theta)$$

에서는

$$\frac{dx}{d\theta} = a(1 - \cos\theta), \quad \frac{dy}{d\theta} = a\sin\theta$$

입니다. 따라서

$$\frac{dy}{dx} = \frac{dy/d\theta}{dx/d\theta} = \frac{a\sin\theta}{a(1-\cos\theta)}$$

가 됩니다.

특히 이를테면 $\theta = \frac{\pi}{2}$일 때의 x, y, $\frac{dy}{dx}$ 의 값을 구하면, 각각

$$x = a\left(\frac{\pi}{2} - 1\right), \quad y = a, \quad \frac{dy}{dx} = 1$$

을 얻습니다. 이 사실에서 사이클로이드 위의 점

$$\left(a\left(\frac{\pi}{2} - 1\right), \, a\right)$$

에서의 접선의 기울기는 1임을 알 수 있습니다.

문제 46 곡선

$$x = t^2, \quad y = t^3$$

에서 dy/dx를 t의 함수로 나타내시오. 그 결과를 이용하여 다음 t의 값에 대응하는, 곡선 위의 점에서의 접선의 방정식을 구하시오.

(1) $t = 1$ (2) $t = -2$ (3) $t = \frac{1}{2}$

문제 47 사이클로이드 $x=a(\theta-\sin\theta)$, $y=a(1-\cos\theta)$에서, 다음 θ의 값에 대응하는 점에서의 접선의 방정식을 구하시오.

(1)　$\theta=\dfrac{\pi}{3}$　　　(2)　$\theta=\pi$　　　(3)　$\theta=\dfrac{5}{4}\pi$

◆ 평면 위의 점의 운동, 속도 · 가속도

앞에서 설명한 바와 같이, 평면 위를 운동하는 점 P의 x좌표, y좌표는 모두 시각 t의 함수로서

$$x=f(t),\quad y=g(t)$$

로 주어집니다. 시각 t에서의 P의 위치를 $P(t)$로 나타내기로 하면 $P(t)$의 좌표는 $(f(t),\,g(t))$입니다. 시각 t의 변화와 함께 점 $P(t)$는 평면 위의 한 곡선 C를 그립니다.

이제, $x=f(t)$, $y=g(t)$를 시간 t에 관하여 미분한 것을 각각

$$v_1(t)=\frac{dx}{dt}=f'(t),$$
$$v_2(t)=\frac{dy}{dt}=g'(t)$$

라 합니다. 이 때 벡터

$$\vec{v}(t)=(v_1(t),\,v_2(t))$$

를 $P(t)$의 **속도벡터** 또는 간단히 **속도**라고 부릅니다. ($\vec{v}(t)$는 "벡터"입니다. 시각 t에 따라 정해지는 벡터라는 의미에서 $\vec{v}(t)$로 나타냈습니다.)

$v_1(t)$, $v_2(t)$의 적어도 한쪽이 0이 아니면 속도벡터 $v(t)$는 점 $P(t)$에서의 곡선 C의 접선에 평행합니다. 이 벡터를 그림으로 그릴 때에는 통상, 오른쪽 그림과 같이 점 $P(t)$를 시점으로 하여 그립니다.

속도벡터의 크기 $|\vec{v}(t)|$를 **속력**이라 합니다. 속도는

$$\vec{v}(t)=\left(\frac{dx}{dt},\,\frac{dy}{dt}\right)$$

이므로, 속력은

$$|\vec{v}(t)|=\sqrt{\left(\frac{dx}{dt}\right)^2+\left(\frac{dy}{dt}\right)^2}$$

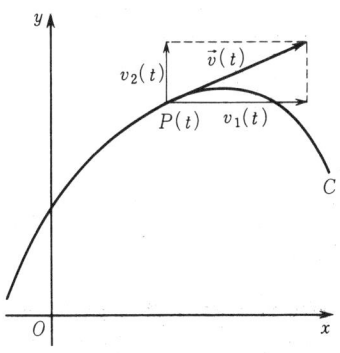

입니다.

또한

$$\alpha_1(t) = \frac{dv_1}{dt} = \frac{d^2x}{dt^2}, \quad \alpha_2(t) = \frac{dv_2}{dt} = \frac{d^2y}{dt^2}$$

를 성분으로 하는 벡터

$$\vec{\alpha}(t) = (\alpha_1(t), \alpha_2(t))$$

를 **가속도벡터** 또는 간단히 **가속도**라 부릅니다. 가속도벡터의 크기 $|\vec{\alpha}(t)|$를 **가속도 스칼라**라고 부릅니다.

(예) $x = t^2, y = t^3$ 이라 하면

$$\frac{dx}{dt} = 2t, \quad \frac{dy}{dt} = 3t^2,$$

$$\frac{d^2x}{dt^2} = 2, \quad \frac{d^2y}{dt^2} = 6t$$

입니다. 그러므로 속도벡터는

$$\vec{v}(t) = (2t, 3t^2)$$

가속도벡터는

$$\vec{\alpha}(t) = (2, 6t)$$

가 됩니다.

특히, 시각 $t = 2$에서의 속도벡터, 가속도벡터는 각각

$$\vec{v}(2) = (4, 12),$$

$$\vec{\alpha}(2) = (2, 12)$$

또, 속력, 가속도 스칼라는 각각

$$|\vec{v}(2)| = \sqrt{4^2 + 12^2} = 4\sqrt{10}$$

$$|\vec{\alpha}(2)| = \sqrt{2^2 + 12^2} = 2\sqrt{37}$$

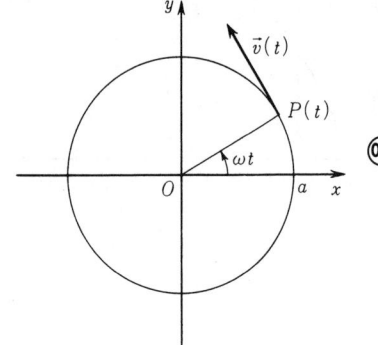

입니다.

(예) a, ω를 양의 상수라 하고, 좌표 (x, y)가

$$x = a\cos\omega t, \quad y = a\sin\omega t$$

로 주어지는 점 P의 운동을 생각합니다. (그리스 문자 ω는 오메가로 읽습니다.)

이 점 P는 원 $x^2 + y^2 = a^2$의 둘레 위를 움직입니다. $\dfrac{dx}{dt}, \dfrac{dy}{dt}$를 계산하면

$$\frac{dx}{dt} = -a\omega \sin \omega t, \quad \frac{dy}{dt} = a\omega \cos \omega t$$

따라서, 속도 $\vec{v}(t)$, 속력 $|\vec{v}(t)|$는 각각

$$\vec{v}(t) = (-a\omega \sin \omega t, \ a\omega \cos \omega t),$$

$$|\vec{v}(t)| = \sqrt{(-a\omega \sin \omega t)^2 + (a\omega \cos \omega t)^2}$$

$$= \sqrt{a^2 \omega^2} = a\omega$$

입니다. 속력 $|\vec{v}(t)| = a\omega$는 일정합니다. 여기서 점 P의 운동을 **등속원운동**이라 합니다.

실제로 점 P는 단위 시간당 ω라디안의 일정한 "각속도"로 원주 위를 회전하며, 따라서 반지름 a인 둘레 위를 단위 시간당 일정한 속력 $a\omega$로 움직입니다.

[문제 48] 위의 예의 원의 등속원운동에 대하여 다음 물음에 답하시오.

(1) 시각 t에서의 점의 위치벡터 $\overrightarrow{OP}$와 속도벡터 $\vec{v}(t)$는 항상 서로 수직임을 확인하시오.

(2) 시각 t에서의 점의 위치벡터 $\overrightarrow{OP}$와 가속도벡터 $\vec{\alpha}(t)$에 대하여 항상

$$\vec{\alpha}(t) = -\omega^2 \overrightarrow{OP}$$

가 성립함을 밝히시오. [따라서 가속도벡터는 점 P에서 중심 O로 향하는 기울기를 가집니다. 그리고 $\vec{\alpha}(t)$는 $\overrightarrow{OP}$에 평행이므로 속도벡터 $\vec{v}(t)$와 가속도 벡터 $\vec{\alpha}(t)$는 언제나 수직입니다.]

[문제 49] 일반적으로, 점 P가 평면 위를 일정한 속력 $c\,(>0)$로 운동하고 있을 때에는, 점 P의 속도벡터 $\vec{v}(t)$와 가속도 벡터 $\vec{\alpha}(t)$는 임의의 시각에서 항상 수직임을 증명하시오.

[보충] 극좌표

평면 위의 점을 나타낼 때 보통 직교좌표를 사용합니다. 그러나 때로는 극좌표를 사용하는 것이 편리할 때도 있습니다. 극좌표의 정의는 다음과 같습니다.

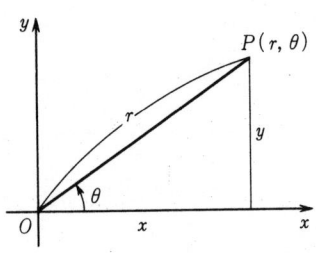

지금, P를 평면 위의 점으로 하고 P와 원점 O를 연결합니다. 거리 OP를 $r(\geqq 0)$라 하고, 또 반직선 OP가 x축의 양의 방향(시선)과 이루는 각을 θ라 합니다. 이 때 점 P에서 두 실수의 쌍(r, θ)가 정해지고, 역으로 (r, θ)가 주어지면 분명히 한 점 P가 정해집니다. 이 두 실수의 쌍 (r, θ)를 점 P의 **극좌표**라고 합니다.

극좌표에서 (r, θ)인 점의 직교좌표를 (x, y)라 하면,

$$x = r \cos \theta, \quad y = r \sin \theta$$

입니다. 한편, 직교좌표에서 (x, y)인 점의 극좌표를 (r, θ)라 하면,

$$r = \sqrt{x^2 + y^2}$$

이고, θ는

$$\cos \theta = \frac{x}{r}, \quad \sin \theta = \frac{y}{r}$$

를 만족시키는 각으로서 정해집니다.

예 직교좌표가 $(-1, \sqrt{3})$인 점의 극좌표를 구하시오.

풀이 이 점을 P라 하면,

$$OP = 2$$

이고, 또 반직선 OP가 x축의 양의 방향과 이루는 각은 $\dfrac{2\pi}{3}$입니다. 그러므로, P의 극좌표는 $\left(2, \dfrac{2\pi}{3}\right)$입니다.

·점의 극좌표 (r, θ)에서는 언제나 $r \geqq 0$인 것과, 또 θ는 2π의 정수배만큼 달라져도 된다는 점에 주의합니다. 즉, 점 P의 "1개의" 극좌표가 (r, θ)이면, n을 임의의 정수라 해도 $(r, \theta + 2n\pi)$도 P의 극좌표입니다. 그러나 실제로, θ는 $0 \leqq \theta < 2\pi$ 또는 $-\pi < \theta \leqq \pi$의 범위에서 취하는 것이 보통입니다.

문제 50 다음의 직교좌표를 갖는 점의 극좌표를 구하시오.

(1) $(1, 1)$ (2) $(\sqrt{3}, -1)$

(3) $(-2, 0)$ (4) $(-2, -2)$

문제 51 다음의 극좌표로 나타나는 점의 직교좌표를 구하시오.

(1) $\left(2, \dfrac{\pi}{4}\right)$

(2) $\left(2\sqrt{3}, \dfrac{\pi}{3}\right)$

(3) $\left(1, -\dfrac{\pi}{2}\right)$

(4) $(4, \pi)$

평면 곡선은 자주, 극좌표에 관한 방정식에 의해 주어지기도 합니다. 이를테면, r이 θ의 함수로서 $r=f(\theta)$ $(a\leqq\theta\leqq b)$로 주어지고 θ가 a에서 b까지 움직일 때, 항상 $f(\theta)\geqq 0$이라 합니다. 이 때 극좌표가 $(f(\theta), \theta)$ (단, $a\leqq\theta\leqq b$)인 점 전체가 이루는 곡선 C는 이 함수의 그래프입니다.

한편, 방정식 $r=f(\theta)$ $(a\leqq\theta\leqq b)$는 극좌표에 의한 이 곡선 C의 방정식으로 생각할 수 있습니다.

몇 개의 예를 들어 봅니다.

예 극좌표에서, 방정식

$$r=\sin\theta \quad (0\leqq\theta\leqq\pi)$$

로 주어지는 곡선을 그리시오.

풀이 θ가 0에서 $\dfrac{\pi}{2}$까지 증가할 때 $r=\sin\theta$는 0에서 1까지 증가합니다. 아래 표는 θ와 r의 대응 값의 일부의 표입니다.

θ	0	$\pi/6$	$\pi/4$	$\pi/3$	$\pi/2$
r	0	$1/2$	$1/\sqrt{2}$	$\sqrt{3}/2$	1

θ가 $\dfrac{\pi}{2}$에서 π까지 증가할 때에 $r=\sin\theta$는 위와 대조적으로 1에서 0까지 감소합니다.

따라서 곡선은 오른쪽 그림과 같습니다. [$\pi<\theta<2\pi$에서는 $r=\sin\theta<0$이므로 곡선은 나타나지 않습니다.]

오른쪽 그림은 구하는 곡선이 실은 원임을 시사하고 있습니다. 실제로 곡선은 그림에서와 같이 원이 됩니다. 이것을 확인하기 위해, 주어진 방정식을 직

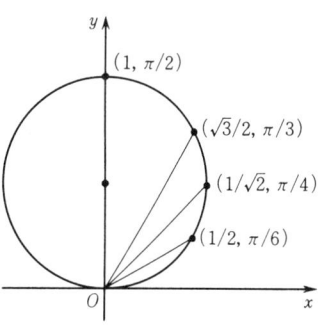

교좌표로 변환하여 봅시다.

방정식 $r = \sin\theta$의 양변에 r를 곱하면

$$r^2 = r\sin\theta$$

이고, 극좌표 (r, θ)와 직교좌표 (x, y)와의 관계에 의해서 윗식의 좌변은 $x^2 + y^2$, 우변은 y가 됩니다. 즉,

$$x^2 + y^2 = y$$

입니다. 이 방정식을 변형하면,

$$x^2 + \left(y - \frac{1}{2}\right)^2 = \left(\frac{1}{2}\right)^2$$

이 되고, 이것은 직교좌표에서 점 $\left(0, \frac{1}{2}\right)$을 중심으로 하는 반지름 $\frac{1}{2}$인 원을 나타냅니다.

(예) 극좌표에서 방정식 $r = 2$는 어떤 곡선을 나타냅니까?

[풀이] 이것은 θ를 임의로 했을 때, 극좌표 $(2, \theta)$를 갖는 점의 자취입니다. 그러므로 이것은 단순히 원점을 중심으로 하는 반지름 2인 원을 나타냅니다.

(예) 극좌표에서 방정식 $\theta = 1$에 의해서 나타나는 도형을 그리시오.

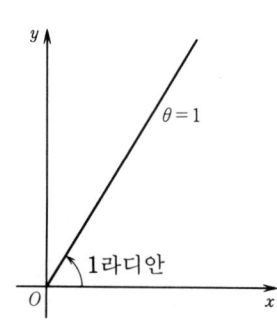

[풀이] 이 방정식이 나타내는 도형은, r를 임의(단, $r \geqq 0$)로 했을 때 극좌표 $(r, 1)$을 갖는 점 전체의 집합입니다. 그러므로, 원점 O를 출발하여 1라디안의 각을 가지는 반직선이 됩니다.

이 반직선의 기울기는 $\tan 1$이므로 직교좌표에 의해 그 방정식을 나타내면

$$y = (\tan 1)x, \quad \text{단,}\, x \geqq 0$$

가 됩니다.

(예) 끝으로 위의 설명과는 다른 기하학적으로 정의된 어떤 곡선의 극좌표에 의한 방정식을 구하는 예를 하나 다룹니다.

지금, 일정한 원과 이 원주 위에 한 정점 O가 주어져 있다고 합니다. 이 원에 접선을 긋고 O로부터 이 접선

에 수선 OP를 내립니다. 접선의 위치를 여러 가지로
바꿀 때 수선의 발 P는 어떤 자취를 그립니까?

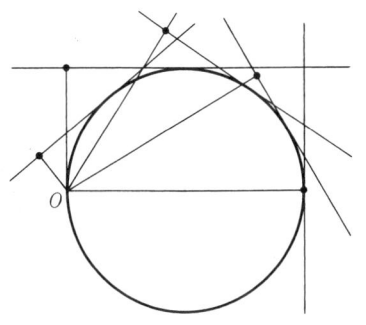 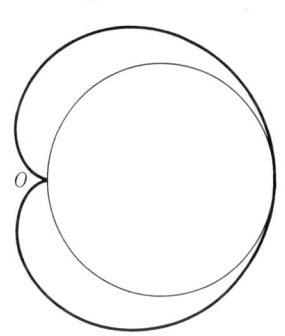

위의 왼쪽 그림에 점 P의 위치를 몇 개 나타냈습니
다. 이들 점을 매끄러운 선으로 연결하면 대략 위의 오
른쪽 그림과 같은 곡선이 됩니다. 이 곡선을 **카아디오
이드**(cardioid) 또는 **심장형**이라고 부릅니다.

일정한 원의 반지름을 a, 중심을 A라 하고, O을 원
점, O에서 중심 A로 향하는 반직선 OA를 시초선으로
하여 카아디오이드의 극좌표에 의한 방정식을 구하여
봅시다. 일정한 원의 둘레 위에 임의의 점 B를 잡고, 반
직선 AB가 x축의 양의 방향과 이루는 각을 θ라 합니
다. θ의 변역은 $-\pi \leq \theta \leq \pi$로 가정할 수 있습니다. 또,
B에서의 원의 접선에 O로부터 내린 수선을 OP라 하고

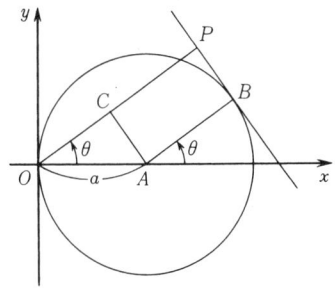 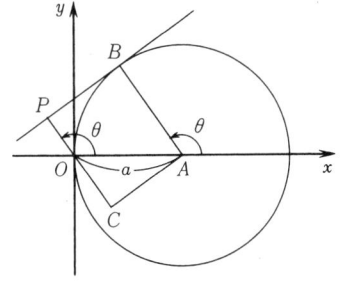

A에서 OP에 내린 수선을 AC라 합니다. 이 때, 반직선
OP가 x축의 양의 방향과 이루는 각도 θ입니다.

이제 $|\theta| \leq \dfrac{\pi}{2}$라 하면, 위의 왼쪽 그림과 같이

$$OP = OC + CP$$

이고, $CP = a$, $OC = a \cos \theta$이므로,

$$OP = a + a \cos \theta = a(1 + \cos \theta)$$

입니다. 즉, P의 극좌표를 (r, θ)라 하면,

$$r = a(1 + \cos \theta)$$

가 됩니다.

$\dfrac{\pi}{2} \le |\theta| \le \pi$일 때에는, 앞의 오른쪽 그림과 같이 되지만, 이 경우에도 역시

$$r = a(1 + \cos \theta)$$

가 되는 것은 쉽게 확인됩니다. (여러분 스스로 검증해 보십시오.)

따라서 카아디오이드의 (위와 같이 원점과 시선을 정했을 때의) 극좌표에 의한 방정식은

$$r = a(1 + \cos \theta)$$

입니다.

문제 52 (이 문제는 기하학적 사고를 좋아하는 사람에게 제공합니다. 이것은 카아디오이드의 또 하나의 기하학적 정의를 부여합니다.)

같은 크기의 두 원을 외접시킵니다. 그 한쪽을 고정하고, 다른 쪽을 고정한 원의 둘레에 따라 미끄러지지 않게 회전시킵니다. 이 때, 회전하는 원의 둘레 위의 한 정점이 그리는 자취는 카아디오이드가 되는 것을, 다음과 같은 방법에 의해 밝히시오.

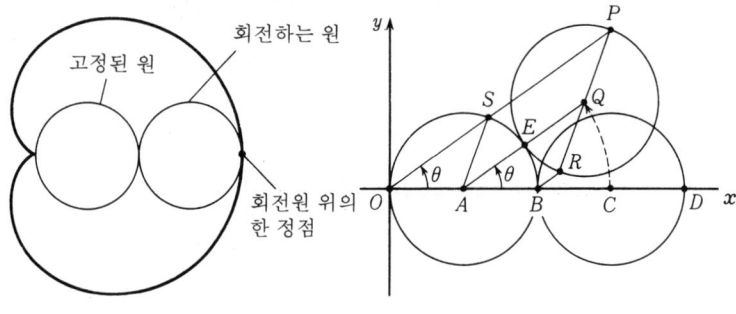

두 원의 지름을 a라 하고, 앞의 오른쪽 그림과 같이 좌표축을 정하고, 고정 원의 중심을 점 $A\left(\dfrac{a}{2}, 0\right)$이라 놓습니다. 또, 회전하는 원의 중심을 최초의 점 $C\left(\dfrac{3a}{2}, 0\right)$이라 놓습니다. B, D를 좌표 $(a, 0)$, $(2a, 0)$의 점으로 하고, 회전원 위의 정점은 최초의 D의 위치에 있다고 합니다.

지금, 회전원을 고정원의 둘레로 각 θ만큼 회전시켰을 때, 최초 B, C, D에 있었던 점이 각각 R, Q, P로 이동하고, 또 회전원이 고정원에 점 E에서 접한다고 합니다. 이 사실에서 BR, AQ, OP는 모두 평행임을 유도합니다. 따라서 OP가 x축과 이루는 각도 θ입니다. 여기에서 직선 OP가 고정원과 만나는 점을 S라 하면, $|\theta| \leq \dfrac{\pi}{2}$일 때

$$OP = OS + SP$$

이고, $OS = a\cos\theta$, $SP = AQ = a$이므로

$$OP = a(1 + \cos\theta)$$

가 됩니다. 즉, P의 극좌표를 (r, θ)라 하면

$$r = a(1 + \cos\theta)$$

입니다. 이 결과는 $\dfrac{\pi}{2} \leq |\theta| \leq \pi$일 때에도 성립합니다. 그러므로 P의 자취는 카아디오이드입니다.

18.5 함수의 조사, 테일러의 정리

본절은 전체의 일종의 "부록"이라 할 수 있습니다. 여러분은 흥미와 관심의 정도에 따라, 일부를 읽어도 되고 전체를 생략해도 좋습니다.

이 절에서는 함수의 다항식에 의한 조사 및 테일러의 정리, 나아가서 함수의 테일러 전개를 다룹니다. 이것들은, 일부를 제외하면 보통 고등 학교까지의 교육 과정에는 포함되지 않습니다. 그러나, 알고 있으면 매우 유용합니다. 나는 이 절에서 기술의 엄밀성에는 그렇게 구애받지 않기로 합니다. 말하자면 함수의 테일러 전개에 대해

서는 상세한 증명은 거의 생략하기로 합니다.

◆ 일차근사식

함수 중에서 가장 간단한 함수는 일차함수입니다. 실제, 그 그래프는 직선이라는 기하학적으로 가장 단순한 모양을 하고 있습니다. 따라서, 주어진 함수를 일차함수로 조사한다는 것은──조사로서 "자세하지 못한" 것이라도──현실적으로 다루기 쉽고 유용합니다.

지금, $y = f(x)$를 어떤 구간에서 정의된 함수라 하고, a를 그 구간에 속하는 하나의 수라 합니다. 이 때, a의 충분히 가까운 근방에서 $f(x)$를 근사시키는 일차함수를 구하여 봅시다.

지금, f가 미분가능인 함수라 하면, 미분계수의 정의에 의해,

$$\lim_{x \to a} \frac{f(x) - f(a)}{x - a} = f'(a)$$

입니다. 따라서 x가 a에 충분히 가까이 있을 때는 근사식

$$\frac{f(x) - f(a)}{x - a} \fallingdotseq f'(a)$$

가 성립합니다. (기호는 $\fallingdotseq$는 "거의 같다"를 나타낸 것입니다.)

여기에서

$$f(x) - f(a) \fallingdotseq f'(a)(x - a) \qquad ①$$

즉,

$$\boldsymbol{f(x) \fallingdotseq f(a) + f'(a)(x - a)} \qquad ②$$

를 얻습니다. 이 ②의 우변이 a의 근방에서 $f(x)$를 근사하는 x에 관한 일차함수입니다 ($f'(a) = 0$인 것도 있을 수 있으므로 정확히는 ②의 우변은 "일차 이하의 함수"입니다.)

또한, x와 y의 변화량에 주목하여

$$x - a = \Delta x, \quad f(x) - f(a) = \Delta y$$

라 놓으면, 위의 ①은

$$\varDelta \, y \fallingdotseq f'(a)\varDelta \, x \qquad\qquad ①'$$

로 나타낼 수 있다는 것에 주의해 둡시다.

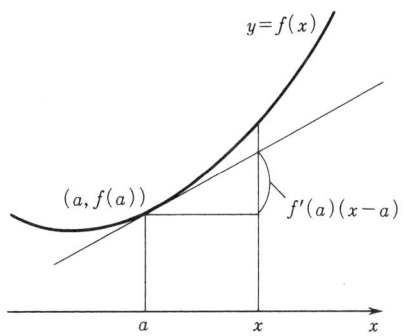

기하학적으로 생각하면, 근사식 ②의 의미는 명료합니다. 실제로 방정식

$$y = f(a) + f'(a)(x-a)$$

는 점 $(a, \, f(a))$에서의 곡선 $y = f(x)$의 접선의 방정식입니다. 따라서, 근사식 ②는 a의 충분히 가까운 근방에서 f의 그래프가 그 접선에 극히 접근해 있음을 나타내고 있습니다.

②에서 $x = a + h$라 놓으면——이 h는 위에서 $\varDelta \, x$로 나타낸 것입니다——②는 다음의 형태로 바꾸어 쓸 수 있습니다.

$$f(a+h) \fallingdotseq f(a) + f'(a)h$$

또, ②에서 특히 $a = 0$이면 다음 근사식을 얻습니다.

$|x|$가 충분히 작을 때,

$$f(x) \fallingdotseq f(0) + f'(0)x \qquad\qquad ③$$

예 α를 임의의 실수라 하고

$$f(x) = (1+x)^{\alpha}$$

라 놓습니다. 이 때

$$f'(x) = \alpha(1+x)^{\alpha-1}$$

이고, $f(0) = 1$, $f'(0) = \alpha$입니다. 그러므로 ③에 의해 x가 0에 가까울 때

$$(1+x)^{\alpha} \fallingdotseq 1 + \alpha x \qquad\qquad ④$$

가 성립합니다.

(예) 위의 예의 근사식 ④를 써서, 이를테면 다음과 같은 계산을 할 수 있습니다.

$$\sqrt{64.2} = \sqrt{64} \cdot \sqrt{1+\frac{0.2}{64}} = 8 \cdot \left(1+\frac{0.2}{64}\right)^{\frac{1}{2}}$$

$$\fallingdotseq 8 \cdot \left(1+\frac{1}{2} \cdot \frac{0.2}{64}\right) = 8+\frac{0.1}{8} = 8.0125$$

$$\sqrt[3]{0.994} = (1-0.006)^{\frac{1}{3}}$$

$$\fallingdotseq 1+\frac{1}{3} \cdot (-0.006) = 0.998$$

$$\frac{1}{\sqrt{3.984}} = (4-0.016)^{-\frac{1}{2}} = 4^{-\frac{1}{2}} \cdot (1-0.004)^{-\frac{1}{2}}$$

$$\fallingdotseq \frac{1}{2} \cdot \left\{1+\left(-\frac{1}{2}\right) \cdot (-0.004)\right\} = 0.501$$

(예) $f(x)=\sin x$ 라 하면, $f'(x)=\cos x$ 이고

$$f(0)=0, \quad f'(0)=1$$

입니다. 따라서 ③에 의해 x 가 0에 가까울 때

$$\sin x \fallingdotseq x$$

가 됩니다. [주의 : 실은, 이 근사식은 새로운 것은 아닙니다. 왜냐하면 앞에서 $\sin x$ 의 도함수를 구할 때, 기초적 극한으로서, 이미

$$\lim_{x \to 0} \frac{\sin x}{x} = 1$$

임을 알고 있기 때문입니다. 이 극한을 번역하면 위의 근사식을 얻게 됩니다.]

문제 53 본문 중의 예에 따라, 다음 수의 근사값을 구하시오.

(1) 10.02^3
(2) $\sqrt{9.012}$

(3) $\dfrac{1}{1.984}$
(4) $\dfrac{1}{\sqrt[3]{7.9904}}$

문제 54 다음 근사식을 증명하시오.

(1) $x \fallingdotseq 0$ 일 때 $e^x \fallingdotseq 1+x$

(2) $x \fallingdotseq 0$ 일 때 $\tan x \fallingdotseq x$

(3) $h \fallingdotseq 0$ 일 때 $\sin(a+h) \fallingdotseq \sin a + h \cos a$

(4) $h \fallingdotseq 0$ 일 때 $\log(a+h) \fallingdotseq \log a + \dfrac{h}{a}$

예제 한 광원에 의해서 비춰지는 물체가 있을 때, 그 물체의 조도는 광원으로부터 물체까지의 거리의 제곱에 반비례합니다. 이제, 물체를 광원으로부터의 거리가 1%만큼 증가하도록 처음 위치에서 이동시켰을 때, 조도는 대략 얼마만큼 변화하겠습니까?

풀이 광원으로부터 물체까지의 거리를 x, 물체의 조도를 l이라 하고, 가정에서, k를 양의 상수라 하면

$$l = \frac{k}{x^2}$$

인 관계가 있습니다. 최초의 물체의 위치를 $x = x_0$, 조도를 $l = l_0$라 하고, 물체의 위치가 x_0에서 $\varDelta x$만큼 변화했을 때의 조도의 변화를 $\varDelta l$이라 하면, 1083페이지의 ①′에 의해서

$$\varDelta l \doteqdot \left[\frac{dl}{dx} \right]_{x = x_0} \cdot \varDelta x = \frac{2k}{-x_0^3} \varDelta x$$

입니다. 그러므로

$$\frac{\varDelta l}{l_0} \doteqdot -\frac{2\varDelta x}{x_0}$$

따라서 $\varDelta x / x_0 = 0.01$일 때에는 $\varDelta l / l_0 \doteqdot -0.02$입니다. 즉 조도는 약 2% 감소합니다.

문제 55 정사각형의 한 변의 길이가 1% 증가하면 넓이는 대략 2% 증가하고, 정육면체의 한 변의 길이가 1% 증가하면 부피는 대략 3% 증가함을 증명하시오.

문제 56 진자의 길이 $l(\mathrm{cm})$와 주기 $T(초)$ 사이에는

$$T = 2\pi \sqrt{\frac{l}{980}}$$

인 관계가 있음이 알려져 있습니다. 길이 $20\,\mathrm{cm}$인 진자를 $1\,\mathrm{cm}$만큼 길게 하면, 주기는 약 얼마만큼 커지겠습니까?

문제 57 두 변의 길이가 $10\,\mathrm{cm}$이고 꼭지각이 $60°$인 이등변삼각형이 있습니다. 이제, 이 꼭지각을 $1°$만큼 증가시키면 넓이는 대략 어느 정도 변화합니까? [힌트 : 두 변의 길이가 $10\,\mathrm{cm}$, 꼭지각이 θ라디안인 이등변삼각형의 넓이를 $S\,\mathrm{cm}^2$라 하면,

$$S = f(\theta) = \frac{1}{2} \cdot 10^2 \sin\theta = 50 \sin\theta$$

구해야 할 것은 $\Delta S \doteqdot f'(\theta)\Delta\theta$의 $\theta = \frac{\pi}{3}$, $\Delta\theta = \frac{\pi}{180}$ 일 때의 값입니다.

◆ 다항식에 관한 테일러의 정리

위에서는 주어진 함수 $f(x)$를 x의 일차식으로 근사시켰지만, 만일 일차식 대신에 이차식을 사용한다면, $f(x)$의 보다 좋은 근사를 얻을 수 있을 것이라고 상상하는 것은 극히 자연스런 생각입니다. 만일 삼차식을 사용한다면 근사는 보다 더 정밀해질 것입니다.

이러한 문제를 생각하기 위한 전제로서, 우선 다항식에 관한 테일러(Taylor)의 정리를 설명해 두겠습니다.

이제, 간단하게 나타내기 위해 $P(x)$를 x에 관한 삼차식이라 합니다. a를 1개의 상수라 하고, $P(x)$를 "$x-a$의 다항식"의 꼴로 써서

$$P(x) = A_0 + A_1(x-a) + A_2(x-a)^2 + A_3(x-a)^3$$

이라 합니다. 우리들이 여기서 문제로 하는 것은, 이와 같이 썼을 때 "계수" A_0, A_1, A_2, A_3가 $P(x)$와 그 도함수 $P'(x)$, $P''(x)$, $P'''(x)$의 $x=a$에 대한 값을 써서 어떻게 나타낼 수 있는가 하는 것입니다.

그 답은 간단합니다. 실제, 위의 식을 3회 미분하면

$$P'(x) = A_1 + 2A_2(x-a) + 3A_3(x-a)^2$$
$$P''(x) = 2A_2 + 3 \cdot 2A_3(x-a)$$
$$P'''(x) = 3 \cdot 2A_3$$

가 되며, $P(x)$ 및 이들 도함수의 식에 $x=a$를 대입하면,

$$P(a) = A_0$$
$$P'(a) = A_1$$
$$P''(a) = 2A_2 = 2!A_2$$
$$P'''(a) = 3 \cdot 2A_3 = 3!A_3$$

가 됩니다. 그러므로,

$$A_0 = P(a), \qquad A_1 = \frac{P'(a)}{1!},$$

$$A_2 = \frac{P''(a)}{2!}, \qquad A_3 = \frac{P'''(a)}{3!}$$

입니다. 즉, 삼차식 $P(x)$를 $x-a$의 다항식의 형태로(오름차순으로 정리) 정리하여 전개한 식은

$$P(x) = P(a) + \frac{P'(a)}{1!}(x-a)$$
$$+ \frac{P''(a)}{2!}(x-a)^2 + \frac{P'''(a)}{3!}(x-a)^3$$

이 됩니다.

(예) $P(x) = x^3 - 6x^2 + 7x - 8$을 $x-3$의 다항식의 꼴로 쓰시오.

풀이
$$P'(x) = 3x^2 - 12x + 7$$
$$P''(x) = 6x - 12$$
$$P'''(x) = 6$$

이고, $P(3) = -14$, $P'(3) = -2$, $P''(3) = 6$, $P'''(3) = 6$. 그러므로

$$P(x) = -14 + \frac{-2}{1!}(x-3)$$
$$+ \frac{6}{2!}(x-3)^2 + \frac{6}{3!}(x-3)^3$$
$$= -14 - 2(x-3) + 3(x-3)^2 + (x-3)^3$$

이것이 답입니다.

위는 n차의 경우로 쉽게 일반화할 수 있습니다. 다음에 그 결과를 설명해 둡니다. (증명은 여러분에게 맡깁니다.) 이것은 **테일러(Taylor)의 정리**"라고 불리는 특별한 경우입니다.

다항식에 관한 테일러의 정리

$P(x)$를 n차의 다항식, a를 1개의 상수라 할 때, $P(x)$를 $x-a$의 다항식으로 나타내면,

$$P(x) = P(a) + \frac{P'(a)}{1!}(x-a)$$
$$+ \frac{P''(a)}{2!}(x-a)^2 + \cdots$$

$$+\frac{P^{(k)}(a)}{k!}(x-a)^k+\cdots$$

$$+\frac{P^{(n)}(a)}{n!}(x-a)^n \qquad (*)$$

이 된다.

◆ 인수정리의 확장

이 절의 주제에서는 약간 빗나가지만, 이 기회에 "인수정리의 확장"에 관하여 설명해 둡니다.

$P(x)$를 한 개의 다항식, a를 1개의 상수라 합니다.

인수정리에 의해, $P(x)$가 $x-a$로 나누어떨어지기 위한 필요충분조건은

$$P(a)=0$$

입니다.

이것을 확장하여, $P(x)$가 $(x-a)^2$으로 나누어떨어지기 위한 필요충분조건을 구하여 봅시다.

이를 위해 앞의 항에서 얻은 공식($*$)에 주목합니다. 이 공식에 따르면, 다항식 $P(x)$를 $(x-a)^2$으로 나누었을 때의 나머지는 　$P(a)+P'(a)(x-a)$

입니다. 왜냐하면, ($*$)의 우변에서, 셋째 항의 앞의 합

$$\frac{P''(a)}{2!}(x-a)^2+\cdots+\frac{P^{(n)}(a)}{n!}(x-a)^n$$

은 $(x-a)^2$으로 나누어떨어지기 때문입니다.

위의 나머지 $P(a)+P'(a)(x-a)$가 0이 되는 것은 $P(a)=P'(a)=0$일 때입니다. 그러므로, $P(x)$가 $(x-a)^2$으로 나누어떨어지기 위한 필요충분조건은

$$P(a)=P'(a)=0$$

입니다.

같은 방법으로 고찰을 계속하면, $P(x)$가 $(x-a)^3$으로 나누어떨어지기 위한 필요충분조건은

$$P(a)=P'(a)=P''(a)=0$$

임을 알 수 있습니다.

일반적으로, 다음이 성립합니다.

k를 양의 정수라 할 때, 다항식 $P(x)$가 $(x-a)^k$로 나누어떨어지기 위한 필요충분조건은

$$P(a) = P'(a) = P''(a) = \cdots = P^{(k-1)}(a) = 0$$

입니다.

이것은, 앞 항의 끝에서 얻은 공식(✱)에서의 직접적인 귀결의 하나입니다.

위의 것과 관련하여 또 하나 부언해 두기로 합니다.

위와 같이 $P(x)$를 다항식, a를 1개의 상수, k를 양의 정수라 합니다. 위의 정리에 의하면, 만일

$$P(a) = P'(a) = \cdots = P^{(k-1)}(a) = 0, \ \ P^{(k)}(a) \neq 0$$

이면 $P(x)$는 $(x-a)^k$로 나누어떨어집니다. 그러나 $(x-a)^{k+1}$로는 나누어떨어지지 않습니다. 이 때, a를 방정식 $P(x)=0$의 **k 중근**이라고 합니다.

a가 방정식 $P(x)=0$의 k 중근이면, $P(x)$는

$$P(x) = (x-a)^k Q(x), \ \ Q(x)는 다항식$$

으로 나타나며 $Q(a) \neq 0$입니다. 왜냐하면, $Q(x)$는 $x-a$로 나누어떨어지지 않기 때문입니다.

$k=1$일 때, 1중근은 방정식의 **단근**이라고 부릅니다. a가 방정식 $P(x)=0$의 단근이기 위한 필요충분조건은,

$$P(a) = 0, \ \ P'(a) \neq 0$$

입니다.

$k \geqq 2$일 때, k 중근은 일반적으로 방정식의 **중근**이라고 부릅니다. 정의에서, a가 방정식 $P(x)=0$의 중근이라는 것은, $P(x)$가 $(x-a)^2$으로 나누어 떨어지는 것과 동치입니다. 그러므로 a가 방정식 $P(x)=0$의 중근이기 위한 필요충분조건은

$$P(a) = P'(a) = 0$$

입니다.

[주의 : 이상에서 $P(x)$는 x의 다항식(정식)이었음을 망각해서는 안됩니다.]

문제 58 $P(x)$를 다항식, a를 상수, k를 2이상의 정수라 합니다. a가 방정식 $P(x)=0$의 k중근이면, a는 방정식 $P'(x)=0$의 $k-1$중근임을 증명하시오. [힌트 : 곱의 미분법을 사용하여 $P(x)=(x-a)^k Q(x)$를 미분하시오. 단, $Q(x)$는 다항식이고, $Q(a) \neq 0$입니다.]

◆ 테일러의 정리

우리들은 이미 다항식에 관한 테일러의 정리를 알고 있습니다.

이 정리에 의하면, $P(x)$가 n차의 다항식이고 a가 상수이면

$$P(x) = P(a) + \frac{P'(a)}{1!}(x-a) + \cdots + \frac{P^{(n)}(a)}{n!}(x-a)^n$$

입니다.

이것은 $P(x)$를 $x-a$의 다항식으로 나타냈을 때에 계수는 , $P(x)$의 각 차수의 도함수의 $x=a$에서의 값을 어떻게 나타내는지를 보이고 있습니다.

역으로, 이 공식을 이용하면 $n+1$개의 수가 임의로 주어졌을 때 $P(a)$, $P'(a)$, $\cdots$, $P^{(n)}(a)$가 각각 주어진 수와 일치하는 n차의 다항식 $P(x)$를 일의적으로 만들 수 있습니다. 즉 $c_0, c_1, \cdots, c_n$가 임의로 주어진 $n+1$개 수라 할 때, $P(a)=c_0$, $P'(a)=c_1$, $\cdots$, $P^{(n)}(a)=c_n$ 이 되는 n차의 다항식──정확히 말하면 n차 이하의 다항식──$P(x)$는

$$P(x) = c_0 + \frac{c_1}{1!}(x-a) + \cdots + \frac{c_n}{n!}(x-a)^n$$

로서 단 하나 정해집니다.

이상을 준비한 후에, 일반적으로 함수 f의 주어진 점 a의 근방에서의 근사 다항식을 만드는 문제를 생각해 봅니다.

지금, f를 어떤 구간 I에서 정의된 함수라 하고, a를 I에 속하는 한 개의 수라 합니다. f는 a의 근방에서 필요

한 만큼 몇 회라도 미분가능한다고 가정합니다.

앞에서 보았듯이, a의 근방에서 $f(x)$를 근사하는 일차식은

$$f(a) + f'(a)(x-a)$$

이었습니다. 이것을 $P_1(x)$라 나타내기로 하면,

$$P_1(x) = f(a) + f'(a)(x-a)$$

이고, 이 일차식은

$$P_1(a) = f(a), \quad P_1'(a) = f'(a)$$

이라는 성질을 지니고 있습니다. 그리고, 이 성질이 $P_1(x)$를 특징 짓습니다.

이 사실에 주목하여, 그 연장선상으로 생각을 진행시키면 a의 근방에서 $f(x)$를 근사하는 이차(이하)의 다항식 $P_2(x)$로서

$$P_2(a) = f(a), \quad P_2'(a) = f'(a), \quad P_2''(a) = f''(a)$$

라는 성질을 갖는 것을 취하는 것이 가장 적당할 것으로 생각됩니다. 이 사고방법은 자연스럽습니다. 이 이차식 $P_2(x)$는

$$P_2(x) = f(a) + \frac{f'(a)}{1!}(x-a) + \frac{f''(a)}{2!}(x-a)^2$$

으로 주어집니다.

나아가서, $f(x)$를 근사하는 3차의 다항식으로는

$$P_3(x) = f(a) + \frac{f'(a)}{1!}(x-a)$$
$$+ \frac{f''(a)}{2!}(x-a)^2 + \frac{f'''(a)}{3!}(x-a)^3$$

을 취하는 것이 최적입니다.

일반적으로, n을 양의 정수라 할 때,

$$P_{n-1}(x) = \sum_{k=0}^{n-1} \frac{f^{(k)}(a)}{k!}(x-a)^k$$
$$= f(a) + \frac{f'(a)}{1!}(x-a) + \cdots$$
$$\cdots + \frac{f^{(n-1)}(a)}{(n-1)!}(x-a)^{n-1}$$

은 a 근방에서 $f(x)$를 근사하는 $n-1$차의 (정확히는 차수 $n-1$이하의) 최적인 근사식입니다. 우리들은 이것을 $x=a$에서의 f의 **(차수)≤$n-1$의 근사식**이라 부릅니다.

우리들은 위에서 $f(x)$의 근사식 $P_{n-1}(x)$를 얻었습니다. 그러나 이것이 실제로 어느 만큼 좋은 근사를 주고 있는지를 알려면, $f(x)$와 $P_{n-1}(x)$ 와의 "오차"가 어느 정도인지, 그것을 평가하지 않으면 안 됩니다. 이것이 다소 어려운 문제입니다. (이하의 논의는 약간 복잡합니다만 여러분은 너무 어깨를 움츠리지 말고 즐겁게 읽기를 바랍니다.)

지금, b를 구간 I내의 a와는 다른 점이라 합니다. 이때, $f(b)$와 $P_{n-1}(b)$는 일반적으로는 다릅니다. 그 오차를

$$f(b)-P_{n-1}(b) = R_n$$

이라 합니다. (R_n은 물론 a와 n만이 아니고 b에도 의존합니다. 이 식을 변형하여 완전한 꼴로 쓰면,

$$f(b) = f(a) + \frac{f'(a)}{1!}(b-a) + \cdots$$
$$\cdots + \frac{f^{(n-1)}(a)}{(n-1)!}(b-a)^{n-1} + R_n$$

이 됩니다. 이 오차를 나타내는 항 R_n을 보통 **잉여항** (자세히는 제n잉여항)이라 부릅니다. 우리들의 다음 문제는, 이 잉여항 R_n의 크기를 평가하기 위해 R_n에 대하여 적당한 표현을 부여한다는 것입니다.

구체적으로 논하기 위해, 간단한 $n=3$인 경우를 생각합시다. 이 경우,

$$P_2(x) = f(a) + \frac{f'(a)}{1!}(x-a) + \frac{f''(a)}{2!}(x-a)^2$$

이고,

$$f(b) = P_2(b) + R_3$$

입니다. $M = R_3/(b-a)^3$이라 두면, 위의 식은

$$f(b) = P_2(b) + M(b-a)^3 \qquad ①$$

으로 나타납니다.

이제, 함수

$$g(x) = f(x) - P_2(x) - M(x-a)^3 \qquad ②$$

을 생각합니다. ①에 의해서 $g(b) = 0$입니다. 또,

$$g'(x) = f'(x) - P_2'(x) - 3M(x-a)^2 \qquad ③$$

$$g''(x) = f''(x) - P_2''(x) - 3!M(x-a) \qquad ④$$

이지만, $P_2(a) = f(a)$, $P_2'(a) = f'(a)$, $P_2''(a) = f''(a)$
이므로 위의 ②, ③, ④에 의해서

$$g(a) = 0, \quad g'(a) = 0, \quad g''(a) = 0$$

이 됩니다. 또한 $P_2(x)$는 이차식이고, 따라서 그 제3계도
함수는 0이므로 ④의 양변을 미분하면

$$g'''(x) = f'''(x) - 3!M \qquad ⑤$$

이 됩니다.

그런데 $g(a) = g(b) = 0$이므로, 이를테면 $a < b$라 하면,
롤의 정리에 의해서 $a < c_1 < b$, $g'(c_1) = 0$인 수 c_1이 존재
합니다. 그리고 $g'(a) = g'(c_1) = 0$이므로, 다시 롤의 정리
에 의해서 $a < c_2 < c_1$, $g''(c_2) = 0$인 c_2가 존재하고, 또
$g''(a) = g''(c_2) = 0$에서 $a < c_3 < c_2$, $g'''(c_3) = 0$인 c_3가 존
재합니다.

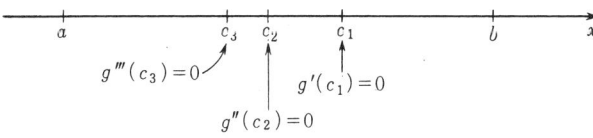

$c_3 = c$라 하면 c는 a와 b사이에 있고, $g'''(c) = 0$인 것은
⑤에 의해서 $f'''(c) - 3!M = 0$, 즉

$$M = \frac{f'''(c)}{3!}$$

로 고쳐 쓸 수 있습니다. 이것을 ①에 대입하면,

$$f(b) = P_2(b) + \frac{f'''(c)}{3!}(b-a)^3$$

이 됩니다.

이것으로 $f(b) - P_2(b) = R_3$가 a와 b 사이의 적당한 수
c에 의해서

$$R_3 = \frac{f'''(c)}{3!}(b-a)^3$$

으로 나타남을 알았습니다.

이상에서 설명한 것은, 임의의 n인 경우에도 본질적으로는 그대로 적용됩니다. 따라서, 다음 정리(테일러의 정리)를 얻습니다.

테일러의 정리

　f를 구간 I에서 정의된 함수라 하고, n을 양의 정수라 한다. I에서 $f^{(n)}$이 존재한다고 한다. a를 I에 속하는 한 개의 수라 하고

$$P_{n-1}(x) = \sum_{k=0}^{n-1} \frac{f^{(k)}(a)}{k!}(x-a)^k$$

라 놓는다. 이 때, I에 속하는 a와 다른 수 b에 대하여

$$f(b) = P_{n-1}(b) + R_n$$

이라 놓으면, R_n은 a와 b 사이의 적당한 수 c에 의해

$$R_n = \frac{f^{(n)}(c)}{n!}(b-a)^n$$

으로 나타난다.

위에서 정리로 든 식을 하나로 묶어서 완전한 형태로 쓰면

$$f(b) = f(a) + \frac{f'(a)}{1!}(b-a) + \frac{f''(a)}{2!}(b-a)^2 + \cdots$$

$$\cdots + \frac{f^{(n-1)}(a)}{(n-1)!}(b-a)^{n-1} + \frac{f^{(n)}(c)}{n!}(b-a)^n$$

이 됩니다. 최후의 잉여항 R_n의 부분도 앞 쪽의 항과 흡사하다는 것과, 단지 $f^{(n)}(\quad)$의 괄호 안이 a가 아니고, a와 b 사이의 적당한 수 c로 바뀌어져 있다는 것에 주의하기 바랍니다.

　[주의] 테일러의 정리에서, 특히 $n=1$인 경우를 생각하면 정리의 식은 단지

$$f(b) = f(a) + f'(c)(b-a)$$

가 됩니다. 단, c는 a와 b 사이의 한 수입니다. 이것은 바

로 **평균값의 정리**입니다.

테일러의 정리에서, 응용상 특히 유용한 것은 $a=0$인 경우입니다.

$a=0$일 때에는 0의 근방에서 f를 근사하는 (차수)$\leq$ $n-1$인 근사식은

$$P_{n-1}(x) = \sum_{k=0}^{n-1} \frac{f^{(k)}(0)}{k!} x^k$$
$$= f(0) + \frac{f'(0)}{1!} x + \frac{f''(0)}{2!} x^2 + \cdots$$
$$+ \frac{f^{(n-1)}(0)}{(n-1)!} x^{n-1}$$

과 같이 단순한 형태가 됩니다.

여러분의 기억과 참조의 편의를 위해, 이 경우의 정리를 한번 더 다음과 같이 써 놓기로 합시다. 단, 위의 정리에서 b로 쓴 경우는 다음에서는 문자 x로 쓰기로 합니다.

f를 원점 0을 포함하는 구간 I에서 정의된 함수라 하고 I에서 $f^{(n)}$이 존재한다고 한다. 다항식 $P_{n-1}(x)$를

$$P_{n-1}(x) = \sum_{k=0}^{n-1} \frac{f^{(k)}(0)}{k!} x^k$$

로 정의할 때, I의 임의의 x에 대하여

$$f(x) = P_{n-1}(x) + R_n$$

이라 놓으면, R_n은 0과 x 사이의 적당한 수 c를 써서

$$R_n = \frac{f^{(n)}(c)}{n!} x^n$$

로 나타난다.

위의 정리에서 잉여항 R_n은 n뿐만 아니라, 일반적으로는 x에 의존한다는 것, 즉 x의 함수인 것에 여러분은 주의해 주기 바랍니다. ($f^{(n)}(c)$의 c도 역시 x의 함수입니다.)

또한, 0과 x 사이에 수 c는 $0<\theta<1$을 만족하는 적당한

θ에 의해 $c=\theta x$로 나타낼 수 있습니다. 따라서, 위의 정리의 잉여항 R_n은

$$R_n = \frac{f^{(n)}(\theta x)}{n!} x^n$$

으로도 나타냅니다. 실제로 이 기법은 자주 쓰입니다. 이 관습적인 기법에서 θ는 항상 0과 1사이의 어떤 적당한 수를 나타냅니다.

(예) $f(x)=e^x$라 할 때, 모든 n에 대하여 $f^{(n)}(x)=e^x$. 따라서 $f^{(n)}(0)=1$입니다. 그러므로 지수함수 e^x의 $x=0$에서의 $n-1$차의 근사식은

$$P_{n-1}(x) = 1 + \frac{x}{1!} + \frac{x^2}{2!} + \cdots + \frac{x^{n-1}}{(n-1)!}$$

가 되고,

$$e^x = P_{n-1}(x) + R_n$$

이라 두면 R_n은 0과 1사이의 어떤 적당한 θ에 의해

$$R_n = \frac{e^{\theta x}}{n!} x^n$$

으로 나타납니다.

(예) $f(x)=\sin x$라 합니다. 이 때,

$$f'(x) = \cos x, \qquad f''(x) = -\sin x,$$
$$f'''(x) = -\cos x, \qquad f^{(4)}(x) = \sin x, \quad \cdots\cdots$$

이고, $f(0),\ f'(0),\ f''(0),\ f'''(0),\ \cdots$ 의 값은

$$0,\ 1,\ 0,\ -1,\ 0,\ 1,\ 0,\ -1,\ \cdots\cdots$$

이 됩니다. 따라서 $\sin x$의 차수 $2n-1$의 근사식은

$$P_{2n-1}(x) = x - \frac{x^3}{3!} + \frac{x^5}{5!} - \frac{x^7}{7!} + \cdots$$
$$\cdots + (-1)^{n-1} \frac{x^{2n-1}}{(2n-1)!}$$

인 다항식입니다. 그리고

$$\sin x = P_{2n-1}(x) + R_{2n+1},$$
$$R_{2n+1} = (-1)^n \frac{\cos \theta x}{(2n+1)!} x^{2n+1}$$

이 됩니다.

◆ 함수의 멱급수 전개(1)

위와 같이, f를 원점 0을 포함하는 구간 I에서 정의된 함수라 합니다. f는 I에서 몇 회라도 미분가능이라고 가정합니다.

이 때, 앞에서 보았듯이 I에 속하는 임의의 점 x에 대하여

$$f(x) = \sum_{k=0}^{n-1} \frac{f^{(k)}(0)}{k!} x^{(k)} + R_n$$

이라 놓으면, 잉여항 R_n은, θ를 0과 1사이의 적당한 수로 하여

$$R_n = \frac{f^{(n)}(\theta x)}{n!} x^n$$

으로 나타낼 수 있습니다.

여기서 자연수 n을 한없이 크게 해 봅니다. 만일, 이 때 R_n이 0에 가까워지면 $f(x)$는 무한급수로서

$$f(x) = \sum_{n=0}^{\infty} \frac{f^{(n)}(0)}{n!} x^n$$
$$= f(0) + \frac{f'(0)}{1!} x + \frac{f''(0)}{2!} x^2 + \cdots + \frac{f^{(n)}(0)}{n!} x^n + \cdots\cdots$$
$$(*)$$

과 같이 나타나게 됩니다.

일반적으로, 상수 $a_0, a_1, a_2, \cdots, a_n \cdots$과 변수 x에서

$$\sum_{n=0}^{\infty} a_n x^n = a_0 + a_1 x + a_2 x^2 + \cdots + a_n x^n + \cdots\cdots$$

의 형태로 표시되는 무한급수를 x의 **정급수** 또는 **멱급수**라 부릅니다.

표어적으로 말한다면, 이것은 "x의 다항식(정식)의 차수를 무한히 크게 한 것", "x의 다항식을 무한히 길게 한 것" 등으로 말할 수 있습니다.

만일, 함수 f가 위의 **(*)**와 같이 무한급수로 나타나면, 이것을 함수 f의 ($x=0$에서의) **정급수 전개** 또는 **멱급수 전개**라고 부릅니다. 또, 이것을 f의 **테일러 전개**라고도 합니다.

여기서, 가장 기본적인 예로서 지수함수 e^x의 정급수 전

개를 다루어 봅시다.

1096페이지의 예에서 본 바와 같이, e^x의 $n-1$차의 근사식 및 잉여항은

$$e^x = 1 + \frac{x}{1!} + \cdots + \frac{x^{n-1}}{(n-1)!} R_n,$$

$$R_n = \frac{e^{\theta x}}{n!} x^n$$

으로 주어집니다. 단, $0 < \theta < 1$입니다. 여기에서 임의의 실수 x에 대하여

$$x \to \infty \text{ 일 때, } R_n \to 0$$

임이 증명되면, e^x은

$$e^x = 1 + \frac{x}{1!} + \frac{x^2}{2!} + \cdots + \frac{x^n}{n!} + \cdots\cdots$$

으로 멱급수 전개됩니다.

위에서 설명한 주장은 "$n \to \infty$일 때 $R_n \to 0$"은 실제로 성립합니다. 그것을 밝히기 위해 먼저, 다음 보조정리를 증명합시다.

보조정리 a를 양의 상수라 할 때

$$\lim_{n \to \infty} \frac{a^n}{n!} = 0$$

이 성립합니다.

증명 $0 < a \leq 1$ 일 때는, 이 극한은 명백합니다. 왜냐하면, 분자는 $0 < a^n \leq 1$이고, 분모 $n!$는 한없이 커지기 때문입니다.

다음에 $a > 1$라 합니다. 이 때에는 먼저 $2a-1$보다 큰 자연수를 생각하여 그 중 최소인 것을 n_0라 합니다. 즉, n_0은 부등식

$$n_0 > 2a - 1$$

를 만족하는 최소의 자연수입니다. 이 때, m을 n_0보다 큰 자연수라 하면, $m \geq n_0 + 1 > 2a$ 이므로

$$\frac{a}{m} < \frac{1}{2}$$

이 됩니다. 이제, n을 n_0보다 큰 임의의 자연수라 하고 $a^n / n!$를 다음과 같이 변형하여 생각합니다.

$$\frac{a^n}{n!} = \frac{a^{n_0}}{n_0!} \cdot \frac{a^{n-n_0}}{(n_0+1)(n_0+2)\cdots n}$$

$$= \frac{a^{n_0}}{n_0!} \cdot \frac{a}{n_0+1} \cdot \frac{a}{n_0+2} \cdot \cdots \cdot \frac{a}{n}.$$

위에서 주의한 바에 의해, 최종변의 $n-n_0$개의 인수

$$\frac{a}{n_0+1}, \quad \frac{a}{n_0+2}, \quad \cdots, \quad \frac{a}{n}$$

은 어느 것이나 $\frac{1}{2}$ 보다 작습니다. 따라서 부등식

$$\frac{a^n}{n!} < \frac{a^{n_0}}{n_0!}\left(\frac{1}{2}\right)^{n-n_0}$$

를 얻습니다. 이 부등식의 우변에서 $\frac{a^{n_0}}{n_0!}$ 는 상수이고

$$\left(\frac{1}{2}\right)^{n-n_0}$$

는 n이 한없이 커질 때 0에 가까워집니다. 그러므로

$$\lim_{n\to\infty} \frac{a^n}{n!} = 0$$

이 아니면 안됩니다. 이것으로 보조정리의 증명이 끝났습니다.

이제, 지수함수 e^x에 관한 능식

$$e^x = 1 + \frac{x}{1!} + \cdots + \frac{x^{n-1}}{(n-1)!} + R_n$$

으로 되돌아 갑니다. 여기에서 잉여항 R_n은 0과 1사이의 어떤 수 θ에 의해

$$R_n = \frac{e^{\theta x}}{n!} x^n = e^{\theta x} \cdot \frac{x^n}{n!}$$

으로 나타났습니다. 우리들은 이제, 이 공식을 써서, 임의의 실수 x에 대하여

$$n\to\infty \text{일 때} \quad R_n \to 0$$

이 성립함을 증명해 봅시다.

$x \leq 0$일 때에는 $\theta x \leq 0$. 따라서 $0 < e^{\theta x} \leq 1$ 이므로

$$|R_n| \leq \frac{|x|^n}{n!}$$

입니다. 그리고 보조정리에 의해서 $n\to\infty$일 때, 위의 부

등식의 우변은 0에 가까워집니다. 따라서 $\lim\limits_{n\to\infty} R_n = 0$입니다. $0 < x$일 때에는 $0 < \theta x < x$이므로 $1 < e^{\theta x} < e^x$이고,

$$0 < R_n \leqq e^x \cdot \frac{x^n}{n!}$$

이 됩니다. 그러나 이 경우에도 e^x은 상수 (왜냐하면 여기에서 x는 하나의 정해진 수를 나타내고 있기 때문입니다.) 이고, $n \to \infty$일 때 보조정리에 의해 우변의 둘째 인수는 0에 가까워집니다. 그러므로, 역시 $\lim\limits_{n\to\infty} R_n = 0$이 됩니다.

이상으로 다음이 증명되었습니다.

지수함수 e^x은 구간 $(-\infty, \infty)$에서

$$e^x = 1 + \frac{x}{1!} + \frac{x^2}{2!} + \cdots + \frac{x^n}{n!} + \cdots\cdots$$

으로 멱급수 전개된다.

위의 전개식에서 특히 $x = 1$로 놓으면

$$e = 1 + \frac{1}{1!} + \frac{1}{2!} + \cdots + \frac{1}{n!} + \cdots\cdots$$

을 얻습니다. 이것은 인상적인 공식입니다. 여러분은 기억해 두길 바랍니다. (내가 함수의 멱급수 전개까지 이야기를 진척시킬 수 있었던 것은 아마도 이 공식을 기억해 두었던 것이 주요한 이유였는지 모릅니다.)

이 무한급수의 식을 사용하면 e의 근사값을 쉽게 구할 수 있습니다. 실제, 이 급수의 수렴은 빨라서, 비교적 최초의 소수의 항의 합을 취하는 것만으로 바람직한 근사값을 얻을 수 있습니다. 왜냐하면, $n!$는 대단한 속도로 커지며, 따라서 $\frac{1}{n!}$은 아주 빠르게 작아지기 때문입니다.

대략적인 평가로서는, 위의 식에서 먼저

$$2 < e < 3$$

임을 알 수 있습니다. 실제, 우변의 무한급수의 최초의 두 항의 합은

$$1 + \frac{1}{1!} = 2$$

이므로 $e > 2$입니다. 또,

$$\frac{1}{3!} = \frac{1}{3 \cdot 2} < \frac{1}{2^2}, \qquad \frac{1}{4!} = \frac{1}{4 \cdot 3 \cdot 2} < \frac{1}{2^3}, \quad \cdots\cdots$$

에 주의하면

$$e < 1 + 1 + \frac{1}{2} + \frac{1}{2^2} + \frac{1}{2^3} + \cdots\cdots$$

이 됩니다. 이 우변의 둘째항부터는 첫째항 1, 공비 $\frac{1}{2}$ 인 무한등비급수이고, 그 합은 2입니다. 따라서, $e < 3$ 이 됩니다.

다음에 좀더 구체적으로 e 의 근사값을 구해 봅시다. 이를 위해 테일러의 정리의 식

$$e^x = 1 + \frac{x}{1!} + \cdots + \frac{x^{n-1}}{(n-1)!} + R_n,$$

$$R_n = \frac{e^{\theta x}}{n!} x^n$$

에서 $x = 1$ 로 하고, 예를 들면 $n = 7$ 로 해 봅니다. 그러면,

$$e = 1 + \frac{1}{1!} + \frac{1}{2!} + \cdots + \frac{1}{6!} + R_7$$

이고, 오차 R_7 은

$$R_7 = \frac{e^\theta}{7!} < \frac{3}{7!} = \frac{3}{5040} < 10^{-3}$$

으로 평가됩니다. 그러므로, $1/6!$ 까지의 합을 취하면 거의 참값과의 오차가 10^{-3} 보다 작은 근사값이 얻어집니다. 아래에 그 계산을 보였습니다.

```
              1 ······1
              1/1!······1.0000000     ①
    ①÷2       1/2!······0.5000000     ②
    ②÷3       1/3!······0.1666666     ③
    ③÷4       1/4!······0.0416666     ④
    ④÷5       1/5!······0.0083333     ⑤
    ⑤÷6       1/6!······0.0013888  (+
                  2.7180553
```

그러므로, e 의 소수 셋째 자리까지의 값은 $e = 2.718$ 이 됩니다.

◆ 함수의 멱급수 전개(2)

참고삼아, 지수함수 이외의 중요한 함수에서 멱급수 전개식을 다음에 적어 두기로 합니다.

$\sin x$, $\cos x$의 멱급수 전개

$\sin x$에 관해서는 이미 **1096** 페이지의 예에서 근사식

$$P_{2n-1}(x) = x - \frac{x^3}{3!} + \frac{x^5}{5!} - \cdots + (-1)^{n-1}\frac{x^{2n-1}}{(2n-1)!}$$

과 잉여항

$$R_{2n+1} = (-1)^n \frac{\cos \theta x}{(2n+1)!} x^{2n+1}$$

을 구한 적이 있습니다. (물론 $0 < \theta < 1$입니다.) 그리고 임의의 x에 대하여 $|\cos \theta x| \leq 1$ 이므로

$$|R_{2n+1}| \leq \frac{|x|^{2n+1}}{(2n+1)!}$$

이 되며, 따라서 앞과 똑같이 **1098** 페이지의 보조정리에 의해

$$n \to \infty \text{일 때 } R_{2n+1} \to 0$$

이 됩니다.

따라서, $\sin x$는 $(-\infty, \infty)$에서

$$\sin x = \sum_{n=1}^{\infty} (-1)^{n-1}\frac{x^{2n-1}}{(2n-1)!}$$
$$= x - \frac{x^3}{3!} + \frac{x^5}{5!} - \frac{x^7}{7!} + \cdots\cdots$$

으로 멱급수 전개됩니다.

마찬가지로 하면, $\cos x$의 멱급수 전개는

$$\cos x = \sum_{n=0}^{\infty} (-1)^n\frac{x^{2n}}{(2n)!}$$
$$= 1 - \frac{x^2}{2!} + \frac{x^4}{4!} - \frac{x^6}{6!} + \cdots\cdots$$

입니다. 이 $\cos x$의 전개식도 $(-\infty, \infty)$에서 성립합니다.

문제 59 함수 f가 원점 0을 포함하는 구간 I에서 몇 회라도 미분가능하다고 합니다. 어떤 양의 상수 M이 존재하

여, 임의의 자연수 n과 I에 속하는 임의의 수 x에 대하여 $|f^{(n)}(x)| \leq M$가 성립합니다. 이 때, I에서 f는

$$f(x) = \sum_{n=0}^{\infty} \frac{f^{(n)}(0)}{n!} x^n$$

으로 멱급수 전개되는 것을 증명하시오.

이하의 전개식에서 증명은 생략하고, 결과만을 설명하겠습니다.

log $(1+x)$의 멱급수 전개

함수 $\log(1+x)$는 구간 $-1 < x \leq -1$에서 다음과 같이 전개합니다.

$$\log(1+x) = x - \frac{x^2}{2} + \frac{x^3}{3} - \cdots + (-1)^{n-1} \frac{x^n}{n} + \cdots\cdots$$

위의 전개식에서 특히 $x=1$이라 하면,

$$\log 2 = 1 - \frac{1}{2} + \frac{1}{3} - \frac{1}{4} + \cdots + (-1)^{n-1} \frac{1}{n} + \cdots\cdots$$

을 얻을 수 있습니다.

arctan x의 멱급수 전개

함수 $\arctan x$는 구간 $-1 \leq x \leq 1$에서 다음과 같이 전개됩니다.

$$\arctan x = x - \frac{x^3}{3} + \frac{x^5}{5} - \cdots + (-1)^{n-1} \frac{x^{2n-1}}{2n-1} + \cdots\cdots$$

이 전개식에서, 특히 $x=1$로 놓으면

$$\frac{\pi}{4} = 1 - \frac{1}{3} + \frac{1}{5} - \frac{1}{7} + \cdots + (-1)^{n-1} \frac{1}{2n-1} + \cdots\cdots$$

을 얻습니다. 왜냐하면 $\arctan 1 = \frac{\pi}{4}$이기 때문입니다.

$(1+x)^\alpha$의 멱급수 전개

m이 양의 정수일 때 $(1+x)^m$의 전개식 (이항정리의 식)은 이미 알고 있습니다. 그것은

$$(1+x)^m = {}_mC_0 + {}_mC_1 x + {}_mC_2 x^2 + \cdots + {}_mC_m x^m$$

인 식입니다. 이것은 "유한합"입니다. (실제로 $(1+x)^m$은 다항식입니다.) α가 일반적으로, 실수인 경우에는 함수

$(1+x)^x$의 전개식은 어떻게 될까요? 그것을 설명하기 위해, 우선 기호에 대해 약속해 두기로 합니다.

α를 임의의 실수, n을 양의 정수라 할 때

$$\binom{\alpha}{n} = \frac{\alpha(\alpha-1)(\alpha-2)\cdots(\alpha-n+1)}{n!}$$

로 정의합니다. 이 분자는 α에서 시작하여 차례로 1을 뺀 수를 n개 곱한 것입니다. 또 편의상

$$\binom{\alpha}{0} = 1$$

로 약속합니다.

예를 들면, $\alpha = -\dfrac{1}{2}, n = 3$이면,

$$\binom{-\dfrac{1}{2}}{3} = \frac{-\dfrac{1}{2} \cdot \left(-\dfrac{1}{2}-1\right) \cdot \left(-\dfrac{1}{2}-2\right)}{3!} = -\frac{5}{16}$$

입니다.

α가 양의 정수 m이고, $m \geq n$이면 $\binom{m}{n}$은 조합의 수 $_mC_n$ 임에 주의합니다. 이 의미에서 수 $\binom{\alpha}{n}$은 조합의 수의 확장입니다.

또한 α가 일반적으로 실수일 때, 함수 $(1+x)^x$는 구간 $-1 < x < 1$에서 다음과 같이 멱급수로 전개됩니다.

$$(1+x)^a = \sum_{n=0}^{\infty} \binom{\alpha}{n} x^n$$

$$= 1 + \binom{\alpha}{1}x + \binom{\alpha}{2}x^2 + \cdots + \binom{\alpha}{n}x^n + \cdots\cdots$$

α가 양의 정수이면, 이 멱급수는 "무한급수"입니다.

이를테면, 함수 $\dfrac{1}{\sqrt{1+x}} = (1+x)^{-\frac{1}{2}}$의 멱급수 전개를 x^3의 항까지 구하면

$$\frac{1}{\sqrt{1+x}} = 1 + \binom{-\dfrac{1}{2}}{1}x + \binom{-\dfrac{1}{2}}{2}x^2 + \binom{-\dfrac{1}{2}}{3}x^3 + \cdots\cdots$$

$$= 1 - \frac{1}{2}x + \frac{3}{8}x^2 - \frac{5}{16}x^3 + \cdots\cdots$$

이 됩니다.

문제 60 함수 $\sqrt{1+x}$ 의 멱급수 전개를 x^3의 항까지 쓰시오. 단, $-1 < x < 1$로 합니다.

[보충] 로피탈의 정리

본장의 끝에 어떤 종류의 극한을 구하기 위한 실용적인 한가지 방법을 보충해 둡니다.

예를 들면,

$$\lim_{x \to 0} \frac{e^x - (1+x)}{x^2}$$

와 같은 극한을 생각합니다. 물론 처음부터 분모·분자에 $x=0$을 대입하는 것은 무의미합니다. 이 때, 이 식은 $\frac{0}{0}$ 이 되기 때문입니다. 그러나, 테일러의 정리를 사용하면 다음과 같이 하여 극한을 구할 수 있습니다.

이제, 함수 e^x에 대하여 $n=2$인 경우의 테일러의 정리를 적용합니다. 그렇게 하면,

$$e^x = 1 + x + R_2, \quad R_2 = \frac{e^{\theta x}}{2!} x^2$$

인 결과를 얻을 수 있습니다. 단, θ는 $0 < \theta < 1$을 만족하는 수입니다.

따라서, $x \neq 0$일 때 주어진 함수는

$$\frac{e^x - (1+x)}{x^2} = \frac{e^{\theta x}}{2}$$

로 나타납니다. 여기에서 x가 0에 가까워지면 θx도 0에 가까워지며, $e^{\theta x}$는 1에 가까워집니다. 그러므로

$$\lim_{x \to 0} \frac{e^x - (1+x)}{x^2} = \frac{1}{2}$$

이 됩니다.

이와 같이, 어떤 종류의 극한을 구할 때에 테일러의 정리는 유효합니다. 그러나, 이 정리를 활용하려면 통상, 잉여항의 평가가 필요합니다. 이것에 대하여 다음에서 소개하는 정리 ——로피탈(L'Hospital)의 정리—— 는 보다 직접적으로 간편한 방법을 부여합니다. 아마 여러분은 이 방법의 단순성과 실용성에 흥미를 가질 것이라고

생각합니다.

평균값의 정리의 일반화

f, g를 구간 $[a, b]$에서 연속, 구간 (a, b)에서 미분 가능인 함수라 하고, (a, b)에 속하는 모든 x에 대하여 $g'(x) \neq 0$이라고 합니다. 이 때,

$$\frac{f(b)-f(a)}{g(b)-g(a)} = \frac{f'(c)}{g'(c)}, \quad a < c < b$$

를 만족하는 c가 존재합니다.

증명 먼저, 롤의 정리에 의해 $g(a) \neq g(b)$인 것에 주의합니다. 왜냐하면, 만일 $g(a) = g(b)$이면 구간 (a, b)안에 $g'(x) = 0$이 되는 x가 존재하여 가정에 위배되기 때문입니다.

그런데 여기에서 함수 $F(x)$를

$$F(x) = (f(b)-f(a)) g(x) - (g(b)-g(a))f(x)$$

라 정의합니다. 분명히, F도 구간 $[a, b]$에서 연속, 구간 (a, b)에서 미분가능이고, 또

$$F(a) = f(b)g(a) - g(b)f(a) = F(b)$$

입니다. 따라서 로피탈의 정리에 의해

$$F'(c) = 0, \quad a < c < b$$

인 점 c가 존재합니다. 여기서

$$F'(x) = (f(b)-f(a)) g'(x) - (g(b)-g(a))f'(x)$$

이므로, $F'(c) = 0$을 고쳐 쓰면 정리의 식을 얻을 수 있습니다.

[주의] 위의 정리에서, 특히 $g(x) = x$라 하면 평균값의 정리가 얻어진다는 것을 여러분은 주의하기 바랍니다. 즉, 앞에서 평균값의 정리를 설명할 때, 처음부터 이 "일반 정리"를 설명해 두면 평균값의 정리는 계로서 유도할 수 있었습니다. 그러나 그렇게 하지 않은 것은, 이야기의 전개의 자연스러움을 중요시했기 때문입니다.

위의 "일반 정리"는 통상 **코시의 평균값의 정리**라고 부릅니다.

로피탈의 정리는 다음과 같습니다

로피탈의 정리

　함수 f, g는 구간 (a, b)에서 미분가능이고, 이 구간의 모두 점 x에서 $g'(x) \neq 0$이라 한다. 또,

$$x \to a \text{ 일 때, } \quad \frac{f'(x)}{g'(x)} \to \alpha$$

라 하고, 다음 가정 A 또는 가정 B를 만족시킨다고 한다.

가정 A　$x \to a$일 때

$$f(x) \to 0, \quad g(x) \to 0.$$

가정 B　$x \to a$일 때

$$f(x) \to +\infty, \quad g(x) \to +\infty.$$

이상에서

$$x \to a \text{ 일 때 } \frac{f(x)}{g(x)} \to \alpha$$

가 성립한다.

증명하기 전에 몇 가지 주의를 해 둡니다.

　우선, 위의 정리는 $x \to b$일 때에도 물론, 마찬가지로 성립합니다. 또, a와 b는 유한 확정값(즉, 실수)일 필요는 없고, $a = -\infty$ 또는 $b = +\infty$이어도 관계 없습니다. 또한, α도 유한의 극한일 필요는 없습니다. 즉, $\alpha = +\infty$ 또는 $\alpha = -\infty$이어도 상관없습니다.

　그리고 가정 B에서 $f(x) \to +\infty$, $g(x) \to +\infty$로 한 것은 물론, 그 한쪽 또는 양쪽을 $\to -\infty$로 바꾸어 놓을 수 있습니다. 실제 이 가정 B에서 본질적으로 필요한 것은 $g(x) \to +\infty$ (또는 $g(x) \to -\infty$)인 가정뿐이며, $f(x) \to +\infty$(또는 $f(x) \to -\infty$)인 가정은 필요없습니다.

　다음에 가정 A하에서 정리를 증명해 봅시다. 증명에는 위의 평균값의 정리의 일반화가 쓰입니다. [가정 B하에서의 증명도 역시 평균값의 정리의 일반화에 기초하게 되지만, 그것은 꽤 기교적입니다. 따라서, 여기에서는 그

경우의 증명은 생략합니다.) 이하의 증명에서, a, b 및 α는 모두 "유한"인 것(즉 실수)으로 가정합니다.

증명 가정 A에 의해서 $x \to a$일 때

$$f(x) \to 0, \quad g(x) \to 0$$

입니다. 따라서 $f(a) = 0$, $g(a) = 0$이라 정의하면, 함수 f, g는 a에서 연속입니다. ($f(a)$, $g(a)$는 이미 정의되어 있지 않을지도 모릅니다. 또는 정의되어 있어도 그 값이 0과 서로 다를지도 모릅니다. 어쨌든 f, g의 a에서의 값을 $f(a) = 0$, $g(a) = 0$으로 정의해 둡니다.)

위에서와 같이 $f(a) = g(a) = 0$으로 정의해 두고, $a < x < b$인 x를 임의로 택합니다. 이 때, 함수 f, g는 구간 $[a, x]$에서 연속, 구간 (a, x)에서 미분가능입니다. 그러므로, 위의 정리에 의해 $a < t < x$이고

$$\frac{f(x)}{g(x)} = \frac{f(x) - f(a)}{g(x) - g(a)} = \frac{f'(t)}{g'(t)}$$

인 점 t가 존재합니다.

이 때, x가 a에 가까워지면 t도 a에 가까워지며, 정리의 가정에 의해서 $\dfrac{f'(t)}{g'(t)}$는 α에 가까워집니다. 그러므로

$$x \to a \text{일 때} \quad \frac{f(x)}{g(x)} \to \alpha$$

입니다. 이것으로 가정 A하에서의 정리가 증명되었습니다.

(예) 처음에 예로 든 극한

$$\lim_{x \to 0} \frac{e^x - (1 + x)}{x^2}$$

를 로피탈의 정리를 써서 구하여 봅시다.

$$f(x) = e^x - (1 + x), \quad g(x) = x^2$$

이라 놓으면 $x \to 0$일 때

$$f(x) \to 0, \quad g(x) \to 0$$

입니다. 즉, 가정 A가 만족됩니다. 따라서 양쪽을 미

분하면,

$$f'(x) = e^x - 1, \quad g'(x) = 2x$$

이고, 역시 $x \to 0$일 때 $f'(x) \to 0$, $g'(x) \to 0$입니다. 즉, f', g'에 대해서도 가정 A가 만족됩니다. 다시 한 번 이것을 미분하면,

$$f''(x) = e^x, \quad g''(x) = 2$$

가 되고, 따라서

$$\lim_{x \to 0} \frac{f''(x)}{g''(x)} = \lim_{x \to 0} \frac{e^x}{2} = \frac{1}{2}$$

이 됩니다. 따라서, 정리에 의해서

$$\lim_{x \to 0} \frac{f'(x)}{g'(x)} = \frac{1}{2}$$

을 얻고 [최초의 적용 부분에서는 정리의 f, g에 해당하는 것을 f', g'으로 하여 정리를 적용합니다.] 다시 정리에 의해서

$$\lim_{x \to 0} \frac{f(x)}{g(x)} = \frac{1}{2}$$

을 얻습니다.

⑩ a를 양의 상수라 합니다. 극한

$$\lim_{x \to +\infty} \frac{\log x}{x^a}$$

를 구하시오.

풀이 $f(x) = \log x, g(x) = x^x$라 하면, $x \to +\infty$일 때

$$f(x) \to +\infty, \quad g(x) \to +\infty$$

입니다. 그러므로 이 경우는 가정 B가 만족됩니다. 그리고,

$$\frac{f'(x)}{g'(x)} = \frac{x^{-1}}{ax^{a-1}} = \frac{1}{ax^a}$$

이므로, $x \to +\infty$일 때

$$\frac{f'(x)}{g'(x)} \to 0$$

이 됩니다. 그러므로

$$\lim_{x \to +\infty} \frac{f(x)}{g(x)} = 0$$

입니다.

여담이지만, 위의 예는 x가 커질 때 $\log x$가 커지는 상태를 보이는데($x \to \infty$일 때 $\log x \to +\infty$가 되지만) 지극히 서서히 커지는 것을 보이고 있습니다. 그것은 e^x이 어떤 x^a보다도 빨리 커지는 것과 대조적입니다. 표어적으로 말하면 "e보다 빠른 것은 없고, $\log$ 보다 느린 것은 없다"고 할 수 있습니다.

──본론으로 되돌아 갑니다.

로피탈의 정리는, 기본적으로 $\dfrac{0}{0}$ 또는 $\dfrac{\infty}{\infty}$ 꼴의 극한에 관한 것이었습니다. 그러나 다른 꼴의 경우에도, 적당히 변형함으로써 $\dfrac{0}{0}$ 또는 $\dfrac{\infty}{\infty}$의 꼴로 전환시킬 수 있는 경우가 있습니다.

예 α를 양의 상수라 할 때, 극한

$$\lim_{x \to +0} x^\alpha \log x$$

를 구하시오.

풀이 $x \to +0$일 때,

$$x^\alpha \to +0, \qquad \log x \to -\infty$$

입니다. 그러나

$$x^\alpha \log x = \frac{\log x}{x^{-\alpha}}$$

로 바꾸어 쓰면 $\dfrac{-\infty}{+\infty}$의 꼴이 됩니다. 여기에서 $f(x) = \log x$, $g(x) = x^{-\alpha}$라 두면, $x \to +0$일 때

$$\frac{f'(x)}{g'(x)} = \frac{x^{-1}}{-\alpha x^{-\alpha-1}} = -\frac{x^\alpha}{\alpha} \to 0$$

그러므로

$$\lim_{x \to +0} \frac{f(x)}{g(x)} = 0$$

이 됩니다. 따라서 $\lim\limits_{x \to +0} x^\alpha \log x = 0$입니다.

예 극한 $\lim\limits_{x \to +0} x^x$을 구하시오.

풀이 $y = x^x$이라 놓으면

$$\log y = x \log x$$

이고, 앞의 예에 의해서 $x \to +0$일 때

$$\log y = x \log x \to 0$$

입니다. 따라서 $y = e^{\log y}$는 $e^0 = 1$에 가까워집니다. 즉,

$\lim_{x \to +0} x^x = 1$입니다.

문제 61 다음 극한을 구하시오. (여러분은 반드시 로피탈 의 정리에만 구애될 필요는 없습니다.)

(1) $\quad \lim_{x \to 0} \dfrac{1 - \cos x}{x^2}$ 　　　(2) $\quad \lim_{x \to 0} \dfrac{x - \sin x}{x^3}$

(3) $\quad \lim_{x \to +\infty} x\left(e^{\frac{1}{x}} - 1\right)$ 　　(4) $\quad \lim_{h \to 0} \dfrac{a^h - 1}{h} \quad (a > 0)$

(5) $\quad \lim_{h \to 0} \dfrac{a^h - b^h}{h} \quad (a > 0,\ b > 0)$

(6) $\quad \lim_{x \to +\infty} \left(1 + \dfrac{a}{x}\right)^x$ 　　(7) $\quad \lim_{x \to +\infty} x^{\frac{1}{x}}$

(8) $\quad \lim_{x \to 0} \dfrac{\sqrt{1+x} - \left(1 + \dfrac{1}{2}x\right)}{x^2}$

(9) $\quad \lim_{x \to 0} \left(\dfrac{1}{\sin^2 x} - \dfrac{1}{x^2}\right)$ $\left[\text{힌트} : \dfrac{x^2}{\sin^2 x} \cdot \dfrac{x^2 - \sin^2 x}{x^4} \text{ 로}\right.$ 변형할 수 있습니다.$\left.\right]$

(10) $\quad \lim_{x \to +0} \left(\dfrac{a^x + b^x}{2}\right)^{\frac{1}{x}} \quad (a > 0,\ b > 0)$

인간 정신의 표현으로서의 수학은 적극적인
의지, 명상하는 이성 및 미적 완전성에 대한
욕망을 반영한다.

클란트 로빈스

19 세분에 의한 덧셈
—— **적분법**

19.1 정적분의 정의

이 장부터 적분에 들어갑니다.

적분법의 기원은 도형의 넓이와 부피를 구하는 "구적법"으로서 구적법의 시초는 아르키메데스(기원전 3세기)로 일컬어지고 있습니다. 아르키메데스는 "맏붙이는 법"으로 불리는 방법에 의해서 다음 결과를 얻었습니다 :

"포물선의 현을 AB라 하고, 그 중점 M을 지나 축에 평행한 직선과 포물선과의 교점을 P라 하면, 포물선과 현 AB로 둘러싸인 도형의 넓이는 $\triangle PAB$의 넓이의 $\frac{4}{3}$배와 같다."

17세기 후반에 뉴턴, 라이프니츠에 의해서 미분적분학이 창시된 이래 미분법과 적분법은 일체화한 학문이 되고, 통일적인 체계로서 발전하게 되었습니다. 특히, 양자

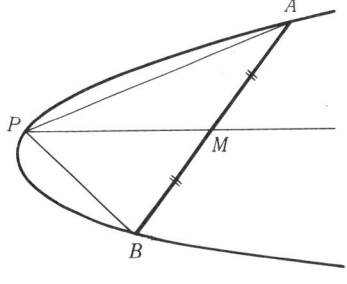

를 결부시킨 결정적인 요인은 "미분적분학의 기본 정리"의 발견입니다. 본장에서는 제1절의 1130페이지에서 이 기본 정리의 증명을 보이도록 하겠습니다.

통산, 고교 교과에서는, 정적분의 정의는 미분적분학의 기본 정리 바로 자체에 의해서──정리를 정의로── 주어져 있습니다. 그것도 한가지 방법에는 틀림이 없지만, 반드시 정통적인 방법이라고는 할 수 없습니다. 보다 정통적으로는 역시 처음에, 정적분을 미분과는 일단 떨어진 형태로 정의해 놓고, 뒤에 미분적분학의 기본정리에 의해서 양자의 관계를 명백히 한다는 방법을 택해야 합니다. 실제, 대학에서 배우는 미분적분학의 교과서에서는 보통 이 방향이 취해지고 있습니다. 나는 본서에서도 이 방향을 택할 것입니다. 그 이유 중의 하나는 대학 과정과의 불일치를 피할 수 있으며, 또 하나는 "미분적분학의 기본 정리"의 인상을 선명히 할 수 있기 때문입니다.

다만, 적분의 존재에 관한 "존재 정리"의 증명은 본서에서는 보류하기로 합니다. 나는 여러분이 이 책을 독파한 후, 고도의 과정으로 들어가려는 사람을 위해 "어디까지를 배운다, 어디서부터 배울 것이 남아 있다"를 되도록 확실히 보이려고 생각합니다.

◆ 구분구적법

정적분의 개념을 파악하기 위해, 먼저 간단한 한 예로서 포물선 $y = x^2$과, x축 및 직선 $x = 1$에 의해서 둘러싸인 도형의 넓이를 생각해 보기로 합니다.

이 도형의 넓이를 구하기 위해, 이 도형을 "직사각형의 합"에 의해서 근사시킵니다. 이를테면, 구간 $[0, 1]$을 n등분하여 다음 그림과 같이, 이 도형을 $n-1$개의 직사각형의 합에 의해서 근사시킵니다.

다음 왼쪽 그림은 $n = 4$인 경우를 나타내고 있습니다.

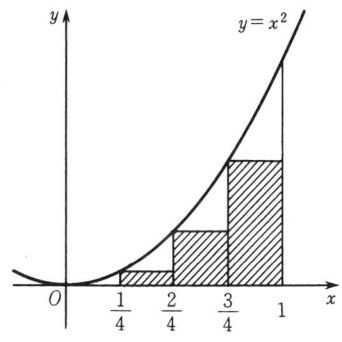 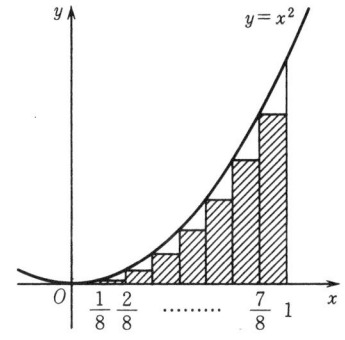

이 때에는 3개의 작은 직사각형의 밑변의 길이는 $\frac{1}{4}$이고, 높이는 각각 $\left(\frac{1}{4}\right)^2$, $\left(\frac{2}{4}\right)^2$, $\left(\frac{3}{4}\right)^2$입니다. 따라서 이들 직사각형의 넓이의 합은

$$\frac{1}{4} \times \left\{ \left(\frac{1}{4}\right)^2 + \left(\frac{2}{4}\right)^2 + \left(\frac{3}{4}\right)^2 \right\} = \frac{7}{32}$$

이 됩니다. 위의 오른쪽 그림은 $n=8$인 경우입니다. 이 때에 7개의 작은 직사각형의 밑변은 $\frac{1}{8}$, 높이는 $\left(\frac{1}{8}\right)^2$, $\left(\frac{2}{8}\right)^2$, $\cdots$, $\left(\frac{7}{8}\right)^2$입니다. 따라서 직사각형의 넓이의 합은

$$\frac{1}{8} \times \left\{ \left(\frac{1}{8}\right)^2 + \left(\frac{2}{8}\right)^2 + \cdots + \left(\frac{7}{8}\right)^2 \right\} = \frac{35}{128}$$

가 됩니다. 물론, 후자가 전자보다도 좋은 근사값이 됩니다. 그러나 역시 그다지 바람직한 근사값은 아닙니다.

일반적으로, 구간 $[0, 1]$을 n등분하여 문제의 도형을 "안쪽으로부터 근사"하는 $n-1$개의 직사각형의 넓이의 합을 s_n이라 합시다. s_n은 밑변이 $\frac{1}{n}$이고, 높이가

$$\left(\frac{1}{n}\right)^2, \left(\frac{2}{n}\right)^2, \cdots, \left(\frac{n-1}{n}\right)^2$$

인 $n-1$개의 직사각형의 넓이의 합입니다. 그러므로

$$s_n = \frac{1}{n} \times \left\{ \left(\frac{1}{n}\right)^2 + \left(\frac{2}{n}\right)^2 + \cdots + \left(\frac{n-1}{n}\right)^2 \right\}$$

이고, 정리하면

$$s_n = \frac{1}{n^3} \{ 1^2 + 2^2 + \cdots + (n-1)^2 \}$$

이 됩니다. n을 크게 하면, 이 s_n은 문제의 도형의 넓이에 가까워진다고 생각할 수 있습니다. 여기에서 우리는 다

행히 합 $1^2+2^2+\cdots+(n-1)^2$을 나타내는 간단한 공식을 알고 있습니다. 그 공식에 의하면

$$s_n = \frac{1}{n^3}\cdot\frac{1}{6}n(n-1)(2n-1)$$
$$= \frac{1}{6n^2}(n-1)(2n-1)$$

을 얻습니다. 따라서 이 식의 $n\to\infty$일 때의 극한값을 구할 수 있습니다. 즉,

$$\lim_{n\to\infty} s_n = \lim_{n\to\infty}\frac{1}{6}\Big(1-\frac{1}{n}\Big)\Big(2-\frac{1}{n}\Big) = \frac{1}{3}$$

입니다.

이상의 결과는 문제의 도형——포물선 $y=x^2$과 x축 및 직선 $x=1$로 둘러싸인 도형——의 넓이가 $\frac{1}{3}$임을 보이고 있습니다. 그러나 위의 논의만으로는 역시 완전한 결론을 얻을 수 없습니다. 왜냐 하면, 위에서 생각한 것은 "안쪽으로부터의 근사" 또는 "밑으로부터의 근사" 뿐이기 때문입니다.

그래서 위의 논의를 보완하여 결론을 완전한 것으로 하기 위해, 이번에는 "바깥쪽으로부터의 근사" 또는 "위로부터의 근사"를 생각합니다. 즉, 구간 $[0, 1]$을 n등분하여, 아래 그림과 같이, 문제의 도형을 "포함하는" n개의 직사각형을 만듭니다. (이 그림은 $n=8$인 경우입니다.)

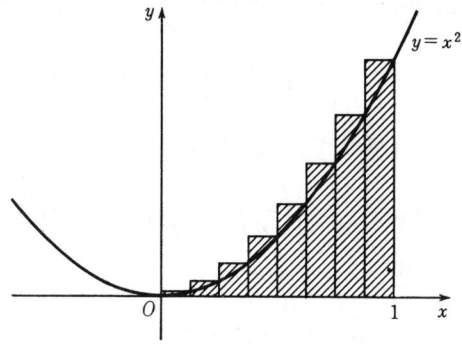

이번 경우는 물론 직사각형의 넓이의 합은 문제의 도형의 넓이보다 커집니다. 실제로 이들 n개의 직사각형의

넓이의 합――그것을 S_n이라 합니다.――을 계산하여 봅시다. 이들 n개의 직사각형은 밑변이 모두 $\dfrac{1}{n}$이고, 높이는 각각

$$\left(\dfrac{1}{n}\right)^2,\ \left(\dfrac{2}{n}\right)^2,\ \cdots,\ \left(\dfrac{n-1}{n}\right)^2,\ \left(\dfrac{n}{n}\right)^2$$

입니다. 따라서

$$S_n = \dfrac{1}{n} \times \left\{ \left(\dfrac{1}{n}\right)^2 + \left(\dfrac{2}{n}\right)^2 + \cdots + \left(\dfrac{n}{n}\right)^2 \right\}$$

$$= \dfrac{1}{n^3}(1^2 + 2^2 + \cdots + n^2)$$

이고, 앞에서와 같이 제곱합의 공식을 사용하면

$$S_n = \dfrac{1}{6n^2}(n+1)(2n+1)$$

입니다. 그리고 $n \to \infty$일 때의 S_n의 극한값은

$$\lim_{n \to \infty} S_n = \lim_{n \to \infty} \dfrac{1}{6}\left(1 + \dfrac{1}{n}\right)\left(2 + \dfrac{1}{n}\right) = \dfrac{1}{3}$$

입니다.

이제, 우리들이 문제로 하고 있는 도형――즉, 포물선 $y = x^2$과 x축 및 직선 $x = 1$로 둘러싸인 도형――의 넓이를 S라 하면 분명히

$$s_n < S < S_n$$

이 됩니다. 그러므로 위에서와 같이

$$\lim_{n \to \infty} s_n = \lim_{n \to \infty} S_n = \dfrac{1}{3}$$

이 됩니다. 따라서 우리는

$$S = \dfrac{1}{3}$$

이라고 결론 지을 수 있습니다.

위에서 설명한 방법으로 넓이(또는 부피)를 구하는 방법을 **구분구적법**이라고 합니다. 그것은, 결국 곡선 도형을 직선 도형에 의하여 근사시키고, 그 직선 도형의 넓이(또는 부피)의 극한으로서 곡선 도형의 넓이를 구하는 방법이라고 할 수 있습니다. 아르키메데스의 "맞붙이는 법"도 기본적으로는 이와 같은 사고 방법에 근거하고 있습

니다.

그런데 한가지 지적해 놓아야 할 것이 있습니다.

위에서 함수 $f(x) = x^2$의 그래프와 x축 및 직선 $x = 1$로 둘러싸인 도형의 넓이를

$$\frac{1}{n}\left\{f\left(\frac{1}{n}\right) + f\left(\frac{2}{n}\right) + \cdots + f\left(\frac{n-1}{n}\right)\right\},$$

또는

$$\frac{1}{n}\left\{f\left(\frac{1}{n}\right) + f\left(\frac{2}{n}\right) + \cdots + f\left(\frac{n}{n}\right)\right\}$$

의, $n \to \infty$일 때의 극한으로서 구했습니다. 그러나 이 방법이 주효하여 아주 쉽게 답을 낼 수 있었던 것은 우리들이 자연수의 제곱의 합의 공식을 알고, 그 때문에 위의 합

$$\frac{1}{n}\sum_{k=1}^{n-1} f\left(\frac{k}{n}\right) \quad \text{또는} \quad \frac{1}{n}\sum_{k=1}^{n} f\left(\frac{k}{n}\right)$$

의 극한을 구하는 데 안성맞춤으로 n에 관한 간단한 식으로 나타낼 수 있었기 때문입니다. 일반적인 함수의 경우에는 이와 같은 것은 바랄 수 없습니다. 그 때문에 우리들이 문제를 좀더 일반적으로 다루기를 원한다면——구분구적법이라는 원리적인 생각은 그대로 유효하다 해도——수열의 합을 구하는 테크닉과는 다른 새로운 별종의 기법을 찾아내지 않으면 안 됩니다.

◆ 과잉합과 부족합

앞의 항에서는 이야기의 발단으로서 함수 $f(x) = x^2$을 생각했습니다. 이 항에서는 일반적인 함수를 생각합니다.

f를 폐구간 $[a, b]$에서 정의된 함수라 하고, f는 이 구간에서 연속이라 합니다.

구간 $[a, b]$의 **분할**이란,

$$a = x_0 < x_1 < x_2 < \cdots < x_{n-1} < x_n = b$$

와 같은 유한개의 점의 열 $x_0, x_1, \cdots, x_n$을 말합니다. 여기에서 n은 임의의 자연수입니다. 우리는 분할을 일반적으로 P와 같은 문자로 나타내고 위의 분할을, 이를테면

$$P = (x_0, x_1, x_2, \cdots, x_n)$$

과 같이 나타냅니다. 아래에 분할의 한가지 그림을 보였습니다.

이 그림과 같이, 분할은 반드시 "등분"일 필요는 없습니다. 즉, 소구간의 폭 $x_1 - x_0, x_2 - x_1, \cdots, x_n - x_{n-1}$이 일정할 필요는 없습니다.

이제, 위와 같이 f를 구간 $[a, b]$에서 연속인 함수라 하고 $P = (x_0, x_1, \cdots, x_n)$를 구간 $[a, b]$의 하나의 분할이라 합니다. 소구간 $[x_{k-1}, x_k]$에서의 f의 최대값 (maximum), 최소값 (minimum)을 각각

$$\max f(x) = M_k,$$
$$\min f(x) = m_k$$

라 합니다. [max, min은 각각 최대값, 최소값을 나타내는 기호입니다.] 이 때, 합

$$M_1(x_1 - x_0) + M_2(x_2 - x_1) + \cdots + M_n(x_n - x_{n-1}),$$
$$m_1(x_1 - x_0) + m_2(x_2 - x_1) + \cdots + m_n(x_n - x_{n-1})$$

을 각각 분할 P에 대한 f의 **과잉합**(upper sum), **부족합** (lower sum)이라 부릅니다. 여기에서는 이것들을 $U(P, f)$, $L(P, f)$로 나타내기로 합니다. 즉,

$$U(P, f) = \sum_{k=1}^{n} M_k(x_k - x_{k-1}),$$
$$L(P, f) = \sum_{k=1}^{n} m_k(x_k - x_{k-1})$$

입니다. 아래에 합 $U(P, f)$, $L(P, f)$의 각각의 일반항의 그림을 그렸습니다.

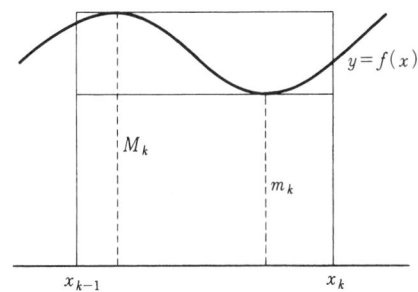

정의에 의해 $m_k \leqq M_k$이고, $x_k - x_{k-1} > 0$이므로,

$$m_k(x_k - x_{k-1}) \leqq M_k(x_k - x_{k-1})$$

이 됩니다. 이것을 $k = 1, 2, \cdots, n$에 대하여 더하면

$$L(P, f) \leqq U(P, f)$$

가 얻어집니다. 즉, 임의의 분할 P에 대하여 부족합은 과잉합을 넘지 않습니다.

실은──여기에서는 증명을 생략하지만──P, Q가 $[a, b]$의 서로 다른 분할인 경우에도

$$L(P, f) \leqq U(Q, f)$$

가 성립합니다. 즉, 임의의 부족합은 <u>임의의 과잉합과 같든가, 과잉합보다 작습니다.</u>

구간 $[a, b]$에서 $f(x) \geqq 0$이면, $L(P, f)$은 소구간 $[x_{k-1}, x_k]$를 밑변으로 하고, 그 구간에서 f의 최소값 m_k를 높이로 하는 직사각형의 넓이의 합을 나타냅니다. 마찬가지로, $U(P, f)$는 $[x_{k-1}, x_k]$를 밑변, 그 구간에서 f의 최대값 M_k를 높이로 하는 직사각형의 넓이의 합을 나타냅니다. 아래에 그 그림을 나타냈습니다. 이 그림에서 빗금친 부분의 넓이가 $L(P, f)$, 여기에 어두운 부분의 넓이를 더한 것이 $U(P, f)$입니다.

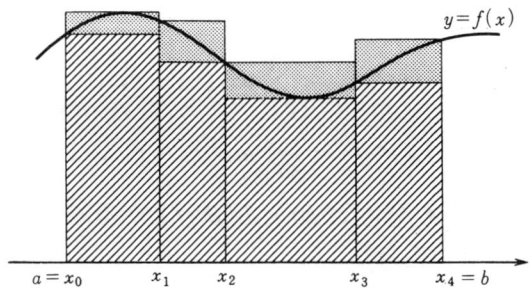

그럼, 위의 그림에서 분할 P를 "일양으로 촘촘하게" 하여 분할한 것이라고 합시다. 단, 분할 $P = (x_0, x_1, \cdots, x_n)$을 "일양으로 촘촘하게" 한다는 것은, 모든 소구간의 폭 $x_k - x_{k-1}$이 0에 가까워지도록 분점의 개수를 늘여 나간다는 것을 말합니다. 이 때, 여러분은 과잉합 $U(P, f)$와

부족합 $L(P, f)$가 극히 접근해 간다는 것(즉, 그림의 어두운 부분의 넓이가 0에 가까워 간다는 것), 따라서 과잉합 $U(P, f)$와 부족합 $L(P, f)$가 모두 어떤 동일한 값에 가까워진다는 것을 직관적으로 인식하도록 합니다.

실제, 다음 정리——**적분의 존재 정리!**——가 성립합니다.

이 정리에서 f의 값은 특별히 $f(x) \geqq 0$로 가정할 필요는 없습니다. f는 구간 $[a, b]$에서 양, 음의 어느 값을 취할 수도 있습니다.

정리 함수 f가 구간 $[a, b]$에서 연속이라 한다. 이때, **임의의 부족합 $L(P, f)$보다 크거나 같고, 임의의 과잉합 $U(P, f)$보다 작거나 같은 단 하나의 수가 존재한다.** 단, 여기서 문자 P는 구간 $[a, b]$의 분할을 일반적으로 나타낸다.

우리는 이 정리를 증명없이 승인합니다. 위의 정리에 의해 확정하는 "단 1개의 수"를 구간 $[a, b]$에서의 f의 **적분** 또는 **정적분**이라 합니다. 이것을 기호

$$\int_a^b f \quad \text{또는} \quad \int_a^b f(x)d(x)$$

로 나타냅니다. a를 이 정적분의 아래끝, b를 위끝이라 합니다. 물론——현재의 경우——아래끝 a는 위끝 b보다 작은 수입니다.

구간 $[a, b]$에서 $f(x) \geqq 0$이면

$$\int_a^b f$$

는 함수 $y = f(x)$의 그래프와 x축 및 두 직선 $x = a, x = b$에 의해 둘러싸인 도형의 넓이를 나타냅니다. 그보다는 오히려 우리들은, 이 정적분의 값으로, 이 도형의 넓이를 정의합니다!

[주의 : 정적분 $\int_a^b f$는 위에서 말한 것처럼 $\int_a^b f(x)dx$로도 쓰는데, 이것은 하나의 "변수"이고 "x의 함수"는

아닙니다. 이 기호에서 x는 실질적인 변수는 아닙니다. 따라서 이것을, 이를테면

$$\int_a^b f(t)dt$$

로 써도 의미는 같습니다. 그것은 마치 $\sum$ 기호에서 $\sum_{k=1}^{n} a_k$ 를 $\sum_{i=1}^{n} a_i$로 써도 의미는 같은 것과 마찬가지입니다.]

처음으로 되돌아가서, $P=(x_0, x_1, x_2, \cdots, x_n)$을 구간 $[a, b]$의 분할이라 합니다. 각각의 $k(=1, 2, \cdots, n)$에 대하여 구간 $[x_{k-1}, x_k]$에서 임의로 c_k를 택하여

$$f(c_1)(x_1-x_0)+f(c_2)(x_2-x_1)+\cdots+f(c_n)(x_n-x_{n-1})$$

라는 합을 만듭니다. 이와 같은 합을 분할 P에 관한 f의 **리만합**(Riemann sum)이라 하고, 기호 $R(P, f)$로 나타냅니다. 즉,

$$R(P, f) = \sum_{k=1}^{n} f(c_k)(x_k-x_{k-1})$$

입니다. 아래에 리만합의 한 개의 그림을 그렸습니다. 이 그림에서는 우연히 c_2는 x_2와 c_4는 x_3와 일치되어 있습니다.

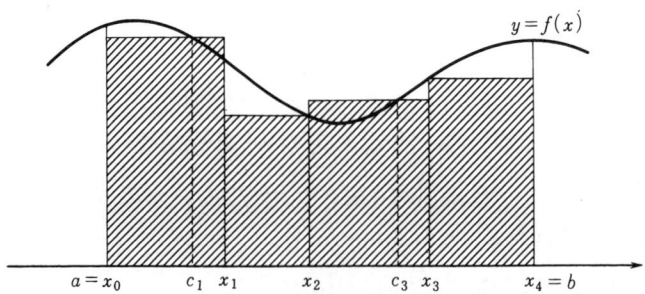

우리는 지금, 리만합을 $R(P,f)$로 나타냈지만 이 기호는 완전한 것은 아닙니다. 왜냐하면, 리만합은 분할 P에 대하여 일의적으로 정해지는 것이 아니고, 점 c_k의 선택 방법에도 의존하고 있기 때문입니다. 특히, 각 k에 대하여 c_k로 하여 $[x_{k-1}, x_k]$에서 f의 최대점을 취했을 때, 리만합은 과잉합 $U(P, f)$가 되며, 최소점을 취했을 때는, 리만합은 부족합 $L(P, f)$가 됩니다.

앞에서와 같이, 구간 $[x_{k-1}, x_k]$에서 f의 최소값, 최대값을 각각 m_k, M_k라 하고, c_k를 $[x_{k-1}, x_k]$의 임의의 점이라 하면

$$m_k \leq f(c_k) \leq M_k$$

가 성립합니다. 이 부등식에 $x_k - x_{k-1}$를 곱하여 $k=1, 2, \cdots, n$에 관하여 더하면

$$L(P, f) \leq R(P, f) \leq U(P, f)$$

가 얻어집니다. 즉, (주어진 분할 P에 관하여) 리만합은 과잉합과 부족합 사이에 있습니다.

앞서 지적한 바와 같이, 분할 $P=(x_0, x_1, x_2, \cdots, x_n)$을 $x_k - x_{k-1}(k=1, \cdots, n)$이 모두 0에 가까워지도록 일양으로 촘촘하게 하면, 과잉합 $U(P, f)$, 부족합 $L(P, f)$는 모두 적분

$$\int_a^b f$$

에 가까워졌습니다. 따라서, 리만합 $R(P, f)$도 이 적분에 가까워집니다.

나는 이 사실을 간결하게 설명해 놓았다고 생각합니다. 따라서 분할 $P=(x_0, x_1, x_2, \cdots, x_n)$에 대하여 $x_k - x_{k-1}(k=1, \cdots, n)$의 최대값 $\max(x_k - x_{k-1})$을 $|P|$로 나타내기로 합니다. 즉,

$$\max(x_k - x_{k-1}) = |P|$$

입니다. 따라서 $x_k - x_{k-1} (k=1, \cdots, n)$이 모두 0에 가까워지도록 분할을 일양으로 촘촘하게 한다는 것은, 간단히 $|P| \to 0$으로 나타낼 수 있습니다. 그러므로 다음과 같이 말할 수 있습니다.

$\underline{P = (x_0, x_1, \cdots, x_n)}$을 구간 $[a, b]$의 분할이라 하고, $\underline{c_k}$를

$$\underline{x_{k-1} \leq c_k \leq x_k \quad (k=1, \cdots, n)}$$

을 만족하는 임의의 점으로 한다. $|P| \to 0$일 때, 리만합

$$\underline{R(P, f) = \sum_{k=1}^n f(c_k)(x_k - x_{k-1})}$$

은 적분 $\int_a^b f$ 에 가까워진다. 즉,

$$\lim_{|P|\to 0} \sum_{k=1}^n f(c_k)(x_k-x_{k-1}) = \int_a^b f(x)dx$$

이다.

◆ 정적분의 기본 성질

우리들은 위에서, 연속함수에 대하여 적분의 존재라는 기본 정리를 증명하지 않고 승인했습니다. 나아가서 다음 두 기본 성질도 증명없이 인정해 놓기로 합니다.

기본성질 1 f 를 구간 $[a, b]$ 에서 연속인 함수라 한다. m, M 는 상수이고 $[a, b]$ 에 속하는 모든 점 x 에 대하여

$$m \leqq f(x) \leqq M$$

이 성립한다. 이 때,

$$m(b-a) \leqq \int_a^b f \leqq M(b-a) \qquad ①$$

가 성립한다.

기본 성질 2 f 를 구간 $[a, b]$ 에서 연속인 함수라 하고, c 를 $a<c<b$ 를 만족하는 임의의 수라 한다. 이 때,

$$\int_a^b f = \int_a^c f + \int_c^b f \qquad ②$$

가 성립한다.

기본 성질 **1**을 설명하는 것은 간단합니다. 실제, $P=(x_0, x_1, \cdots, x_n)$ 을 구간 $[a, b]$ 의 임의의 분할로 하고

$$\max f(x) = M_k$$
$$\min f(x) = m_k \qquad (x_{k-1}\leqq x \leqq x_k)$$

라 하면,

$$m \leqq m_k \leqq M_k \leqq M$$

이므로,

$$\sum_{k=1}^n m(x_k-x_{k-1}) \leqq \sum_{k=1}^n m_k(x_k-x_{k-1})$$
$$\leqq \sum_{k=1}^n M_k(x_k-x_{k-1}) \leqq \sum_{k=1}^n M(x_k-x_{k-1})$$

이 성립합니다. 그리고

$$\sum_{k=1}^{n} m(x_k - x_{k-1}) = m \sum_{k=1}^{n}(x_k - x_{k-1}) = m(b-a)$$

$$\sum_{k=1}^{n} M(x_k - x_{k-1}) = M \sum_{k=1}^{n}(x_k - x_{k-1}) = M(b-a)$$

입니다. 따라서

$$m(b-a) \leq L(P, f)$$
$$\leq U(P, f) \leq M(b-a)$$

가 되며, 여기서 부등식 ①이 얻어집니다.

기본 성질 **2**에 관해서는 특별히 설명하지 않지만 여러분은 별 저항없이 이 주장의 정당성을 승인하기 바랍니다.

여기서 하나의 규약을 세웁시다. 우리들은 지금까지 적분 $\int_a^b f$ 에서 $a < b$로 했습니다. 이 제한을 제외시키기 위해, 이제

$$\int_a^b f = 0$$

$a > b$ 일 때 $$\int_a^b f = -\int_b^a f$$

로 규약합니다. 이 규약의 유효성은 무엇보다도 우선, 이 규약에 의해서 기본 성질 **2**의 등식 ②가 a, b, c의 대소 관계에 관계없이 항상 성립하게 된다는 점에 있습니다.

이를테면, $c < a < b$라 합니다. 이 때

$$\int_c^b f = \int_c^a f + \int_a^b f$$

이고, 규약에 의해

$$\int_a^c f = -\int_c^a f$$

입니다. 위의 두 등식에서 등식 ②가 유도되는 것은 명백합니다.

다음은 기본 성질 **2**라 할 때에는, 이 일반화된 의미에서의 (a, b, c의 대소에 관한 제한을 철폐한) 등식 ②를 지적하는 것입니다.

◈ 적분과 미분과의 관계

우리들은——적분의 존재 정리와 앞 항의 기본 성질

1, **2**를 승인했지만, ── 미분적분학의 기본 정리를 증명해야 할 단계에 이르렀습니다.

이제, f를 어떤 구간 I에서 연속인 함수라 합니다. a를 I의 한 정점이라 합니다. 이 때, 앞에서 기술한 규약에 의해, I의 임의의 점 x에 대하여, 적분

$$\int_a^x f$$

가 정의됩니다. 이것은 위끝 x에 의해서 값이 정해지므로 x의 함수입니다. 이 함수를 $G(x)$라 놓습니다. 즉,

$$G(x) = \int_a^x f = \int_a^x f(t)dt$$

입니다. [주의 : 윗식의 맨 오른쪽 변을

$$\int_a^x f(x)dx$$

로 써서는 안 됩니다. 왜냐하면, 여기에서의 문자 x는 적분의 위끝으로서 실질적인 변수이기 때문입니다. 이런 이유로 적분기호 중의 "외관상의 변수"에는 x와는 다른 문자를 사용하지 않으면 안 됩니다.]

이 함수 G에 관한 다음 정리가 성립합니다. 이 정리는 "미분과 적분의 관계"의 가장 중요한 정리입니다.

정리 위의 가정하에서 함수 G는 구간 I에서 미분가능하고

$$G'(x) = f(x)$$

가 성립한다.

증명 x를 구간 I의 한 점이라 합니다. 또, h를 $x+h$가 역시 I에 속하며 그 절대값이 충분히 작은 수라 합니다. 우리들이 밝히고 싶은 것은

$$\lim_{h \to 0} \frac{G(x+h) - G(x)}{h} = f(x)$$

가 성립한다는 것입니다.

지금 우리는, x는 구간 I의 오른쪽 끝점이 아니라고

가정하고, $h > 0$으로 하여 이 극한의 식을 증명해 봅시다.

함수 G의 정의에 의해서, 평균변화율의 분자는

$$G(x+h) - G(x) = \int_a^{x+h} f - \int_a^x f$$

입니다. 그리고 기본 성질 **2**에 의해서

$$\int_a^{x+h} f = \int_a^x + \int_x^{x+h} f$$

이므로,

$$G(x+h) - G(x) = \int_x^{x+h} f$$

가 됩니다.

그런데 구간 $[x, x+h]$에서 f의 최대점을 c, 최소점을 d라 하면, $[x, x+h]$에 속하는 임의의 t에 대하여

$$f(d) \leqq f(t) \leqq f(c)$$

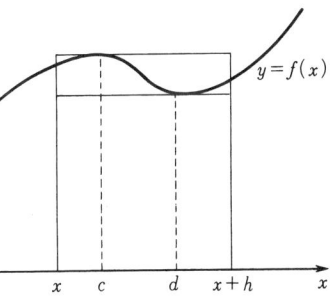

가 성립합니다. [문자 t를 사용한 것은, 여기에서의 문자 x는 I의 한 개의 주어진 점으로서 별도의 의미를 가지고 있기 때문입니다.]

여기에서, 기본 성질 **1**을 1124페이지의 부등식 ①의 m, M을 각각 $f(d)$, $f(c)$라 하여, 적분

$$\int_x^{x+h} f$$

에 대하여 적용합니다. 그러면

$$f(d)(x+h-x) = f(d)h,$$
$$f(c)(x+h-x) = f(c)h$$

이므로,

$$f(d)h \leqq \int_x^{x+h} f \leqq f(c)h$$

가 됩니다.

$h > 0$이므로, 이 부등식의 각 변을 h로 나누면,

$$f(d) \leqq \frac{1}{h}\int_x^{x+h} f \leqq f(c)$$

가 되고, 이것은

$$f(d) \leqq \frac{G(x+h) - G(x)}{h} \leqq f(c)$$

임을 의미합니다.

그럼, 여기서 h를 0에 가까이 할 때, $x+h$는 x에 가까워지고 점 c, d는 구간 $[x, x+h]$의 점이므로 이 점도 x에 가까워집니다. f는 연속함수이므로 $f(c), f(d)$는 모두 $f(x)$에 가까워집니다. 그러므로, 위의 부등식의 중앙의 항도 $f(x)$에 가까워집니다. 즉,

$$\lim_{h \to 0} \frac{G(x+h) - G(x)}{h} = f(x)$$

입니다.

h가 음의 값을 가지면서 0에 가까이 갈 때에도 역시 위의 극한의 식이 성립하는 것은 마찬가지로 하여 증명할 수 있습니다. [단, 위의 증명의 몇 군데서 부등호의 방향이 바뀝니다.]

이상에서 $G'(x) = f(x)$임이 증명되었습니다.

문제 1 위의 함수 G에 대하여 $h < 0$이고 $h \to 0$일 때에도

$$\lim_{h \to 0} \frac{G(x+h) - G(x)}{h} = f(x)$$

가 성립함을 증명하시오.

◆ 부정적분(또는 원시함수)

f를 구간 I에서 정의된 함수라 합니다. F가 똑같은 구간 I에서 정의된 함수이고

$$F' = f$$

가 성립할 때, F를 f의 **부정적분** 또는 **원시함수**이라고 합니다.

임의의 함수 f가 부정적분을 가진다고 말할 수는 없습니다. 그러나, 만일 f가 부정적분 F를 가지면, C를 임의의 상수라 할 때, 함수

$$G(x) = F(x) + C$$

도 또한 f의 부정적분입니다. 왜냐하면, 상수의 미분은 0이기 때문입니다.

한편, f가 구간 I에서 부정적분 F를 가질 때, 그 구간

에서 f의 임의의 부정적분 G는 적당한 상수 C에 의해서 위의 꼴로 나타납니다. 이것은 우리들이 이미 1029페이지의 계에서 확인한 바와 같습니다. [여러분은 다시 한번 그 페이지를 보기를 바랍니다. 이 계는 평균값의 정리에서 하나의 직접적이고 중요한 귀결로서 유도된 것입니다.]

위에서 말한 것은 다음과 같이 요약할 수 있습니다.

구간 I에서 함수 f가 부정적분을 가지면, 그것은 상수의 차를 제외하고 일의적으로 정해진다.

예를 들면,

$$\left(\frac{1}{3}x^3\right)' = x^2$$

이므로, $\frac{1}{3}x^3$은 x^2의 하나의 부정적분입니다. 따라서 x^2의 임의의 부정적분은

$$\frac{1}{3}x^3 + C$$

로 나타납니다.

위에서도 주의한 바와 같이, 임의의 함수 f가 부정적분을 가진다고 말할 수는 없습니다. 그러나, 연속함수에 대하여 다음과 같이 주장할 수 있습니다.

연속함수는 반드시 부정적분을 갖는다.

실제로 f를 구간 I에서 정의된 연속인 함수라 합니다. 이때 a를 I의 한 정점이라 하고, I의 임의의 점 x에 대하여

$$G(x) = \int_a^x f$$

라 놓으면, 전항에서 기술한 정리에 의해서

$$G'(x) = f(x)$$

입니다. 즉, G는 f의 하나의 부정적분이 됩니다! 그러므로 위의 주장이 성립합니다.

◆ 미분 · 적분학의 기본 정리

f를 구간 I에서 정의된 연속함수라 합니다. 이제(전항

의 마지막에서 든 G와는 구별되는), 어떤 방법에 의해 f의 한 부정적분 F가 미리 알려져 있었다고 합시다. 이 때, 다음 정리가 성립합니다. 이 정리를 **미분·적분학의 기본 정리**라고 부릅니다.

정리 f를 구간 I에서 연속인 함수, F를 f의 1개의 부정적분이라 한다. 이 때, I의 임의의 두 점 a, b에 대하여

$$\int_a^b f = F(b) - F(a)$$

가 성립한다.

증명   이제, I의 두 점 a, b가 주어졌다고, 이들 두 점을 고정시킵니다. 이 때, 임의의 $x \in I$에 대하여

$$G(x) = \int_a^x f$$

라 놓으면, 이미 설명한 바와 같이 G는 f의 한 개의 부정적분입니다. 그러므로 정리에 주어져 있는 F와 이 G의 차는 상수입니다. 즉, I에서 항상

$$G(x) = F(x) + C$$

를 성립시키는 상수 C가 존재합니다.

이 상수 C를 결정하기 위해, 위의 등식에서 특히 $x = a$라 놓으면,

$$G(a) = F(a) + C$$

가 됩니다만,

$$G(a) = \int_a^a f = 0$$

이므로 $F(a) + C = 0$. 따라서, $C = -F(a)$가 됩니다. 그러므로

$$G(x) = F(x) - F(a)$$

즉

$$\int_a^x f = F(x) - F(a)$$

입니다. 이 등식은 <u>임의의</u> $x \in I$에 대하여 성립합니다. 끝으로 위에서 얻은 등식에서 $x = b$라 합니다. 그러면

$$\int_a^b f = F(b) - F(a)$$

를 얻습니다. 이것으로 증명이 완료되었습니다.

어떻습니까? 여러분은 위의 논의에 흥미를 가집니까? 나는 위의 일련의 논의는, 논리에 흥미를 가지는 여러분에게 충분한 자극을 주었다고 생각합니다. 이것은 절대로 지나치게 고도한 논의는 아닙니다. 논리를 따르는 흥미와 기력을 가진 여러분에게는, 적합한 사고 재료가 되었을 것으로 생각합니다.

위의 정리에서 등식

$$\int_a^b f = F(b) - F(a)$$

자체를 **미분적분학의 기본 공식**이라 부릅니다. 이 등식은, 등식의 좌변의 정적분을 계산하는 데 반드시 리만합 (또는 과잉합, 부족합)의 극한을 구할 필요는 없고, 그 대신, f의 한 부정적분 F를 찾아내면 된다는 것을 보이고 있습니다. 이에 따라 정적분의 계산은 일거에 현실적인 ——실행 가능한—— 계산으로 됩니다. 또한, 실제로 정적분의 계산을 쓸 때는 편의상, 이 공식의 우변 $F(b) - F(a)$는

$$[F(x)]_a^b \quad \text{또는} \quad F(x)|_a^b$$

등으로 나타냅니다.

㉠ $f(x) = x^2$이라 하면, 그 부정적분의 하나는 $F(x) = \frac{1}{3}x^3$입니다. 그러므로

$$\int_0^1 x^2 dx = \left[\frac{1}{3}x^3 \right]_0^1 = \frac{1}{3} \cdot 1 - \frac{1}{3} \cdot 0 = \frac{1}{3}$$

이 됩니다. 이것은 앞에서 구분구적법의 예로서 든 포물선 $y = x^2$과 x축 및 직선 $x = 1$로 둘러싸인 도형의 넓이를 나타냅니다.

㉠ 똑같이 $f(x) = x^2$라 하고 적분

$$\int_1^2 x^2 dx$$

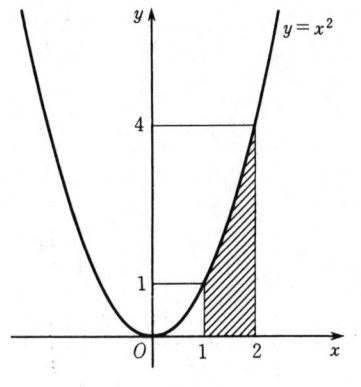

를 생각합니다. 기하학적으로 해석하면, 이 식은 포물선 $y=x^2$ 과 x 축 및 두 직선 $x=1$, $x=2$ 로 둘러싸인 도형의 넓이를 나타냅니다. 그 값은

$$\int_1^2 x^2 dx = \left[\ \frac{1}{3}x^3\ \right]_1^2 = \frac{1}{3}(2^3-1^3) = \frac{7}{3}$$

입니다.

예 사인곡선 $y=\sin x$ 가 구간 $[0, \pi]$ 에서 x 축으로 둘러싸인 도형의 넓이를 구하여 봅시다. 그림을 그리면, 왼쪽 그림의 빗금 친 부분과 같습니다.

이 넓이를 구하는 것은 간단합니다. 왜냐하면,

$$(-\cos x)' = \sin x$$

이고, 따라서 $-\cos x$ 가 $\sin x$ 의 하나의 부정적분이기 때문입니다.

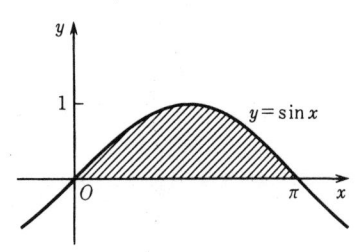

그러므로 구하는 넓이는

$$\int_0^\pi \sin x \, dx = \left[-\cos x\right]_0^\pi$$
$$= -\cos \pi + \cos 0 = 1+1 = 2$$

입니다.

[보충] 적분가능한 함수

이 절은 하나의 부록입니다. 여기에서는 "적분가능한 함수"의 개념에 관하여 설명합니다. 관심을 가지고 계속 읽으면 되지만, 특히 논리적인 이야기나 개념 구성의 방법에 흥미를 갖는 사람에게는 다분히 재미 있을 것으로 생각합니다.

우선, 실수의 집합에 관한 하나의 성질을 말해 둡니다. 이하 이 절에서는 실수 전체의 집합을 R 로 나타냅니다.

S 를 R 의 공이 아닌 ($\neq \phi$) 부분집합이라 합니다. 만일 한 실수 b 가 존재하여 모든 $x \in S$ 에 대하여

$$x \leq b$$

가 성립하면 S 는 (R 에서) **위로 유계**라 하고, b 를 S 의 (R 에 대한) 1개의 **상계**라고 부릅니다.

마찬가지로, (≦를 ≧로 바꾸어 놓음으로써) 가 **아래로 유계**라는 것과 S의 **하계**를 정의할 수 있습니다.

만일, S가 위로도 아래로도 유계이면 단지 S는 **유계**라고 말합니다.

(예) S를 $x<0$인 실수 x 전체의 집합이라 합니다. 이 때, 0은 S의 하나의 상계입니다. 임의의 양수도 S의 상계입니다. S의 상계 전체의 집합은 분명히 집합 $\{b \mid b \geqq 0\}$입니다.

(예) S를 $x \leqq 0$인 실수 x전체의 집합이라 합니다. 이 때에는 S의 상계 전체의 집합은 $\{b \mid b \geqq 0\}$입니다.

(예) S를 수

$$1, \ \frac{1}{2}, \ \frac{1}{3}, \ \cdots, \ \frac{1}{n}, \ \cdots\cdots$$

의 집합이라 합니다. 이 집합은 (위로도 아래로도) 유계입니다. 그리고 S의 상계는 1 및 1 보다 큰 모든 수이며, S의 하계는 0 및 0 보다 작은 모든 수입니다.

(예) S를 $x^2<2$를 만족하는 양의 유리수 전체의 집합이라 합니다. 이 집합 S는 유계이고, S의 상계는 $b \geqq \sqrt{2}$를 만족하는 모든 실수 b, 또 S의 하계는 $b \leqq 0$을 만족하는 모든 실수 b입니다.

집합 S가 위로 유계일 때, S의 상계 중 최소인 수를 S의 **최소상계** 또는 S의 **상한**(上限 − supremum)이라 합니다. 이것을 기호

$$\sup S$$

로 나타냅니다.

마찬가지로, 집합 S가 아래로 유계일 때 S의 하계 중 최대의 수를 S의 **최대하계** 또는 S의 **하한**(下限 − infimum)이라 하고

$$\inf S$$

로 나타냅니다.

(예) $S=\{x \mid x<0\}$이라 하면 $\sup S=0$입니다. 이 상한은 S 자신에는 속하지 않습니다.

예 $S = \{x \mid x \leq 0\}$일 때에는 sup $S = 0$입니다. 이 상한은 S에 속합니다.

예 S를 수

$$1, \frac{1}{2}, \frac{1}{3}, \cdots, \frac{1}{n}, \cdots\cdots$$

인 집합이라 하면 sup $S = 1$, inf $S = 0$입니다. 이 상한 1은 S에 속하지만, 하한 0은 S에 속하지 않습니다.

예 S를 $x^2 < 2$를 만족하는 양의 유리수 전체의 집합이라 하면, sup $S = \sqrt{2}$, inf $S = 0$입니다. 이들은 모두 S에 속하지 않습니다.

만일 집합 S가 최대의 수 x_0를 포함하고 있으면 (즉, 모든 $x \in S$에 대하여 $x \leq x_0$인 S의 원소 x_0가 존재한다면), 분명히 x_0은 S의 상한입니다. 그러나 위에서 살펴 본 몇 개의 예에서는, 위로 유계인 집합은 언제나(최대원을 갖지 않는 경우에도) 상한을 갖습니다.

일반적으로 다음이 성립합니다.

S가 R의 공이 아닌 부분집합이고 위로 유계이면(R 중에) 반드시 sup S가 존재한다.

S가 R의 공이 아닌 부분집합이고 아래로 유계이면 (R 중에) 반드시 inf S가 존재한다.

이 성질을 통상 **실수의 연속성**이라 부릅니다. 이것은 실수 체계 R이 지니고 있는 가장 중요한 성질입니다. 해석학의 정밀한 논리는 모두, 이 성질——위에서 말한 것 이외에도 이것과 동치인 기본적 명제가 몇 개 있습니다 ——에 근거를 두고 전개됩니다.

그러면, 적분가능성 정의의 이야기를 더 진척시켜 봅시다.

f를 구간 $[a, b]$에서 유계인 한 함수라 합니다. 단, 함수 f가 유계인 것은, 그 치역 $\{f(x) \mid a \leq x \leq b\}$가 R의 유계인 부분집합이라는 것을 의미합니다. (이를테면 $[a, b]$

에서 연속인 함수는 물론 이 구간에서 유계입니다.)

$P = (x_0, x_1, \cdots, x_n)$ 을 구간 $[a, b]$의 임의의 분할이라 합니다.

이 때, f는 각 소구간 $[x_{k-1}, x_k]$에서 유계이므로, 집합

$$\{f(x) | x_{k-1} \leqq x \leqq x_k\}$$

의 상한 및 하한이 존재합니다. 그것을 각각

$$M_k = \sup f(x) \qquad (x_{k-1} \leqq x \leqq x_k)$$
$$m_k = \inf f(x)$$

라 놓습니다. 그리고 합

$$U(P, f) = \sum_{k=1}^{n} M_k (x_k - x_{k-1})$$

$$L(P, f) = \sum_{k=1}^{n} m_k (x_k - x_{k-1})$$

을 만듭니다. 이들을 분할 P에 관한 f의 과잉합, 부족합 이라고 부르는 것은 앞과 동일합니다.

[주의 : 연속함수는 폐구간에서 최대값, 최소값을 가 지므로 함수 f가 연속이면, 위의 M_k, m_k는 각각 f의 $[x_{k-1}, x_k]$에 대한 최대값, 최소값이 됩니다. 일반적인 유 계 함수의 경우에는 과잉합, 부족합의 정의에서 최대값, 최소값이 상한, 하한으로 바뀌어집니다.]

임의의 분할 P에 대하여

$$L(P, f) \leqq U(P, f)$$

가 성립하는 것은 명백합니다. 왜냐하면 각 k에 대하여 $m_k \leqq M_k$이기 때문입니다. 그러나 보다 일반적으로, 구간 $[a, b]$의 임의의 두 분할 P, Q에 대하여

$$L(P, f) \leqq U(Q, f) \qquad\qquad ①$$

가 성립합니다. 이것은 직관적으로 예상할 수 있는 것이 지만 정확한 증명——여기에서는 생략합니다——에는 어느 정도의 기교를 요합니다.

다음에, $[a, b]$의 <u>모든</u> 분할 P에 대한 부족합 $L(P, f)$ 의 집합을 생각합니다. 이 집합은 위로 유계입니다. 왜냐 하면, (1)에 의해 임의의 과잉합이 이 집합의 상계가 되

기 때문입니다. 같은 방법으로 모든 과잉합 $U(P, f)$의
집합은 아래로 유계입니다.

이 때문에 모든 상방합의 집합에는 하한이 존재하고,
모든 부족합의 집합에는 상한이 존재합니다. 즉,

$$\inf_P U(P, f)$$

$$\sup_P L(P, f)$$

가 존재합니다. 여기에서 $\inf_P$, $\sup_P$로 나타낸 것은 이들이
각각 $[a, b]$의 모든 분할 P에 대한 과잉합의 집합의 하한,
부족합의 집합의 상한을 나타내고 있기 때문입니다. 이
들 수를 각각

$$\inf_P U(P, f) = \int_a^{\bar{b}} f$$

$$\sup_P L(P, f) = \int_{\underline{a}}^b f$$

라 쓰고, 각각 구간 $[a, b]$에서의 f의 **상적분, 하적분**이라
합니다. 표어적으로 간략하게 표현하면 "과잉합의 하한
이 상적분, "부족합의 상한이 하적분"입니다. 이들 수는
구간 $[a, b]$에서 <u>유계인</u> 임의의 함수 f에 대하여 적분할
수 있습니다.

또한, 상적분과 하적분의 대소에 관하여는 다음 명제
가 성립합니다. [참고를 위해, 나는 이 명제의 증명만을
다음에 쓰기로 합니다. 여러분 중에는 이러한 증명에 흥
미를 갖는 이도 있을 것입니다.]

<u>f를 구간 $[a, b]$에서 유계인 함수라 할 때</u>

$$\int_{\underline{a}}^b f \leqq \int_a^{\bar{b}} f$$

<u>가 성립한다.</u>

증명 앞에서와 같이, $[a, b]$의 임의의 분할 P, Q에
대하여

$$L(P, f) \leqq U(Q, f)$$

가 성립합니다. 이제 분할 Q를 일단 고정 하면, 이 부등
식은 과잉합 $U(Q, f)$가 모든 부족합 $L(P, f)$의 집합의

하나의 상계임을 의미합니다. 하적분은 $L(P, f)$의 상한 sup $L(P, f)$이므로—— 상한은 최소상계를 의미한다는 것을 상기합니다——, 이에 따라

$$\underline{\int_a^b} f \leqq U(Q, f)$$

가 성립합니다.

이 좌변은 하나의 확정된 수이며, 이 부등식은 결국 $[a, b]$의 임의의 분할 Q에 대하여 성립합니다. 즉, 하적분은 모든 과잉합 $U(Q, f)$의 하나의 하계입니다. 그리고, 상적분은 과잉합 $U(Q, f)$의 하한—— 최대하계 ——입니다. 그러므로

$$\underline{\int_a^b} f \leqq \overline{\int_a^b} f$$

가 성립합니다.

이제, 적분가능성의 정의로 옮겨집니다. 이것은 한 마디로 설명할 수 있습니다.

구간 $[a, b]$에서 유계인 함수 f는

$$\underline{\int_a^b} f = \overline{\int_a^b} f$$

가 성립할 때 **적분가능**, 즉 **리만 적분가능**이라고 합니다. 그리고 이 때, 이 공통의 값을 f의 $[a, b]$에서의 **(정)적분**, 즉 **리만 (정)적분**이라 하고, 기호

$$\int_a^b f$$

로 나타냅니다.

[나는 리만(G. F. B Riemann, 1826~1866)의 이름을 여러분이 기억해 줄 것을 바랍니다. 리만은 19세기 전반을 대표하는 대수학자로서, 폐환으로 젊어서 타계했지만, 수학의 각 방면에서 획기적인 일을 남겼습니다. 오늘날의 수학에는 리만의 이름을 딴 중요한 개념이 많이 남아 있습니다.)

"적분가능"이라는 말을 사용하면 우리들이 앞에서 연속함수에 대하여 기술한 사실은 다음과 같이 말할 수 있

습니다.

[a, b]에서 연속인 함수는 [a, b]에서 적분가능이다.

표어적으로 나타내면

연속 ⟹ 적분가능

입니다.

우리들은 실제로 이 책에서는 적분에 관하여, 연속함수 이외의 함수는 다루지 않습니다. 참고를 위해 연속함수 이외의 적분가능한 함수의 간단한 예를 들면, 구간 [a, b]에서 단조인 함수는——연속이 아니어도——적분가능입니다. 물론 "단조"라는 것은 단조증가 또는 단조감소를 의미합니다. 또, 그 단조성은 "약한 의미의 단조성"으로서 지장은 없습니다.

19.2 부정적분의 계산

앞 절에서 배운 "미분적분학의 기본 정리"에 의하면, 어떤 구간 I에서 연속인 함수 f와 I의 두 점 a, b가 주어졌을 때, f의 1개의 부정적분 F가 발견되면 f의 a에서 b까지의 적분은

$$\int_a^b f = F(b) - F(a)$$

라 하여 계산할 수 있습니다. [좌변의 적분의 값을 구하는 것을 f를 **a에서 b까지 적분한다**고 합니다. 또, 기호

$$\int$$

는 **"인테그랄"**(integral)이라 읽습니다]

따라서 이 절에서는 이야기의 방향을 전환하여 주어진 함수의 부정적분을 구하는 문제를 생각하기로 합니다.

◆ 부정적분 기호, 적분상수

우리들은 이미 다음과 같은 것을 배웠습니다.

함수 f에 대하여 $F'=f$인 함수 F를 f의 **부정적분** 또는 **원시함수**라는 것 ; 구간 I에서, f가 부정적분을 가지면 그것은 상수의 차을 제외하고 일의적으로 정해진다는 것 ; 연속함수는 반드시 부정적분을 가진다는 것 ; 등입니다.

이후 이 장에서는 특별한 말이 없는 한, 우리는 어떤 구간에서 연속인 함수만을 생각합니다.

함수 f의 부정적분을, 일반적으로

$$\int f \quad \text{또는} \quad \int f(x)dx$$

로 나타냅니다. [물론, 후자의 기법은 f의 독립변수가 x일 때에 사용됩니다.]

기호 $\int f$는 f의 부정적분의 임의의 하나를 나타낸다고 생각해도 되며, 또 f의 부정적분을 일반적으로 나타내는 것으로도 생각할 수도 있습니다. 예를 들면,

$$\left(\frac{1}{3}x^3\right)' = x^2$$

이므로 $\frac{1}{3}x^3$의 x^2의 하나의 부정적분입니다만 C를 임의의 상수라 하면

$$\frac{1}{3}x^3 + C$$

도 x^2의 부정적분입니다. 또, x^2의 부정적분들 사이에는 상수만큼의 차이 밖에 없습니다. 이것을 통상

$$\int x^2 dx = \frac{1}{3}x^3 + C$$

와 같이 나타냅니다.

일반적으로, 어떤 구간에서 $f(x)$의 부정적분의 하나를 $F(x)$라 하면, 그 구간에서 $f(x)$의 임의의 부정적분은 $F(x)+C$로 나타납니다. 따라서

$$\int f(x)dx = F(x)+C$$

로 나타낼 수 있습니다. 이 때 C를 **적분상수**라고 합니다.

함수 f의 부정적분을 구하는 것을 f를 **적분한다**고 합니다. 또, 혼동할 염려가 없을 때에는, 부정적분도 단지

적분이라고 합니다.

◆ x^n의 부정적분

가장 기본적인 부정적분은 함수 x^n ($n=0, 1, 2, \cdots$)의 적분입니다. 거기에 관해서는 미분법의 공식

$$(x)' = 1, \quad \left(\frac{1}{2}x^2\right)' = x, \quad \left(\frac{1}{3}x^3\right)' = x^2, \quad \cdots\cdots$$

에서

$$\int dx = x + C, \quad \int x\, dx = \frac{1}{2}x^2 + C,$$

$$\int x^2 dx = \frac{1}{3}x^3 + C, \quad \cdots\cdots$$

가 얻어집니다. [주의 : $\int dx$는 $\int 1 dx$를 의미합니다.]

일반적으로, n을 (정수) $\geqq 0$이라 할 때,

$$\left(\frac{1}{n+1}x^{n+1}\right)' = x^n$$

이므로, 다음 공식이 성립합니다.

$$\boxed{\int x^n dx = \frac{1}{n+1}x^{n+1} + C \quad (n=0, 1, 2, \cdots)}$$

$\boxed{\text{문제 2}}$ x^4, x^5, x^6, x^{100}을 적분하시오.

◆ 상수배 및 합 · 차의 적분

$F(x), G(x)$를 각각 $f(x), g(x)$의 부정적분(의 하나), k를 상수라 합니다. 이 때 미분법의 공식에서

$$(kF(x))' = kF'(x) = kf(x)$$
$$\{F(x)+G(x)\}' = F'(x) + G'(x) = f(x) + g(x)$$
$$\{F(x)-G(x)\}' = F'(x) - G'(x) = f(x) - g(x)$$

을 얻습니다. 이것은 $kF(x), F(x)+G(x), F(x)-G(x)$가 각각 $kf(x), f(x)+g(x), f(x)-g(x)$의 부정적분임을 나타냅니다. 그러므로 다음 공식이 성립합니다.

$$\mathbf{1} \quad \int kf(x)\,dx = k\int f(x)\,dx \quad (k \text{ 는 상수})$$

$$2 \quad \int \{f(x)+g(x)\}dx = \int f(x)\,dx + \int g(x)\,dx$$

$$3 \quad \int \{f(x)-g(x)\}dx = \int f(x)\,dx - \int g(x)\,dx$$

⟨예⟩
$$\int (8x^3-5x+3)\,dx = 8 \cdot \frac{x^4}{4} - 5 \cdot \frac{x^2}{2} + 3x + C$$
$$= 2x^4 - \frac{5}{2}x^2 + 3x + C$$

⟨예⟩ 곡선 $y=f(x)$가 점 $(1, 0)$을 지나고, 곡선 위의 임의의 점 $(x, f(x))$에서 접선의 기울기는 $3(x^2-1)$입니다. 함수 $f(x)$를 구하시오.

풀이 점 $(x, f(x))$에서 접선의 기울기는, 미분계수 $f'(x)$입니다. 따라서, 가정에 의해 $f'(x)=3(x^2-1)$입니다. 그러므로 $f(x)$는 $3(x^2-1)$의 하나의 부정적분이며, C를 한 상수라 하면,

$$f(x) = \int 3(x^2-1)dx = x^3 - 3x + C$$

입니다. 한편, 또 하나의 가정에 의해서 $f(1)=0$이므로

$$1-3+C=0 \quad 그러므로 \quad C=2$$

을 얻습니다. 따라서 $f(x)=x^3-3x+2$입니다.

문제 3 다음 부정적분을 구하시오.

(1) $\displaystyle\int (3x^2-4x-2)\,dx$ (2) $\displaystyle\int (2x+x^3)\,dx$

(3) $\displaystyle\int (x-1)(2x-3)\,dx$ (4) $\displaystyle\int t^3(t-6)\,dt$

(5) $\displaystyle\int (2y+5)^2\,dy$ (6) $\displaystyle\int 7\,dy$

문제 4 x^2-4x의 부정적분 중에서 $x=3$일 때 -4인 것을 구하시오.

문제 5 $F'(x)=(3x-1)(1-x)$, $F(1)=3$일 때, $F(x)$를 구하시오.

문제 6 곡선 $y=f(x)$가 점 $(0, -2)$ 및 점 $(2, 0)$을 지나고, 또 곡선 위의 임의의 점 $(x, f(x))$에서 접선의 기울기

는 $x^3 - ax(a$는 상수)입니다. 상수 a의 값 및 함수 $f(x)$를 구하시오.

◆ x^α의 부정적분

앞에서 함수 $x^n(n=0, 1, 2, \cdots)$의 부정적분은

$$\int x^n dx = \frac{x^{n+1}}{n+1} + C$$

임을 설명했습니다. 이 공식은 실은, n이 임의의 실수 α인 경우에도——$\alpha = -1$일 때를 제외하면——역시 성립합니다. 실제로 $\alpha \neq -1$이면 992 페이지에서 살펴 본 미분법의 공식에 의해

$$\left(\frac{x^{\alpha+1}}{\alpha+1}\right)' = \frac{1}{\alpha+1} \cdot (\alpha+1)x^\alpha = x^\alpha$$

가 되기 때문입니다. 즉, 다음이 성립합니다. 단, α가 임의의 실수인 경우, x^α의 정의역은 일반적으로 $x>0$로 합니다.

$$\alpha \neq -1 \text{ 일 때} \qquad \int x^\alpha dx = \frac{x^{\alpha+1}}{\alpha+1} + C$$

⟨예⟩ 구간 $x>0$에서

$$\int \frac{dx}{\sqrt{x}} = \int x^{-\frac{1}{2}} dx = \frac{x^{-\frac{1}{2}+1}}{-\frac{1}{2}+1} + C = 2\sqrt{x} + C$$

⟨예⟩ n을 $n \geq 2$인 정수라 할 때,

$$\int \frac{dx}{x^n} = \int x^{-n} dx = \frac{x^{-n+1}}{-n+1} + C$$

$$= -\frac{1}{(n-1)x^{n-1}} + C$$

이를테면, $n=3$이면,

$$\int \frac{dx}{x^3} = -\frac{1}{2x^2} + C \qquad\qquad ①$$

위의 예의 등식 ①에 대하여는 좀 더 설명해 둘 필요가 있습니다.

함수 $\dfrac{1}{x^3}$은 구간 $x>0$만이 아니고, 구간 $x<0$에서도

정의됩니다. 즉, $x \neq 0$에 대하여 정의된다고 하면 위의 등식 ①은 무엇을 의미하는 것일까요? $x \neq 0$에 대하여 정의된 $F'(x) = \dfrac{1}{x^3}$인 함수 $F(x)$의 일반형이

$$F(x) = -\frac{1}{2x^2} + C$$

로 주어진다는 것을 의미하는 것일까요? 그러나 정확히 말하면, 이 결론은 옳지 않습니다. 왜냐하면, $F'(x) = \dfrac{1}{x^3}$ 되는 함수 $F(x)$는 구간 $(0, \infty)$에서는 어떤 상수 C_1에 의해

$$F(x) = -\frac{1}{2x^2} + C_1$$

으로 나타나고, 구간 $(-\infty, 0)$에서도 어떤 상수 C_2에 의해

$$F(x) = -\frac{1}{2x^2} + C_2$$

로 나타나지만, C_1과 C_2가 같은 상수일 필요는 없기 때문입니다. 즉, $x \neq 0$에 대하여 정의되고, 도함수가 $\dfrac{1}{x^3}$인 함수 $F(x)$의 일반형은

$$F(x) = \begin{cases} -\dfrac{1}{2x^2} + C_1, & x > 0 \text{일 때} \\ -\dfrac{1}{2x^2} + C_2, & x < 0 \text{일 때} \end{cases}$$

단, C_1, C_2는 임의의 상수

입니다. 이것이 옳바른 답입니다. 이 의미에서 등식 ①의 우변은 완전히 옳바른 답을 표현하고 있다고 말할 수는 없습니다. 이 등식은 구간 $(0, \infty)$ 또는 $(-\infty, 0)$의 어느 한 쪽에서 생각했을 때에만 옳바릅니다.

위에서 얻은 교훈은 중요합니다. 우리들은 종종 안이하게——기계적으로—— $f(x)$의 부정적분을

$$\int f(x)dx = F(x) + C$$

로 나타내는데, 이 표현은 본래 한 구간에서 생각했을 때에만 허용된다는 것입니다. 이것을 강조해 둡니다.

[그럼에도, 우리들은 역시 관습적으로 자주 함수 $\dfrac{1}{x^3}$의 부정적분을 앞의 등식 ①과 같이 나타냅니다. 이 때에는 실은, 함수 $\dfrac{1}{x^3}$을 구간 $(0, \infty)$, $(-\infty, 0)$의 어느 한쪽에

서만 생각하고 있든가 또는, 양쪽 구간에서 적분상수가 각각 독립된 값을 취한다는 것을 전제로 생각하고 있는 것입니다.]

문제 7 다음 함수의 부정적분을 구하시오.

(1) $\dfrac{1}{x^2}$　　(2) $-x^{-6}$　　(3) $3\sqrt{x}$

(4) $-\dfrac{\sqrt[3]{x}}{3}$　　(5) $\dfrac{1}{x\sqrt{x}}$　　(6) $6x^{-\frac{1}{4}}$

위에서는 $\alpha \neq -1$로 하여 함수 x^α의 부정적분을 생각했는데, $\alpha = -1$일 때의 x^α, 즉 함수 $\dfrac{1}{x}$의 부정적분은 어떻게 될까요?

이 답도 간단합니다. 왜냐하면 우리들은 이미 로그함수 $\log x$에 관하여

$$(\log x)' = \frac{1}{x}$$

임을 알고 있기 때문입니다. 따라서

$$\int \frac{dx}{x} = \log x + C \qquad ②$$

입니다. 단, 이 공식은 구간 $(0, \infty)$에서 성립하는 공식입니다.

[주의 : 앞에서 밝혀 놓아야 했지만, 일반적으로

$$\int \frac{1}{f(x)}\,dx \text{ 를 } \int \frac{dx}{f(x)}$$

로도 나타냅니다.]

구간 $(-\infty, 0)$에서는 어떻게 될까요? $x < 0$일 때 함수 $\log(-x)$를 미분하면, $u = -x$로 놓고 합성함수의 미분법에 의해

$$(\log(-x))' = \frac{d}{du}\log u \cdot \frac{du}{dx} = \frac{1}{u}\cdot(-1) = \frac{1}{x}$$

이 됩니다. 그러므로 구간 $(-\infty, 0)$에서는 $\log(-x)$가 $\dfrac{1}{x}$의 하나의 부정적분이 됩니다. 그러므로 이 구간에서는 공식

$$\int \frac{dx}{x} = \log(-x) + C \qquad\qquad ③$$

가 성립합니다.

우리들은 보통, $x>0$일 때의 공식 ②와 $x<0$일 때의 공식 ③을 합쳐서

$$\int \frac{dx}{x} = \log|x| + C$$

와 같이 나타냅니다. 그러나 위에서 주의한 바와 같이 이 표현 방법은 완전히 옳바른 표현법——또는 좋은 표현법——은 아닙니다. 왜냐하면, ②에서의 C와 ③에서의 C는 서로 달라도 무방하기 때문입니다. 하지만 나는 이러한 식을 다룰 때에는 주의 깊게 하지 않으면 안 된다는 인식을 여러분이 지니고 있을 것이라고 가정하고 이것을 공식으로 써 둡니다.

$$\int \frac{dx}{x} = \log|x| + C$$

문제 8 다음 부정적분을 구하시오.

(1) $\displaystyle\int \frac{(\sqrt{x}-1)^2}{x}\, dx$ 　　　　(2) $\displaystyle\int \frac{(x+1)^2}{x^2}\, dx$

(3) $\displaystyle\int \frac{1-2x+3x^2-4x^3}{x^2}\, dx$ 　　(4) $\displaystyle\int \frac{(\sqrt{x}+1)^3}{x}\, dx$

◆ **삼각함수, 지수함수의 적분**

삼각함수 및 지수함수에 관해서는, 도함수의 공식

$$(\sin x)' = \cos x$$
$$(\cos x)' = -\sin x$$
$$(e^x)' = e^x$$

에서, 부정적분에 관한 다음 공식을 얻습니다.

$$\int \sin x\, dx = -\cos x + C$$
$$\int \cos x\, dx = \sin x + C$$
$$\int e^x dx = e^x + C$$

실제로, 여러분은 이들 공식을 기억해 두면 그것으로 충분합니다. 또 필요에 따라 여러분은 다음과 같은 식도 공식으로 이용할 수 있습니다 :

$$\int \frac{dx}{\cos^2 x} = \tan x + C$$

$$\int \frac{dx}{\sin^2 x} = -\cot x + C$$

이들 식은, 983페이지에서 살펴 본 $\tan x$, $\cot x = \dfrac{1}{\tan x}$ 의 도함수의 공식으로부터 유도할 수 있습니다.

문제 9 다음 함수의 부정적분을 구하시오.

(1) $3 \sin x - 4 \cos x$ (2) $(\tan x + 2) \cos x$

(3) $\dfrac{1 - \cos^3 x}{\cos^2 x}$ (4) $4e^x + 5$

문제 10 $(a^x)' = a^x \log a$임을 사용하여

$$\int a^x dx$$

를 구하시오. 단, $a > 0$, $a \neq 1$라 합니다.

◆ 치환적분법

우리들은 위에서 "부정적분의 기본 공식"을 살펴 본 바 있습니다. 소위, 다항함수의 범위에서만 미적분을 일찌감치 끝내고 싶다는 쪽이라면, 우리들은 이미 그 범위를 지나쳐 가고 있는지도 모릅니다. 하지만 한 걸음 더 앞으로 나아가는 일에 이의를 제기하지 않는다면, 더군다나 흥미를 가지고 있다면 차라리 나는 그러한 사람과 함께 적분 계산에 관하여 조금 더──그렇다 해도 그렇게 깊게 들어갈 생각은 없습니다──나아가 보기로 합니다.

적분 계산에는 자주 이용되는 몇 개의 표준적인 테크닉이 있습니다. 이제 이들에 관하여 기본적인 사항을 약간 설명할 작정입니다. 이러한 기본적인 사항의 지식을 가지고 최소한의 연습을 해 놓는 것은 역시 여러분에게

필요하며, 또 유익합니다.

먼저, 치환적분에 관하여 설명합니다.

치환적분법이란, 함수 $f(x)$를 적분하는 데, $x = g(t)$로 놓고 x에 관한 적분을 새로운 변수 t에 관한 적분으로 변형하여 계산하는 방법입니다. 이것은 합성함수의 미분법에 대응합니다.

지금, $F(x)$를 $f(x)$의 한 부정적분, 즉

$$F(x) = \int f(x)dx \qquad ①$$

라 합니다. 이 때, $x = g(t)$라 놓으면, $F(x) = F(g(t))$는 t의 함수가 됩니다. 이 함수 $F(g(t))$를 t에 관하여 미분하면 합성함수의 미분법에 의해서

$$\frac{d}{dt}F(g(t)) = \frac{d}{dx}F(x) \cdot \frac{dx}{dt}$$
$$= f(x)g'(t) = f(g(t))g'(t).$$

따라서 $F(g(t))$는 $f(g(t))\,g'(t)$의 부정적분, 즉

$$F(g(t)) = \int f(g(t))g'(t)\,dt \qquad ②$$

입니다. 그러므로 ①, ②로부터 다음 공식 [A]를 얻습니다.

$$\boxed{\;\begin{array}{l} [\mathbf{A}] \qquad \int \boldsymbol{f(x)\,dx} = \int \boldsymbol{f(g(t))\,g'(t)\,dt} \\[2mm] \qquad\qquad\qquad\qquad \boldsymbol{단,} \quad \boldsymbol{x = g(t)} \end{array}\;}$$

이것이 "치환적분법의 공식"입니다. 이 공식에서 좌변의 $\int f(x)dx$의 $f(x), dx$ 부분이 각각

$$f(g(t)), \quad g'(t)dt = \frac{dx}{dt}dt$$

로 바뀌어집니다. 특히, dx는 "형식적으로"

$$dx = \frac{dx}{dt}dt$$

로 바뀌어집니다! 이를테면, $x = 4t^2 - 1$이라 하면

$$\frac{dx}{dt} = 8t$$

이므로

$$dx = 8t\,dt$$

입니다.

dx나 dt는──본서의 기술의 범위에서는──단독으로는 의미가 없는 기호이지만, 치환적분법의 계산에서는 이러한 형식적인 등식을 자유롭게 쓸 수 있습니다.

응용상 자주, 위의 공식 [**A**]에서 문자 x와 t를 서로 바꾼 식이 더 편리합니다. 그것을 공식 [**B**]로 하여 다음에 들어 둡니다.

$$[\mathbf{B}] \qquad \int f(g(x))\,g'(x)\,dx = \int f(t)\,dt$$
$$\text{단, } g(x) = t$$

다음에 몇 개의 예를 들었습니다. [여기서부터 이후는 필요가 없는 한 적분상수 "$+C$"는 생략합니다.]

예 부정적분 $\int (2x-3)^4\,dx$를 구하시오.

풀이 $2x-3=t$, 즉 $x = \dfrac{t+3}{2}$ 이라 놓으면

$$\frac{dx}{dt} = \frac{1}{2}, \quad dx = \frac{1}{2}\,dt$$

따라서 공식 [**A**]에 의해

$$\int (2x-3)^4\,dx = \int t^4 \cdot \frac{1}{2}\,dt = \frac{1}{10}\,t^5$$

이 결과를 본래의 변수 x로 나타내면,

$$\int (2x-3)^4\,dx = \frac{1}{10}\,(2x-3)^5$$

이 됩니다.

예 일반적으로 $\int f(x)dx = F(x)$ 일 때,

$$\int f(ax+b)dx = \frac{1}{a}F(ax+b)$$

임을 $ax+b=t$로 놓고 증명하시오. 단, a, b는 상수이고 $a \neq 0$으로 합니다.

증명 $ax+b=t$라 놓으면 $x = \dfrac{t-b}{a}$ 이고

$$\int f(ax+b)\,dx = \int f(t) \cdot \frac{dx}{dt}\,dt$$

$$= \int f(t) \cdot \frac{1}{a}\, dt$$

$$= \frac{1}{a} F(t) = \frac{1}{a} F(ax+b)$$

문제 11 다음 함수의 부정적분을 구하시오.

(1) $(x+2)^{10}$ (2) $(1-5x)^3$

(3) $\dfrac{6}{(1-2x)^4}$ (4) $\dfrac{1}{2x-3}$

(5) $\sqrt{4-x}$ (6) $\dfrac{1}{\sqrt{2x+3}}$

(7) $(ax+b)^n$, $n \neq -1$ 이고 $a \neq 0$

(8) $\sin 5x$ (9) $\cos\left(\dfrac{\pi}{3} - \dfrac{x}{2}\right)$

(10) $\sin(ax+b)$, $a \neq 0$

(11) $\cos(ax+b)$, $a \neq 0$

(12) e^{-4x} (13) e^{ax+b}, $a \neq 0$

예 부정적분 $\int x\sqrt{x^2+2}\, dx$ 를 구하시오.

풀이 이번에는 공식 [B]를 이용합니다.

$x^2+2 = t$ 라 놓으면 $\dfrac{dt}{dx} = 2x$. 그러므로

$$2x\, dx = dt$$

따라서

$$\int x\sqrt{x^2+2}\, dx = \frac{1}{2} \int \sqrt{x^2+2} \cdot 2x\, dx$$

$$= \frac{1}{2} \int \sqrt{t}\, dt$$

가 됩니다. 이것을 계산하면

$$\int x\sqrt{x^2+2}\, dx = \frac{1}{3} t^{\frac{3}{2}} = \frac{1}{3}(x^2+2)^{\frac{3}{2}}$$

예 부정적분 $\int \cos^4 x \sin x\, dx$ 를 구하시오.

풀이 $\cos x = t$ 라 놓으면 $\dfrac{dt}{dx} = -\sin x$, 그러므로

$$-\sin x\, dx = dt$$

그러므로

$$\int \cos^4 x \sin x \, dx = \int t^4 (-dt)$$

$$= -\frac{1}{5} t^5 = -\frac{1}{5} \cos^5 x$$

㉠ 부정적분 $\int \dfrac{x^3}{1+x^4} dx$ 를 구하시오.

풀이 $1+x^4 = t$ 라 놓으면 $4x^3 \, dx = dt$. 그러므로

$$\int \frac{x^3}{1+x^4} dx = \frac{1}{4} \int \frac{dt}{t}$$

$$= \frac{1}{4} \log t = \frac{1}{4} \log (1+x^4)$$

[주의] 이 최후의 예와 마찬가지로, 일반적으로

$$\int \frac{g'(x)}{g(x)} dx = \log |g(x)|$$

가 성립합니다.

문제 12 다음 함수의 부정적분을 구하시오.

(1) $x(1+x^2)^3$ (2) $x^2(1+x^3)^4$

(3) $\sin x \cos x$ (4) $\sin^2 x \cos x$

(5) $\sin^5 x \cos x$ (6) $\sin x \cos^3 x$

(7) xe^{x^2} (8) $\dfrac{\log x}{x}$

(9) $\dfrac{2x+1}{x^2+x+1}$ (10) $\dfrac{x^3}{1-x^4}$

(11) $\tan x$ (12) $\dfrac{e^x}{1+e^x}$

문제 13 다음 적분을 [ ]안에 보인 치환에 의해서 구하시오.

(1) $\int x\sqrt{3-x} \, dx$ [$3-x=t$ 로 놓는다.]

(2) (1)과 같은 적분   [$\sqrt{3-x}=t$ 로 놓는다.]

(3) $\int \dfrac{(\log x)^2}{x} dx$ [$\log x=t$ 로 놓는다.]

(4) $\int \dfrac{x}{\sqrt{x^2+1}} dx$ [$x^2+1=t$ 로 놓는다.]

(5) $\int \dfrac{x}{(x^2+1)^n} dx$, n 은 $n \geq 2$ 인 자연수
    [$x^2+1=t$ 로 놓는다.]

◆ 부분적분법

$f(x)$, $g(x)$를 두 개의 함수라 합니다. 그 곱 $f(x)\,g(x)$를 미분하면

$$\{f(x)g(x)\}' = f'(x)g(x) + f(x)g'(x)$$

입니다. 이것은 $f(x)g(x)$가 우변의 두 개의 합의 부정적분임을 나타냅니다.

따라서, 함수의 합의 적분에 관한 법칙에서, 등식

$$f(x)g(x) = \int f'(x)g(x)dx + \int f(x)g'(x)dx$$

을 얻습니다.

이로부터 다음 공식이 얻어집니다.

$$\boxed{\int f(x)g'(x)\,dx = f(x)g(x) - \int f'(x)g(x)\,dx}$$

이것을 **부분적분법의 공식**이라 합니다.

㉐ $\int x\,e^{2x}\,dx$를 구하시오.

풀이 $f(x) = x$, $g'(x) = e^{2x}$으로 하여 부분적분법을 사용합니다. 이 때,

$$f'(x) = 1, \qquad g(x) = \frac{1}{2}e^{2x}.$$

그러므로

$$\int xe^{2x}dx = x \cdot \frac{1}{2}e^{2x} - \int 1 \cdot \frac{1}{2}e^{2x}dx$$

$$= \frac{1}{2}xe^{2x} - \frac{1}{4}e^{2x}$$

㉐ $\int \log x\,dx$를 구하시오.

풀이 $\log x = (\log x) \cdot 1$로 생각하여 $f(x) = \log x$, $g'(x) = 1$로 놓습니다. 이 때,

$$f'(x) = \frac{1}{x}, \qquad g(x) = x.$$

따라서
$$\int \log x\,dx = x\log x - \int \frac{1}{x} \cdot x\,dx$$

$$= x\log x - \int 1\,dx$$

$$= x\log x - x$$

(예) $\int e^x \sin x \, dx$ 를 구하시오.

풀이 구하는 적분을 I 라 합니다.

$f(x) = e^x$, $g'(x) = \sin x$ 라 하고 부분적분법을 적용하면 $f'(x) = e^x$, $g(x) = -\cos x$ 에서

$$I = e^x(-\cos x) - \int e^x(-\cos x)\, dx$$
$$= -e^x \cos x + \int e^x \cos x \, dx$$

이 우변에 있는 적분은 I 와 같은 적분입니다. 이것은 더 이상 풀 수 없을까요? 하지만, 제2의 적분에 다시 한 번 부분적분을 적용해 봅시다. 즉, 제2의 적분에서

$$u(x) = e^x, \quad v'(x) = \cos x$$

라 놓으면 $u'(x) = e^x, v(x) = \sin x$ 이므로

$$\int e^x \cos x \, dx = e^x \sin x - \int e^x \sin x \, dx.$$

여기서 다시 적분 I 가 나타났습니다! 더구나 마이너스 부호가 붙어 있습니다! 그러므로

$$I = -e^x \cos x + e^x \sin x - I$$

입니다. 여기서 우변의 $-I$ 를 좌변으로 이항하고 양변을 2로 나누면

$$I = \frac{1}{2}(e^x \sin x - e^x \cos x)$$

가 얻어집니다.

문제 14 부분적분법을 써서 다음 함수를 적분하시오.

(1) $x \sin x$ (2) $x \cos x$

(3) $x e^x$ (4) $x e^{-x}$

(5) $x e^{-2x}$ (6) $x \log x$

(7) $x^2 \log x$ (8) $(\log x)^2$

(9) $x^2 \sin x$ (10) $x^2 e^x$

(11) $e^{-x} \sin x$ (12) $e^{2x} \cos x$

문제 15 $n = 0, 1, 2, 3, \cdots$ 이라 하고,

$$I_n = \int (\log x)^n \, dx$$

라 놓습니다. 부분적분법을 써서, $n \geqq 1$ 일 때

$$I_n = x(\log x)^n - nI_{n-1}$$

이 성립함을 증명하시오.

◆ 삼각함수의 적분

사인이나 코사인을 포함하는 함수의 적분에서는 자주 2배각의 공식이 유효하게 쓰입니다. 상기하기 위해 2배각의 공식을 다시 한 번 써 보겠습니다.

2배각의 공식

$$\sin 2x = 2 \sin x \cos x$$
$$\cos 2x = \cos^2 x - \sin^2 x$$
$$= 2\cos^2 x - 1 = 1 - 2\sin^2 x$$

특히, 코사인의 2배각 공식에서 유도되는 공식은 기억해 둘 만합니다.

$$\sin^2 x = \frac{1 - \cos 2x}{2}, \qquad \cos^2 x = \frac{1 + \cos 2x}{2}$$

계산 연습을 위해 다음 예를 풀어 보시오.

㉘ $\int \sin x \cos x\, dx$ 를 구하시오.

[풀이] **1** 사인의 2배각 공식에서

$$\int \sin x \cos x\, dx - \frac{1}{2}\int \sin 2x\, dx$$
$$= -\frac{1}{4}\cos 2x$$

[풀이] **2** $\sin x = t$ 라 놓으면 $\cos x\, dx = dt$ 이고,

$$\int \sin x \cos x\, dx = \int t\, dt = \frac{t^2}{2}$$
$$= \frac{1}{2}\sin^2 x$$

[주의 : 위의 두 풀이의 답은 외견상——그리고 실제에도——다른데, 적분상수가 생략되어 있기 때문입니다. 물론 두 풀이는 실질적으로 같습니다. 양자의 차는 상수 $\frac{1}{4}$ 입니다.]

㉘ $\sin^2 x$ 를 적분하시오.

[풀이] 공식 $\sin^2 x = \dfrac{1 - \cos 2x}{2}$ 에 의해서

$$\int \sin^2 x \, dx = \int \frac{1}{2} \, dx - \frac{1}{2} \int \cos 2x \, dx$$
$$= \frac{1}{2} x - \frac{1}{4} \sin 2x$$

예 $\sin^3 x$를 적분하시오.

풀이 1 $\sin^3 x = \sin x \cdot \sin^2 x = \sin x (1 - \cos^2 x)$
$$= \sin x - \sin x \cos^2 x$$

로 변형하면,

$$\int \sin^3 x \, dx = \int \sin x \, dx - \int \sin x \cos^2 x \, dx$$

우변의 둘째항의 적분은, 치환적분

$$\cos x = t, \quad -\sin x \, dx = dt$$

에 의해서 구해집니다. 결과는,

$$\int \sin^3 x \, dx = -\cos x + \frac{1}{3} \cos^3 x$$

풀이 2 $\sin^3 x$의 적분을

$$\int \sin^3 x \, dx = \int \sin^2 x \cdot \sin x \, dx$$

라 하여 $f(x) = \sin^2 x$, $g'(x) = \sin x$로 놓고 부분적분법을 사용합니다. 그러면

$$\int \sin^3 x \, dx = \sin^2 x \cdot (-\cos x)$$
$$- \int 2 \sin x \cos x \cdot (-\cos x) \, dx$$
$$= -\sin^2 x \cos x + 2 \int \sin x \cos^2 x \, dx$$

위의 최종변의 둘째항의 적분이 치환적분법에 의해서 구해진다는 것은 위에서도 설명한 대로입니다. 그러므로

$$\int \sin^3 x \, dx = -\sin^2 x \cos x - \frac{2}{3} \cos^3 x$$

일반적으로, n을 양의 정수라 할 때, 함수 $\sin^n x \cos x$를 적분하는 것은 간단합니다. 실제로

$$\sin x = t, \qquad \cos x \, dx = dt$$

로 치환하면 되기 때문입니다. 이 때, 이 적분은 t^n의 적분이되므로

$$\int \sin^n x \cos x \, dx = \frac{\sin^{n+1} x}{n+1}$$

가 됩니다. $\cos^n x \sin x$의 적분도 마찬가지입니다.

그러나, ("cos x"라는 인수를 동반하지 않는, 단순한) $\sin^n x$ 의 적분은——위의 예에서 $\sin^2 x$, $\sin^3 x$ 의 적분을 구했지만——쉽지는 않습니다.

실제로, 이 적분은 점화식에 의해서 구할 수 있습니다. 다음 문제에서 $\sin^n x$ 의 적분에 관한 점화식을 구하는 문제를 풀어 보시오.

$\boxed{\text{문제 16}}$ 음이 아닌 정수 n에 대하여

$$I_n = \int \sin^n x \, dx$$

라 놓습니다. $n \geqq 2$일 때

$$I_n = \int \sin^{n-1} x \cdot \sin x \, dx$$

라 하고, $f(x) = \sin^{n-1} x$, $g'(x) = \sin x$ 로 하여 부분적분법을 사용합니다. 그러면

$$I_n = -\sin^{n-1} x \cos x + (n-1) \int \sin^{n-2} x \cos^2 x \, dx$$

를 얻습니다. 이 우변의 적분에서 $\cos^2 x$ 를 $1 - \sin^2 x$ 로 바꾸어서, 점화식

$$I_n = -\frac{1}{n} \sin^{n-1} x \cos x + \frac{n-1}{n} I_{n-2}$$

을 유도하시오.

다음에 또 하나, 특수한 꼴의 적분의 예를 들어 둡니다. 여기에서는 삼각함수의 곱을 합 또는 차로 바꾸는 공식이 적용됩니다.

곱을 합 또는 차로 고치는 공식

$$\sin \alpha \cos \beta = \frac{1}{2}\{\sin(\alpha+\beta) + \sin(\alpha-\beta)\}$$

$$\cos \alpha \cos \beta = \frac{1}{2}\{\cos(\alpha+\beta) + \cos(\alpha-\beta)\}$$

$$\sin \alpha \sin \beta = -\frac{1}{2}\{\cos(\alpha+\beta) - \cos(\alpha-\beta)\}$$

㈎ 적분 $\int \sin 3x \cos 2x \, dx$ 를 구하시오.

$\boxed{\text{풀이}}$ 공식에 의해

$$\sin 3x \cos 2x = \frac{1}{2}(\sin 5x + \sin x)$$

그러므로

$$\int \sin 3x \cos 2x\, dx = \frac{1}{2}\left(\int \sin 5x\, dx + \int \sin x\, dx\right)$$

$$= -\frac{1}{10}\cos 5x - \frac{1}{2}\cos x$$

문제 17 다음 적분을 구하시오.

(1) $\displaystyle\int \sin 4x \sin 3x\, dx$ (2) $\displaystyle\int \cos x \cos 5x\, dx$

◆ **분수함수의 적분**

문자 x의 분수식(유리식)으로 나타나는 함수를 x의 **분수함수** 또는 **유리함수**라 하는 것은 알고 있습니다. 이 항에서는 분수함수의 적분을 생각합니다.

분수함수의 적분에는 기본적으로 두 개의 프로세스를 들 수 있습니다.

첫째 프로세스는 주어진 함수를 진분수식의 적분으로 귀착시키는 것입니다.

일반적으로, 분수식 $\dfrac{f(x)}{g(x)}$ ($f(x), g(x)$는 다항식)에서 분자 $f(x)$의 차수가 분모 $g(x)$의 차수보다도 높은 경우에는 $f(x)$를 $g(x)$로 나눈 몫을 $q(x)$, 나머지를 $r(x)$라 하면

$$f(x) = g(x)q(x) + r(x)$$

그러므로

$$\frac{f(x)}{g(x)} = q(x) + \frac{r(x)}{g(x)}$$

가 됩니다. $q(x)$는 다항식이므로 그 적분은 쉽습니다. 따라서

$$\int \frac{f(x)}{g(x)}\, dx$$

를 구하는 것은

$$\int \frac{r(x)}{g(x)}\, dx$$

를 구하는 것에 귀착됩니다. 이 적분에서 분수식은, 분자의 차수가 분모의 차수보다 작은 분수식, 이른바 **진분수식**입니다. 그러므로 분수식의 적분은 진분수식의 적분으로 귀착됩니다.

예 $\int \dfrac{x^2-x+2}{x+1}\,dx$ 를 구하시오.

풀이 x^2-x+2 를 $x+1$ 로 나누면
$$x^2-x+2=(x+1)(x-2)+4$$
입니다. 따라서,
$$\frac{x^2-x+2}{x+1}=x-2+\frac{4}{x+1}$$
그러므로
$$\int \frac{x^2-x+2}{x+1}\,dx=\int(x-2)dx+\int\frac{4dx}{x+1}$$
$$=\frac{1}{2}x^2-2x+4\log|x+1|$$

둘째 프로세스(이것이 중요한 프로세스입니다.)는 진분수식을 적분하기 위한 것으로서, 주어진 진분수식을 간단한 분수식의 합으로 고치는 것입니다. 이것을 **부분분수로 분해한다**고 합니다. 부분분수 분해의 일반론은 복잡하므로 여기에서는 논하지 않겠습니다. (뒤의 [보충]을 참고하시오.) 여기에서는 간단한 예를 듭니다. 여러분은 이들 예에 따라, 실제 그다지 부자유하지 않은 정도로 부분분수 분해의 요령을 알 수 있습니다.

예 $\dfrac{x-7}{(x+3)(x-2)}$ 은 a, b 를 상수라 할 때,
$$\frac{x-7}{(x+3)(x-2)}=\frac{a}{x+3}+\frac{b}{x-2} \qquad ①$$
로 부분분수 분해됩니다. 상수 a, b 의 값을 구하여, 적분
$$\int \frac{x-7}{(x+3)(x-2)}\,dx$$
을 구하시오.

풀이 등식 ①의 분모를 없애면

$$x-7 = a(x-2) + b(x+3)$$
$$= (a+b)x - (2a-3b)$$

그러므로 $a+b=1$, $2a-3b=7$. 이것을 풀면

$$a=2, \quad b=-1$$

따라서

$$\int \frac{x-7}{(x+3)(x-2)} dx = \int \frac{2dx}{x+3} - \int \frac{dx}{x-2}$$
$$= 2\log|x+3| - \log|x-2|.$$

이 답은──물론 이것으로 족합니다만──정리하면

$$\log \frac{(x+3)^2}{|x-2|}$$

과 같이 나타낼 수 있습니다.

예 $\int \frac{4}{x(x+2)^2} dx$ 를 구하시오.

풀이 이 함수는

$$\frac{4}{x(x+2)^2} = \frac{a}{x} + \frac{b}{x+2} + \frac{c}{(x+2)^2}$$

로 부분분수 분해됩니다. 단, a, b, c는 상수입니다. 이들 값을 구하는 것은 간단합니다. 앞의 예와 같이 등식의 분모를 없애면

$$4 = a(x+2)^2 + bx(x+2) + cx$$
$$= (a+b)x^2 + (4a+2b+c)x + 4a$$

따라서 $a+b=0$, $4a+2b+c=0$, $4a=4$. 그러므로

$$a=1, \quad b=-1, \quad c=-2$$

따라서 구하는 적분은

$$\int \frac{dx}{x} - \int \frac{dx}{x+2} - \int \frac{2}{(x+2)^2} dx$$
$$= \log|x| - \log|x+2| + \frac{2}{x+2}$$

가 됩니다.

다음 예로 나아가기 전에, 여기서 997페이지에서 설명한 arctan의 미분을 상기하도록 합니다. 그것은

$$(\arctan x)' = \frac{1}{x^2+1}$$

입니다. 이에 따라 부정적분에 관한 다음 공식을 얻습니다.

$$\int \frac{dx}{x^2+1} = \arctan x$$

응용상의 편의를 위해, 이 공식을 다음의 꼴로 일반화 시켜 놓습니다. 즉

$$a \neq 0 \text{ 일 때}\qquad \int \frac{dx}{x^2+a^2} = \frac{1}{a}\arctan \frac{x}{a}$$

입니다. 이 공식은 앞의 공식에서 치환 $x/a=t$에 의해서 쉽게 얻을 수 있습니다. 실제, $x/a=t$라 놓으면

$$\int \frac{dx}{x^2+a^2} = \int \frac{a}{a^2(t^2+1)}\, dt = \frac{1}{a}\arctan t$$

가 됩니다.

⒠ $\int \dfrac{4x+1}{(x-1)(x^2+4)}\, dx$를 구하시오.

[풀이] 이 분수식은 $a,\, b,\, c$를 상수라 하면

$$\frac{4x+1}{(x-1)(x^2+4)} = \frac{a}{x-1} + \frac{bx+c}{x^2+4}$$

의 꼴로 부분분수 분해됩니다. 상수 $a,\, b,\, c$의 결정 방법은 지금까지와 같습니다. 즉, 분모를 없앤 등식을 만들고, 양변의 같은 차수의 항의 계수를 비교하여, 거기에서 얻은 $a,\, b,\, c$에 관한 연립방정식을 풀면 됩니다. 결과는 $a=1,\ b=-1,\ c=3$입니다. 즉,

$$\frac{4x+1}{(x-1)(x^2+4)} = \frac{1}{x-1} - \frac{x-3}{x^2+4}.$$

따라서, 구하는 적분은

$$\int \frac{dx}{x-1} - \int \frac{x}{x^2+4}\, dx + \int \frac{3}{x^2+4}\, dx$$

입니다. 이 첫째 항의 적분은 $\log|x-1|$입니다.

둘째 항의 적분은 $(x^2+4)' = 2x$인 것에 주의하면

$$\frac{1}{2}\log(x^2+4)$$

임을 알 수 있습니다.

셋째 항의 적분은 예의 앞에서 든 공식에 의해서

$$\frac{3}{2} \arctan \frac{x}{2}$$

가 됩니다.

그러므로 구하는 답은

$$\log|x-1| - \frac{1}{2}\log(x^2+4) + \frac{3}{2}\arctan\frac{x}{2}$$

입니다.

이상의 몇 가지 예에서, 나는 상수 a, b, c를 제거하고 부분분수 분해의 식을 "강압적으로" 기술했습니다. 진실을 말합니다면, 왜 그와 같은 꼴로 부분분수 분해되는가라는 설명도 필요합니다. 그러나 그 설명은 생략하기로 합니다. 나는 차라리 여기에서는 여러분이 이와 같은 부분분수 분해의 "꼴"을, 일종의 직감력의 작용에 따르는 것으로 하고, 자연스럽게 받아들일 것을 희망합니다.

문제 18 다음 적분을 구하시오.

(1) $\displaystyle\int \frac{2x^2}{x-1}\,dx$ ⠀⠀⠀⠀ (2) $\displaystyle\int \frac{x^3-x+2}{x+2}\,dx$

(3) $\displaystyle\int \frac{x-3}{(x-1)(x-2)}\,dx$ ⠀⠀ (4) $\displaystyle\int \frac{dx}{x^2-4}$

(5) $\displaystyle\int \frac{x^3}{x^2+x-2}\,dx$ ⠀⠀ (6) $\displaystyle\int \frac{2x+1}{x(x-1)^2}\,dx$

(7) $\displaystyle\int \frac{dx}{x^2+x+1}$ ⠀⠀ $\left[x^2+x+1 = \left(x+\frac{1}{2}\right)^2 + \left(\frac{\sqrt{3}}{2}\right)^2 \right.$

입니다. 여기서 $x+\frac{1}{2}=t$로 놓습니다.

(8) $\displaystyle\int \frac{x}{x^2+x+1}\,dx$ ⠀⠀ [치환은 (7)과 마찬가지임]

(9) $\displaystyle\int \frac{x}{(x+1)^3}\,dx$ ⠀⠀ (10) $\displaystyle\int \frac{dx}{x(x^2+1)^2}$

문제 19 부분적분법, 치환적분법 및 분수함수의 적분법을 써서 다음 적분을 구하시오.

(1) $\displaystyle\int \frac{\log(1+x)}{x^2}\,dx$ ⠀⠀ [부분적분]

(2) $\displaystyle\int x \log (x^2+1)\,dx$ [부분적분]

(3) $\displaystyle\int \frac{dx}{e^x+1}$ [$e^x=t$ 로 놓는다.]

(4) $\displaystyle\int \frac{dx}{e^x-e^{-x}}$ [$e^x=t$ 로 놓는다.]

(5) $\displaystyle\int \frac{\sqrt{1+x}}{x}\,dx$ [$\sqrt{1+x}=t$ 로 놓는다.]

(6) $\displaystyle\int \frac{1-\sqrt{x}}{1+\sqrt{x}}\,dx$ [$\sqrt{x}=t$ 로 놓는다.]

[보충] 분수함수의 부정적분은 어떤 형태의 함수로 이루어집니까?

전항의 화제를 계속하는데, 어떤 의미에서 완결시키기 위해 이 보충을 써 둡니다. 단, 여기에서는 이야기의 큰 줄기를 설명할 뿐이고 이야기의 기초가 되는 정리의 증명 등은 생략합니다. 그것은 대단히 어렵기 때문입니다.

이미 말한 바와 같이, 일반적으로 x의 분수식은

"x의 다항식" $+$ "x의 진분수식"

의 꼴로 나타납니다. 다항식 부분의 적분은 물론 다항식이 됩니다. 진분수식의 부분을 적분하려면, 그것을 부분분수로 분해해야 하는데, 이 때, 어떤 부분분수로 분해될까? 그것이 문제입니다. 다음에 이에 관한 정리를 들어 둡니다.

먼저, 실수를 계수로 하는 다항식——현재 다루고 있는 다항식은 물론 "실수를 계수로 하는 것"입니다.—— 을 실수의 범위에서 인수분해하면 어떻게 인수분해 될까요? ——이것에 관해서는 다음 정리가 성립합니다.

　　실수를 계수로 하는 임의의 다항식 $g(x)$는 실수의 범위에서

$$(x-\alpha)^m, \quad [(x-\beta)^2+\gamma^2]^n$$

꼴의 몇 개의 인수의 곱으로 나타난다. 단 $\gamma \neq 0$이고, m, n은 양의 정수이다.

이 정리의 증명은 생략합니다. 단, 이 정리는 "대수학

의 기본 정리” (144~146 페이지 참조)에서 유도된다는
것을 주의해 둡니다. 이 정리에 의하면, 실수 계수의 임의
의 다항식 $g(x)$의 (실수의 범위에서) 기약인수는 모두
일차식 $x-\alpha$이든가 또는 이차식

$$(x-\beta)^2+\gamma^2, \quad 단, \gamma \neq 0$$

입니다. [주의 : 이 형태의 이차식은 실수의 범위에서는
인수분해되지 않습니다. 이것은 판별식이 음인 이차식이
라도 마찬가지입니다.]

　진분수식의 부분분수 분해에 관한 다음 정리가 성립합
니다.

　　$f(x), g(x)$를 다항식이라 하고

　　　$f(x)$의 차수 $<g(x)$의 차수

　라 한다. 분수식 $f(x)/g(x)$에서 분모 $g(x)$가

　　　$(x-\alpha)^m, \qquad [(x-\beta)^2+\gamma^2]^n$

　꼴의 (단 $\gamma \neq 0$) 몇 개의 인수의 곱으로 인수분해된
　다고 한다. 이 때, 분수식 $f(x)/g(x)$는,

$$\frac{A_1}{x-\alpha}+\frac{A_2}{(x-\alpha)^2}+\cdots+\frac{A_m}{(x-\alpha)^m}$$

　및

$$\frac{B_1x+C_1}{(x-\beta)^2+\gamma^2}+\cdots+\frac{B_nx+C_n}{[(x-\beta)^2+\gamma^2]^n}$$

　꼴의 몇 개의 합으로 나타난다. 단, 문자 A, B, C는
　모두 상수이다.

　이것이 “부분분수 분해에 관한 기본 정리”입니다. 이
정리는 위의 “인수분해에 관한 정리”에서 유도되는데,
이 증명도 여기에서는 생략합니다.

　구체적으로 말하면, 예를 들어 분모가 $(x-1)^3(x+2)^2$
인 임의의 진분수식은

$$\frac{a}{x-1}+\frac{b}{(x-1)^2}+\frac{c}{(x-1)^3}+\frac{d}{(x+2)}+\frac{e}{(x+2)^2}$$

의 꼴로 부분분수 분해됩니다.

　또, 분모가 $x(x-2)^2(x^2+3)$인 진분수식은

$$\frac{a}{x} + \frac{b}{x-2} + \frac{c}{(x-2)^2} + \frac{px+q}{x^2+3}$$

의 꼴로, 분모가 $x(x-2)^2(x^2+3)^2$인 진분수식은

$$\frac{a}{x} + \frac{b}{x-2} + \frac{c}{(x-2)^2}$$
$$+ \frac{px+q}{x^2+3} + \frac{rx+s}{(x^2+3)^2}$$

의 꼴로 부분분수 분해됩니다. 문자 a, b, c, d, e, p, q, r, s는 모든 상수입니다.

위에서 살펴본 바대로, 진분수식 $f(x)/g(x)$의 부분분수 분해의 "꼴"은 분모 $g(x)$만으로 정해집니다! (즉, $g(x)$가 어떤 인수로 인수분해되는가에 따라 정해집니다.) 상수 a, b, c, …는 물론 분자 $f(x)$에 의해 정해지지만, 이들 상수를 결정하려면, 여러분이 이미 잘 알고 있는 방법을 따르면 됩니다. 즉, $f(x)/g(x)$의 부분분수 분해의 식을 (상수를 미지수로 하여) 쓰고, 그 분모를 없애고 다항식의 항등식을 만듭니다. 양변의 같은 차수의 계수를 비교합니다. 이 때 생긴 미지의 상수에 관한 연립일차방정식을 풀면 됩니다.

이상에서 위의 부분분수 분해에 관한 정리를 이용하면, 임의의 진분수식의 적분은, 어떤 단순한 꼴의 분수식의 적분으로 귀착시킬 수 있음을 알 수 있습니다. 따라서, 적분

$$\int \frac{Bx+C}{[(x-\beta)^2+\gamma^2]^k}\, dx$$

는 $x-\beta=t$라 놓으면,

$$\int \frac{B't+C'}{(t^2+\gamma^2)^k}\, dt = B'\int \frac{t\, dt}{(t^2+\gamma^2)^k} + C'\int \frac{dt}{(t^2+\gamma^2)^k}$$

의 꼴로 변형되므로, 결국 진분수식의 적분은, 다음의 세 종류의 적분으로 귀착됩니다.

1 $\displaystyle\int \frac{dx}{(x-a)^k}$ **2** $\displaystyle\int \frac{x}{(x^2+b^2)^k}\, dx$

3 $\displaystyle\int \frac{dx}{(x^2+b^2)^k}$

단, a, b는 상수이고, $b \neq 0$ 또 k는 양의 정수입니다.

이중, **1**의 적분은 이미 우리들에게 잘 알려져 있습니다. 즉 이 적분은

$$k = 1$$이면 $$\log|x - a|,$$

$$k > 1$$이면 $$-\frac{1}{(k-1)(x-a)^{k-1}}$$

이 됩니다.

2의 적분도 쉽습니다. 실제 $(x^2 + b^2)' = 2x$이므로 치환 $x^2 + b^2 = t$에 의해 다음 결과를 알 수 있습니다.

$$k = 1$$이면 $$\frac{1}{2}\log(x^2 + b^2),$$

$$k > 1$$이면 $$-\frac{1}{2(k-1)} \cdot \frac{1}{(x^2 + b^2)^{k-1}}$$

끝으로 **3**의 적분을 생각해 봅시다. 이 적분이 가장 어렵습니다.

지금, 이 적분을

$$I_k = \int \frac{dx}{(x^2 + b^2)^k} \qquad (k = 1, 2, 3, \cdots)$$

라 합니다. 나는 이 적분에 관한 적당한 점화식을 만들려고 합니다. 이제 $k \geq 2$라 하고,

$$I_{k-1} = \int \frac{dx}{(x^2 + b^2)^{k-1}}$$

에 부분적분법을 응용해 봅니다. 즉,

$$f(x) = \frac{1}{(x^2 + b^2)^{k-1}}, \qquad g'(x) = 1$$

라 하여 부분적분법을 응용합니다. 그렇게 하면

$$I_{k-1} = \frac{x}{(x^2 + b^2)^{k-1}} + 2(k-1)\int \frac{x^2}{(x^2 + b^2)^k}\, dx$$

를 얻습니다. 이 우변의 적분되는 함수를

$$\frac{(x^2 + b^2) - b^2}{(x^2 + b^2)^k} = \frac{1}{(x^2 + b^2)^{k-1}} - \frac{b^2}{(x^2 + b^2)^k}$$

로 고쳐 쓰면, 이 적분은 $I_{k-1} - b^2 I_k$와 같음을 알 수 있습니다. 따라서

$$I_{k-1} = \frac{x}{(x^2 + b^2)^{k-1}} + 2(k-1)(I_{k-1} - b^2 I_k)$$

입니다. 이 식을 바꾸어 쓰면

$$I_k = \frac{1}{2(k-1)b^2}\left\{\frac{x}{(x^2+b^2)^{k-1}} + (2k-3)I_{k-1}\right\}$$

이 됩니다.

　이것으로 I_k가 I_{k-1}에 의해 나타내졌습니다. 이 점화식은 $k=2,\ 3,\ 4,\ \cdots$에 대하여 성립합니다. 이상으로, I_k의 계산은 I_{k-1}의 계산으로 귀착됩니다. 이와 같이 하여 k의 값을 하나씩 감소시켜 나가면 최후에 $k=1$에 달합니다. 또한,

$$I_1 = \int \frac{dx}{x^2+b^2} = \frac{1}{b}\arctan\frac{x}{b}$$

임을 우리들은 이미 알고 있습니다. 이것으로 **3**의 적분도 구했습니다. ──

　이상에서 얻는 하나의 결론을 아래에 정리해 두기로 합니다.

　　임의의 유리함수(분수함수)의 부정적분은 기지(旣知)의 함수의 범위 안에서 구할 수 있습니다. 즉, 유리함수의 부정적분은 다음과 같은 형태의 함수로 이루어집니다.

**　　　　유리함수,　로그함수,　역탄젠트함수**

19.3 정적분의 성질과 계산

　이 절에서는 정적분 계산으로 들어갑니다. 먼저, 정적분의 기본적인 제성질을 알아봅시다.

◆ 정적분의 성질
　여기에서는, 함수가 어떤 구간 I에서 연속인 경우만을 생각합니다. 적분의 위끝, 아래끝은 언제나 그 구간의 점입니다.

1 미분과 적분의 관계
　아래끝 a를 구간의 한 정점이라 하고, 위끝 x를 그

구간을 움직이는 점이라 하면,

$$\frac{d}{dx}\int_a^x f(t)dt = f(x)$$

2 미분적분학의 기본 정리

$F(x)$를 $f(x)$의 하나의 부정적분이라 하면,

$$\int_a^b f(x)dx = \left[F(x)\right]_a^b = F(b)-F(a)$$

위의 **1, 2**가 적분의 성질로서 특히 기본적인 것은 앞에서 강조했습니다. 연속함수에 관해서는, **2**의 등식으로써 정적분의 <u>정의</u>로 볼 수도 있습니다.

3 $\displaystyle\int_a^a f(x)\,dx = 0$

4 $\displaystyle\int_b^a f(x)\,dx = -\int_a^b f(x)\,dx$

5 $\displaystyle\int_a^b f(x)\,dx = \int_a^c f(x)\,dx + \int_c^b f(x)\,dx$

이들 성질도 잘 알려져 있습니다. (**3, 4**는 본래 "규약"이었습니다.) 미분적분학의 기본 정리 **2**를 정적분의 정의로 생각하면, 이들 성질은 증명할 수 있습니다. 이를테면, **5**는 다음과 같이 증명합니다.

$F(x)$를 $f(x)$의 하나의 부정적분이라 하면,

$$\text{우변} = [F(x)]_a^c + [F(x)]_c^b$$
$$= (F(c)-F(a)) + (F(b)-F(c))$$
$$= F(b)-F(a) = \text{좌변}$$

6 $\displaystyle\int_a^b kf(x)\,dx = k\int_a^b f(x)\,dx \quad (k\text{는 상수})$

7 $\displaystyle\int_a^b \{f(x)+g(x)\}dx = \int_a^b f(x)\,dx + \int_a^b g(x)\,dx$

8 $\displaystyle\int_a^b \{f(x)-g(x)\}dx = \int_a^b f(x)\,dx - \int_a^b g(x)\,dx$

이들 공식은 부정적분에 관한 공식으로부터 유도됩니다. 실제로 $F(x)$, $G(x)$를 각각 $f(x)$, $g(x)$의 부정적분의 하나라고 하면, $kF(x)$, $F(x)+G(x)$는 $kf(x)$, $f(x)$

$+g(x)$의 부정적분이므로,

$$\int_a^b kf(x)\,dx = \big[kF(x)\big]_a^b = kF(b) - kF(a)$$

$$= k(F(b) - F(a)) = k\int_a^b f(x)\,dx$$

$$\int_a^b \{f(x) + g(x)\}dx = \big[F(x) + G(x)\big]_a^b$$

$$= (F(b) + G(b)) - (F(a) + G(a))$$

$$= (F(b) - F(a)) + (G(b) - G(a))$$

$$= \int_a^b f(x)\,dx + \int_a^b g(x)\,dx$$

이것으로 **6, 7**이 증명되었습니다. **8**의 증명도 마찬가지입니다.

◆ **간단한 예**

정적분의 성질을 이용하면 다음 계산을 할 수 있습니다.

예 다항함수의 정적분

$$\int_0^4 x^3 dx = \left[\frac{1}{4}x^4\right]_0^4 = \frac{4^4}{4} - 0 = 64$$

$$\int_{-1}^2 (y^2 - 2y - 3)\,dy = \left[\frac{1}{3}y^3 - y^2 - 3y\right]_{-1}^2$$

$$= \left(\frac{8}{3} - 4 - 6\right) - \left(-\frac{1}{3} - 1 + 3\right)$$

$$= -9$$

$$\int_3^{-3} (x-3)^2 dx = \left[\frac{1}{3}(x-3)^3\right]_3^{-3}$$

$$= \frac{1}{3}(-6)^3 - 0 = -72$$

예 분수함수, 무리함수의 정적분

$$\int_4^9 \frac{dx}{\sqrt{x}} = \big[2\sqrt{x}\big]_4^9 = 2(\sqrt{9} - \sqrt{4}) = 2$$

$$\int_1^5 \frac{dx}{x} = \big[\log x\big]_1^5 = \log 5 - \log 1 = \log 5$$

$$\int_3^1 \frac{dx}{x^2} = \left[-\frac{1}{x}\right]_3^1 = -1 + \frac{1}{3} = -\frac{2}{3}$$

⑩ 삼각함수, 지수함수의 정적분

$$\int_0^\pi \sin t\, dt = [-\cos t]_0^\pi = -\cos \pi + \cos 0 = 2$$

$$\int_{-\frac{\pi}{2}}^{\frac{\pi}{2}} (\cos 2x + 4)\, dx = \left[\frac{1}{2}\sin 2x + 4x\right]_{-\frac{\pi}{2}}^{\frac{\pi}{2}}$$

$$= 4[\pi/2 - (-\pi/2)] = 4\pi$$

$$\int_0^2 e^x dx = [e^x]_0^2 = e^2 - 1$$

예제   적분 $\displaystyle\int_0^3 |x(x-2)|\, dx$ 를 구하시오.

풀이   구간 $[0, 3]$ 에서 생각했을 때, $x(x-2)$ 의 부호는

$$0 \leqq x \leqq 2 \text{ 에서는 } x(x-2) \leqq 0$$

$$2 \leqq x \leqq 3 \text{ 에서는 } x(x-2) \geqq 0$$

입니다. 따라서,

$$0 \leqq x \leqq 2 \text{ 에서는 } |x(x-2)| = -x(x-2)$$

$$2 \leqq x \leqq 3 \text{ 에서는 } |x(x-2)| = x(x-2)$$

가 됩니다. (왼쪽 그림 참조)

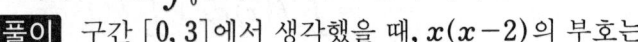

그러므로

$$\int_0^3 |x(x-2)|\, dx = \int_0^2 (-x^2 + 2x)\, dx + \int_2^3 (x^2 - 2x)\, dx$$

$$= \left[-\frac{x^3}{3} + x^2\right]_0^2 + \left[\frac{x^3}{3} - x^2\right]_2^3$$

$$= \left(-\frac{8}{3} + 4\right) - 0 + (9 - 9) - \left(\frac{8}{3} - 4\right)$$

$$= \frac{8}{3}$$

문제 20   다음 정적분을 구하시오.

(1) $\displaystyle\int_{-2}^5 3\, dx$ (2) $\displaystyle\int_{-1}^1 (2x^2 + 3x + 5)\, dx$

(3) $\displaystyle\int_0^3 (t-3)^2 dt$ (4) $\displaystyle\int_3^{-1} (y^3 - 4y)\, dy$

(5) $\displaystyle\int_4^2 (4-x)^3 dx$ (6) $\displaystyle\int_1^0 (2x-1)^3 dx$

문제 21   다음 정적분을 구하시오.

(1) $\displaystyle\int_0^8 \sqrt[3]{x}\, dx$ (2) $\displaystyle\int_2^1 \frac{dx}{x^2}$

(3) $\displaystyle\int_0^{\frac{\pi}{2}} \sin\theta\, d\theta$ (4) $\displaystyle\int_{-\frac{\pi}{6}}^{\frac{\pi}{3}} \cos 3x\, dx$

(5) $\displaystyle\int_{-1}^1 e^{2x} dx$ (6) $\displaystyle\int_e^1 \log x\, dx$

문제 22 각각의 함수의 그래프를 그리고, 다음 적분의 값을
구하시오.

(1) $\displaystyle\int_0^3 |x^2-1|\, dx$ (2) $\displaystyle\int_{-1}^1 (|x|-|x-1|)\, dx$

(3) $\displaystyle\int_{-1}^2 |x-x^2|\, dx$ (4) $\displaystyle\int_1^9 |\sqrt{x}-2|\, dx$

(5) $\displaystyle\int_0^\pi |\sin 2x|\, dx$ (6) $\displaystyle\int_0^1 |e^x-2|\, dx$

[힌트 : (6) $0 < \log 2 < 1$임에 주의]

문제 23 k를 정수라 할 때,
$$\int_{-\pi}^\pi \cos kx\, dx = \begin{cases} 0, & k\neq 0 \text{ 일 때} \\ 2\pi, & k=0 \text{ 일 때} \end{cases}$$
$$\int_{-\pi}^\pi \sin kx\, dx = 0$$
을 밝히시오.

문제 24 앞 문제 및 삼각함수의 "곱을 합 또는 차로 고치는
공식"을 써서

(1) 임의의 양의 정수 m, n에 대하여
$$\int_{-\pi}^\pi \sin mx \cos nx\, dx = 0$$
임을 밝히시오.

(2) 임의의 양의 정수 m, n에 대하여
$$\int_{-\pi}^\pi \sin mx \sin nx\, dx = \begin{cases} 0, & m\neq n \text{일 때} \\ \pi, & m=n \text{일 때} \end{cases}$$
임을 밝히시오.

문제 25 다음 정적분을 구하시오.

(1) $\displaystyle\int_{-1}^1 \frac{dx}{x^2+1}$ (2) $\displaystyle\int_0^{2\sqrt{3}} \frac{dx}{x^2+4}$

[힌트 : 함수 $1/(x^2+a^2)$의 부정적분은 arctan 함수를 써
서 나타낼 수 있습니다.]

◆ 정적분의 치환적분법

정적분에 대해서도 치환적분법을 생각할 수 있습니다.

부정적분에 관한 치환적분법의 공식 (1147페이지의 공식 [A])은, $x = g(t)$로 놓을 때,

$$\int f(x)dx = \int f(g(t))\, g'(t)dt$$

가 성립한다는 것이었습니다. 다시 말하면 $f(x)$의 부정적분의 하나를 $F(x)$라 하면 $F(g(t))$가 $f(g(t))g'(t)$의 부정적분이 되는 것이었습니다. 물론 여기서 함수 $f(x)$가 연속이라는 것과,또 함수 $g(t)$는 미분가능이고 도함수 $g'(t)$가 연속임을 가정하고 있습니다.

이제, $g(t)$가 구간 J에서 정의되어 있다고 하고, $f(x)$는 t가 J를 움직였을 때의 $g(t)$의 값 전체를 포함하는 구간 I에서 정의되어 있다고 합니다. α, β를 J에 속하는 임의의 두 수라 합니다. 이 때,

$$\int_\alpha^\beta f(g(t))g'(t)\,dt = [F(g(t))]_\alpha^\beta$$
$$= F(g(\beta)) - F(g(\alpha))$$
$$= [F(x)]_{g(\alpha)}^{g(\beta)}$$
$$= \int_{g(\alpha)}^{g(\beta)} f(x)\,dx$$

입니다. 그러므로 다음 공식이 성립합니다.

$$\int_{g(\alpha)}^{g(\beta)} f(x)\,dx = \int_\alpha^\beta f(g(t))\,g'(t)\,dt$$

$g(\alpha) = a$, $g(\beta) = b$라 놓으면 위의 공식은 다음과 같이 나타낼 수도 있습니다.

$$\int_a^b f(x)\,dx = \int_\alpha^\beta f(g(t))\,g'(t)\,dt$$
$$단, \quad a = g(\alpha), \quad b = g(\beta)$$

이것이 **정적분의 치환적분의 공식**입니다. 물론 이들 공식에서 문자 x와 t의 역할을 바꾸어서 사용할 수도 있습니다.

[주의] 위에서는 α, β를 먼저 주고 $g(\alpha)=a, \; g(\beta)=b$ 로 놓았습니다. 실제로는 물론 a, b가 먼저 주어지는 경우도 있습니다. 그러나 치환적분법의 응용에서는 $x=g(t)$ 는 단조증가 또는 단조감소인 것이 보통이고, 따라서 a, b쪽에서 그에 대응하는 α, β도 쉽게 찾아 낼 수 있습니다. 오른쪽 그림은 그 상황을 보이고 있습니다.

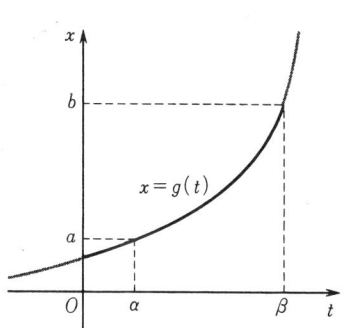

예 $\displaystyle\int_{1}^{2}(3-2x)^{10}\,dx$ 를 구하시오.

풀이 $3-2x=t$, 즉 $x=\dfrac{1}{2}(3-t)$라 놓으면

$x=1$일 때 $t=1$, $x=2$일 때 $t=-1$이므로

$$\int_{1}^{2}(3-2x)^{10}dx=\int_{1}^{-1}t^{10}\cdot\left(-\frac{1}{2}\,dt\right)$$

$$=-\frac{1}{2}\left[\frac{t^{11}}{11}\right]_{1}^{-1}=\frac{1}{11}$$

예 $\displaystyle\int_{0}^{\frac{\pi}{3}}\sin^{3}x\cos x\,dx$ 를 구하시오.

풀이 $\sin x=t$라 놓으면 $\cos x\,dx=dt$이고 $x=0$일 때, $t=0$, $x=\dfrac{\pi}{3}$일 때 $t=\dfrac{\sqrt{3}}{2}$.

따라서 구하는 적분은

$$\int_{0}^{\frac{\sqrt{3}}{2}}t^{3}dt=\left[\frac{t^{4}}{4}\right]_{0}^{\frac{\sqrt{3}}{2}}=\frac{9}{64}$$

[이 예에서는 위의 치환적분법의 공식의 문자, x와 t의 사용 방법이 역으로 되어 있습니다.]

예 $a>0$일 때, 치환 $x=a\sin\theta$에 의해, 적분

$$\int_{0}^{a}\sqrt{a^{2}-x^{2}}\,dx$$

를 구하시오.

풀이 $x=a\sin\theta$라 놓고, θ는 0부터 $\pi/2$까지 움직입니다. 이 때, 그림과 같이 x는 0에서 a까지 움직입니다. 그리고 구간 $\left[0,\dfrac{\pi}{2}\right]$ 에서 $\cos\theta\geqq0$이므로

$$\sqrt{a^{2}-x^{2}}=\sqrt{a^{2}-a^{2}\sin^{2}\theta}$$

$$=\sqrt{a^{2}\cos^{2}\theta}=a\cos\theta$$

또,

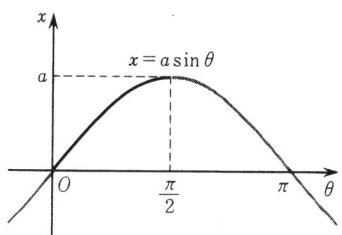

$$dx = a \cos \theta \, d\theta$$

입니다. 그러므로

$$\int_0^a \sqrt{a^2 - x^2} \, dx = \int_0^{\frac{\pi}{2}} a \cos \theta \cdot a \cos \theta \, d\theta$$

$$= a^2 \int_0^{\frac{\pi}{2}} \cos^2 \theta \, d\theta.$$

여기서 $\cos^2 \theta = \dfrac{1 + \cos 2\theta}{2}$ 이므로

$$\int_0^{\frac{\pi}{2}} \cos^2 \theta \, d\theta = \left[\frac{1}{2}\theta + \frac{1}{4}\sin 2\theta \right]_0^{\frac{\pi}{2}} = \frac{\pi}{4}$$

따라서

$$\int_0^a \sqrt{a^2 - x^2} \, dx = \frac{1}{4}\pi a^2$$

이 됩니다.

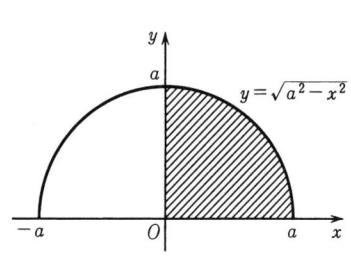

　　[주의 : 함수 $y = \sqrt{a^2 - x^2}$ 의 그래프는 반원을 나타냅니다. 따라서 기하학적으로 생각하면 위의 예의 적분은 왼쪽 그림의 빗금 친 부분의 넓이——4분원의 넓이——를 나타냅니다.]

문제 26 다음 정적분을 구하시오.

(1) $\displaystyle\int_1^3 (2x-1)^3 dx$ 　　　　(2) $\displaystyle\int_0^{\frac{\pi}{2}} \sin x \cos^2 x \, dx$

(3) $\displaystyle\int_0^{\pi} \sin x \cos^3 x \, dx$ 　　(4) $\displaystyle\int_0^{\frac{\pi}{6}} \sin^4 x \cos x \, dx$

(5) $\displaystyle\int_0^1 x e^{x^2} dx$ 　　　　　(6) $\displaystyle\int_0^{\sqrt{\pi}} x \sin(x^2) \, dx$

문제 27 다음 정적분을 구하시오.

(1) $\displaystyle\int_{-3}^3 \sqrt{9 - x^2} \, dx$ 　　　(2) $\displaystyle\int_0^{\frac{a}{2}} \sqrt{a^2 - x^2} \, dx$

(3) $\displaystyle\int_0^{\frac{a}{2}} \frac{dx}{\sqrt{a^2 - x^2}}$ 　　(a는 양의 상수)

◆　치환적분법의 응용(1)——우함수와 기함수

　　치환적분법을 응용하여 여러 가지 공식을 유도할 수 있습니다. 특히, 우함수와 기함수에 관한 공식은 간단하

지만 유용합니다.

우선, 우함수, 기함수의 정의를 상기하도록 합니다. 함수 $f(x)$는

$$f(-x) = f(x) \qquad \text{가 성립할 때, \textbf{우함수}}$$

$$f(-x) = -f(x) \qquad \text{가 성립할 때, \textbf{기함수}}$$

라고 합니다. 우함수의 그래프는 y축에 관하여 대칭, 기함수의 그래프는 원점에 관하여 대칭입니다.

공식 1 $f(x)$가 우함수이면,

$$\int_{-a}^{a} f(x)dx = 2\int_{0}^{a} f(x)dx$$

$f(x)$가 기함수이면

$$\int_{-a}^{a} f(x)dx = 0$$

증명 $-a$에서 a까지의 적분을 두 개의 구간으로 나누어서,

$$\int_{-a}^{a} f(x)\,dx = \int_{-a}^{0} f(x)\,dx + \int_{0}^{a} f(x)\,dx \qquad ①$$

이라 합니다. 우변의 첫째항의 적분에서 $x = -t$라 놓으면,

$$\int_{-a}^{0} f(x)\,dx = \int_{a}^{0} f(-t)(-dt) = \int_{0}^{a} f(-t)\,dt.$$

따라서 ①에서

$$\int_{-a}^{a} f(x)\,dx = \int_{0}^{a} \{f(x) + f(-x)\}dx.$$

그러므로 $f(-x) = f(x)$일 때에는, 이 적분은 $2\int_{0}^{a} f(x)dx$가 되고, $f(-x) = -f(x)$일 때에는, 이 적분은 0이 됩니다.

다음 그림은 공식 1의 기하학적인 의미를 나타냅니다.

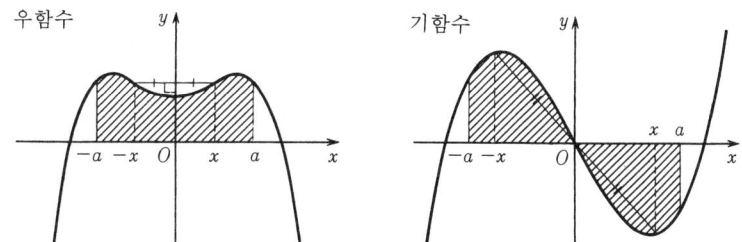

우함수   기함수

공식 1을 사용하면, 우리들은 $-a$에서 a까지의 적분을 흔히 간단한 꼴로 환원시킬 수 있습니다. 이를테면,

$$\int_{-a}^{a} (px^5 + qx^4 + rx^3 + sx^2 + tx + u)\,dx$$
$$= 2\int_{0}^{a} (qx^4 + sx^2 + u)\,dx$$

입니다.

예제 적분 $\int_{-1}^{1} (x^3 + x^2 + ax + b)^2\,dx$ 의 값이 최소가 되도록 상수 a, b의 값을 정하시오.

풀이 문제의 적분의 값을 S라 합니다. 우리들은 이 적분을 간단히 계산하기 위해 공식 1을 이용합니다. 이것을 위해 적분할 함수를

$$(x^3 + x^2 + ax + b)^2 = \{(x^3 + ax) + (x^2 + b)\}^2$$

로 고쳐 쓰고, 이 제곱을 전개하여

$$(x^3 + ax)^2 + 2(x^3 + ax)(x^2 + b) + (x^2 + b)^2$$

으로 하면, 이 전개식의 첫째 항과 셋째 항은 우함수이고, 중앙의 항은 기함수입니다. 그러므로

$$S = \int_{-1}^{1} (x^3 + x^2 + ax + b)^2\,dx$$
$$= 2\int_{0}^{1} (x^3 + ax)^2\,dx + 2\int_{0}^{1} (x^2 + b)^2\,dx$$

따라서 S를 최소로 하려면, 윗식의 최후의 두 적분을 각각 최소로 하면 됩니다. 즉,

$$\int_{0}^{1} (x^3 + ax)^2\,dx = \int_{0}^{1} (x^6 + 2ax^4 + a^2x^2)\,dx$$
$$= \frac{1}{7} + \frac{2}{5}a + \frac{1}{3}a^2$$
$$\int_{0}^{1} (x^2 + b)^2\,dx = \int_{0}^{1} (x^4 + 2bx^2 + b^2)\,dx$$
$$= \frac{1}{5} + \frac{2}{3}b + b^2$$

이것의 이차식을 최소로 하는 a, b의 값을 구하면, 각각

$$a = -\frac{3}{5}, \qquad b = -\frac{1}{3}$$

입니다. 이것이 답입니다.

문제 28 적분 $\int_{-1}^{1}(x^3+ax^2+bx+c)^2\,dx$ 의 값이 최소가

되도록 상수 a, b, c의 값을 정하시오.

문제 29 $p\neq0$이고 $\int_{-p}^{p}(x-c)(x^2-p^2)dx=0$이면, $c=0$

임을 보이시오. [힌트 : $x(x^2-p^2)$은 기함수입니다.]

◆ **치환적분법의 응용(2)──다른 공식**

치환적분법을 사용하면 다음 공식을 증명할 수 있습니다.

공식 2 $\displaystyle\int_0^a f(a-x)dx=\int_0^a f(x)dx$

증명 좌변의 적분에서 $a-x=t$라 놓으면

$$\text{좌변}=\int_a^0 f(t)(-dt)=\int_0^a f(t)dt=\text{우변}$$

공식 3 $\displaystyle\int_{a+m}^{b+m} f(x-m)dx=\int_a^b f(x)dx$

증명 좌변의 적분에서 $x-m=t$라 놓으면

$$\text{좌변}=\int_a^b f(t)dt=\text{우변}$$

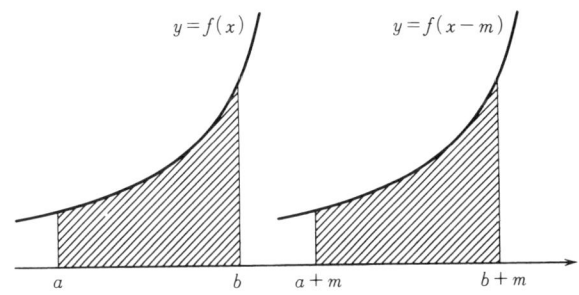

공식 3의 기하학적 의미는 위의 그림에서 명백합니다. 여러분은 함수 $y=f(x-m)$의 그래프는 함수 $y=f(x)$의 그래프를 x축의 방향으로 m만큼 평행이동한 것임에 주의합니다.

공식 2에 관해서도 여러분이 그 기하학적 해석을 내릴 수 있습니다.

문제 30 공식 2를 써서, 임의의 자연수 n에 대하여

$$\int_0^{\frac{\pi}{2}} \sin^n x \, dx = \int_0^{\frac{\pi}{2}} \cos^n x \, dx$$

가 성립함을 증명하시오.

문제 31 a, b, c는 상수이고 $a \neq b$입니다. 만일

$$\int_a^b (x-c)(x-a)(x-b)dx = 0$$

이 성립하면 $c = (a+b)/2$임을 증명하시오. [힌트 : 직접 계산해도 되지만, 계산이 복잡해집니다. 공식 3을 사용하기 위해 우선,

$$\frac{a+b}{2} = m, \quad \frac{b-a}{2} = p$$

라 놓습니다. 여기서, $a = -p+m$, $b = p+m$입니다. 문제의 적분을 "평행이동"하여 $-p$에서 p까지의 적분으로 고친 후 문제 29를 이용하십시오.]

◆ 정적분의 부분적분법

부정적분에 관한 부분적분법의 공식

$$\int f(x)g'(x)dx = f(x)g(x) - \int f'(x)g(x)dx$$

에서, 정적분에 관한 다음 공식이 얻어집니다.

$$\boxed{\begin{aligned} &\int_a^b f(x)\,g'(x)\,dx \\ &= \Big[\,f(x)\,g(x)\,\Big]_a^b - \int_a^b f'(x)\,g(x)\,dx \end{aligned}}$$

이것이 **정적분의 부분적분법의 공식**입니다. 물론 이 공식의 우변의 $[f(x)g(x)]_a^b$는

$$f(b)g(b) - f(a)g(a)$$

를 의미합니다.

$$\begin{aligned} \int_0^{\frac{\pi}{2}} x \sin x \, dx &= \int_0^{\frac{\pi}{2}} x \cdot (-\cos x)' dx \\ &= \Big[x \cdot (-\cos x) \Big]_0^{\frac{\pi}{2}} - \int_0^{\frac{\pi}{2}} 1 \cdot (-\cos x) \, dx \\ &= \int_0^{\frac{\pi}{2}} \cos x \, dx = \Big[\sin x \Big]_0^{\frac{\pi}{2}} = 1 \end{aligned}$$

문제 32 다음 정적분을 구하시오.

(1) $\int_0^{\frac{\pi}{2}} x \cos x \, dx$ (2) $\int_0^{\pi} x \sin x \, dx$

(3) $\int_0^1 x e^x dx$ (4) $\int_1^e x^2 \log x \, dx$

문제 33 $x-\alpha=\left\{\dfrac{1}{2}(x-\alpha)^2\right\}'$임을 써서, 부분적분법에 의해 다음 등식을 증명하시오.

$$\int_\alpha^\beta (x-\alpha)(x-\beta)dx = -\frac{1}{6}(\beta-\alpha)^3$$

문제 34 일반적으로, n을 임의의 자연수라 할 때, 앞 문제와 같은 방법에 의해서 정적분

$$\int_\alpha^\beta (x-\alpha)^n (x-\beta)dx$$

를 구하시오.

◆ 하나의 계산 연습

여기에서 (다소 고급에 속하는 계산이 되지만) 하나의 계산 연습으로서, 정적분

$$I_n = \int_0^{\frac{\pi}{2}} \sin^n x \, dx \qquad (n=0, 1, 2, \cdots)$$

의 값을 구하여 봅시다. (여러분은 참고 사항으로 읽어 주세요)

부분적분법에 따라 I_n에 관한 점화식을 만듭니다. 실은, 그 계산은 실질적으로 이미 1155페이지의 문제 16에서 다루고 있지만——단, 그 문제의 I_n은 부정적분, 즉 "함수"인 것에 대하여, 여기에서의 I_n은 정적분, 즉 "값" 입니다.——다시 한 번 되풀이 합니다.

지금, $n \geqq 2$라 하고

$$I_n = \int_0^{\frac{\pi}{2}} \sin^{n-1}x \cdot \sin x \, dx = \int_0^{\frac{\pi}{2}} \sin^{n-1}x \cdot (-\cos x)' dx$$

에 부분적분법을 적용하면,

$$I_n = \left[-\sin^{n-1}x \cos x \right]_0^{\frac{\pi}{2}} + (n-1)\int_0^{\frac{\pi}{2}} \sin^{n-2}x \cos^2 x \, dx$$

가 됩니다. $x=\dfrac{\pi}{2}$일 때, $\cos x = 0$, $x=0$일 때 $\sin^{n-1}x = 0$ 이므로 윗식의 $[\quad]_0^{\pi/2} = 0$입니다. 따라서

$$I_n = (n-1)\int_0^{\frac{\pi}{2}} \sin^{n-2}x\,\cos^2 x\,dx.$$

여기에서 $\cos^2 x$에 $1-\sin^2 x$를 대입하면

$$I_n = (n-1)\int_0^{\frac{\pi}{2}} (\sin^{n-2}x - \sin^n x)\,dx$$
$$= (n-1)(I_{n-2} - I_n),$$

그러므로

$$I_n = \frac{n-1}{n}I_{n-2}$$

가 됩니다. 이로써 I_n에 대한 점화식을 얻었습니다. 이 점화식은 $n=2,\ 3,\ 4,\ \cdots$에 대하여 성립합니다. 이 점화식을 이용하면 I_n의 값을 구하는 데, n의 값을 2씩 감해 나갈 수 있습니다. 그러므로, 최후에는 I_0 또는 I_1에 도달합니다.

그런데 $I_0,\ I_1$의 값은 간단히 구할 수 있습니다. 즉,

$$I_0 = \int_0^{\frac{\pi}{2}} 1\,dx = \frac{\pi}{2}$$
$$I_1 = \int_0^{\frac{\pi}{2}} \sin x\,dx = \Big[-\cos x\Big]_0^{\frac{\pi}{2}} = 1$$

입니다.

그러므로 위의 점화식에 의해, n이 짝수일 때에는 차례로

$$I_2 = I_0 \cdot \frac{1}{2} = \frac{\pi}{2}\cdot\frac{1}{2}, \quad I_4 = I_2\cdot\frac{3}{4} = \frac{\pi}{2}\cdot\frac{1}{2}\cdot\frac{3}{4},$$
$$\cdots\cdots\cdots$$

이 됩니다. 일반적으로,

$$I_n = \frac{\pi}{2}\cdot\frac{1}{2}\cdot\frac{3}{4}\cdot\frac{5}{6}\cdots\cdot\frac{n-1}{n}$$

입니다.

마찬가지로 하면, n이 홀수일 때에는

$$I_n = \frac{2}{3}\cdot\frac{4}{5}\cdot\frac{6}{7}\cdots\cdot\frac{n-1}{n}$$

을 얻습니다.

결과를 다시 한 번 정리해 둡니다.

$$I_n = \int_0^{\frac{\pi}{2}} \sin^n x \, dx \quad (n=0, 1, 2, \cdots) \text{ 라 두면}$$

$$I_0 = \frac{\pi}{2}, \qquad I_1 = 1$$

이고, $n \geqq 2$ 이면

n 이 짝수일 때는 $I_n = \dfrac{\pi}{2} \cdot \dfrac{1}{2} \cdot \dfrac{3}{4} \cdots \cdots \dfrac{n-1}{n}$

n 이 홀수일 때는 $I_n = \dfrac{2}{3} \cdot \dfrac{4}{5} \cdot \dfrac{6}{7} \cdots \cdots \dfrac{n-1}{n}$

문제 35 n을 자연수라 하고, I_n을 위의 적분이라 합니다.
이 때,

$$\int_0^1 (1-x^2)^n \, dx = I_{2n+1}$$

임을 증명하시오. [힌트 : $x = \sin \theta \ (0 \leqq \theta \leqq \pi/2)$라 놓습니다.]

◆ **리만합의 극한으로서의 정적분**

여기에서 다시 정적분의 본래의 정의로 되돌아갑니다. 보다 직접적으로는, 리만합의 극한으로서의 정적분으로 되돌아갑니다. 1122~1123페이지에서 기술한 내용을 다시 한번 간단히 복습하기로 합니다.

f를 구간 $[a, b]$에서 연속인 함수, $P = (x_0, x_1, x_2, \cdots, x_n)$ 을 구간 $[a, b]$의 분할이라 합니다. c_k를

$$x_{k-1} \leqq c_k \leqq x_k \quad (k=1, 2, \cdots, n)$$

을 만족하는 임의의 점이라 합니다. 이 때, 합

$$\sum_{k=1}^n f(c_k)(x_k - x_{k-1})$$

을 리만합이라 부릅니다. 분할 P를 같은 모양으로 촘촘하게 할 때, —— 1124페이지에서 $|P| = \max(x_k - x_{k-1})$ 을 0에 가까이 할 때—— 리만합은 구간 $[a, b]$에서 f의 정적분에 가까워집니다. 즉,

$$\lim_{|P| \to 0} \sum_{k=1}^n f(c_k)(x_k - x_{k-1}) = \int_a^b f(x) dx$$

입니다.

이제, 특히 분할 $P = (x_0, x_1, x_2, \cdots, x_n)$이 $[a, b]$의 n등

분이었다고 합니다. 이 때에는 $x_k - x_{k-1}$은 일정하고,

$$x_k - x_{k-1} = \frac{b-a}{n}$$

입니다. 이것을 간단히 $\varDelta x$로 나타내기로 하면,

$$x_k - x_{k-1} = \varDelta x,$$

$$x_k = a + k\varDelta x \qquad (k = 0, 1, \cdots, n)$$

입니다. 따라서, c_k로 하여 특히 $c_k = x_k$를 취했을 때의 리만합, 또는 $c_k = x_{k-1}$을 취했을 때의 리만합은 각각

$$\sum_{k=1}^{n} f(a + k\varDelta x)\varDelta x,$$

$$\sum_{k=1}^{n} f(a + (k-1)\varDelta x)\varDelta x \doteqdot \sum_{k=0}^{n-1} f(a + k\varDelta x)\varDelta x$$

가 됩니다. 그리고 $n \to \infty$라 하면 $\varDelta x = (b-a)/n$는 물론 0에 가까워집니다. 따라서,

$$\lim_{n \to \infty} \sum_{k=1}^{n} f(a + k\varDelta x)\varDelta x = \int_a^b f(x)\,dx,$$

$$\lim_{n \to \infty} \sum_{k=0}^{n-1} f(a + k\varDelta x)\varDelta x = \int_a^b f(x)\,dx$$

$$\text{단,} \quad \varDelta x = \frac{b-a}{n}$$

입니다.

　리만합의 극한으로서의 정적분의 본래의 뜻에서 말한다면 좌변의 극한값에 의해서 "정적분이 정해진다"는 것입니다. 따라서 실제에는 그 역으로, 정적분은 미분적분학의 기본 정리에 의해──함수 f의 부정적분 F가 간단히 구해지는 경우에는──간단히 구해집니다. 그 의미에서 오히려 위에 나타낸 등식은, 일반항이 어떤 종류의 합의 꼴을 하고 있는 수열의 극한을 "적분에 의해 구하는데" 이용할 수 있습니다.

　실제로 유용한 것은, 특히 $a = 0$, $b = 1$인 경우입니다. 구간 $[0, 1]$의 n등분에서는

$$\varDelta x = \frac{1}{n}, \qquad x_k = k\varDelta x = \frac{k}{n}$$

입니다. 그러므로 위에서 기술한 등식의 특별한 경우로
서 다음 등식을 얻습니다.

$$\lim_{n \to \infty} \sum_{k=1}^{n} f\left(\frac{k}{n}\right)\frac{1}{n} = \int_0^1 f(x)\,dx,$$

$$\lim_{n \to \infty} \sum_{k=0}^{n-1} f\left(\frac{k}{n}\right)\frac{1}{n} = \int_0^1 f(x)\,dx$$

(예) $\lim_{n \to \infty} \dfrac{1}{n\sqrt{n}}(\sqrt{1}+\sqrt{2}+\cdots+\sqrt{n})$ 을 생각합시다.

이 수열의 제 n 항은

$$\frac{1}{n\sqrt{n}}(\sqrt{1}+\sqrt{2}+\cdots+\sqrt{n})$$

$$= \left(\sqrt{\frac{1}{n}}+\sqrt{\frac{2}{n}}+\cdots+\sqrt{\frac{n}{n}}\right)\frac{1}{n}$$

$$= \sum_{k=1}^{n}\sqrt{\frac{k}{n}}\cdot\frac{1}{n}$$

입니다. 그러므로 $f(x) = \sqrt{x}$ 라 하면,

$$\sum_{k=1}^{n} f\left(\frac{k}{n}\right)\cdot\frac{1}{n}$$

로 나타낼 수 있습니다. 따라서 구하는 극한은

$$\int_0^1 \sqrt{x}\,dx = \frac{2}{3}$$

입니다.

문제 36 다음 극한을 구하시오.

(1) $\lim_{n \to \infty} \dfrac{1}{n}\left\{\left(1+\dfrac{1}{n}\right)^2+\left(1+\dfrac{2}{n}\right)^2+\cdots+\left(1+\dfrac{n}{n}\right)^2\right\}$

(2) $\lim_{n \to \infty} \dfrac{1^\alpha+2^\alpha+\cdots+n^\alpha}{n^{\alpha+1}}$ (α는 양의 상수)

(3) $\lim_{n \to \infty} \left(\dfrac{1}{n+1}+\dfrac{1}{n+2}+\cdots+\dfrac{1}{n+n}\right)$

(4) $\lim_{n \to \infty} \dfrac{1}{n}\left(\sin\dfrac{\pi}{n}+\sin\dfrac{2\pi}{n}+\cdots+\sin\dfrac{n\pi}{n}\right)$

(5) $\lim_{n \to \infty} \dfrac{1}{\sqrt{n}}\left(\dfrac{1}{\sqrt{n}}+\dfrac{1}{\sqrt{n+1}}+\dfrac{1}{\sqrt{n+2}}+\cdots+\dfrac{1}{\sqrt{2n-1}}\right)$

문제 37 α, β는 양의 상수라 합니다. 극한

$$\lim_{n \to \infty} \dfrac{(1^\alpha+2^\alpha+\cdots+n^\alpha)^{\beta+1}}{(1^\beta+2^\beta+\cdots+n^\beta)^{\alpha+1}}$$

을 구하시오. [힌트 : 분모, 분자를 $n^{(\alpha+1)(\beta+1)}$로 나눕니다.]

◆ 적분과 부등식

f가 구간 $[a, b]$에서 연속인 함수, m, M이 상수이고 $[a, b]$에서 $m \leq f(x) \leq M$가 성립하면,

$$m(b-a) \leq \int_a^b f(x)dx \leq M(b-a)$$

임은 1124페이지에서 적분의 기본 성질의 하나로 기술했습니다.

만일, 구간 $[a, b]$에서 언제나 $f(x) \geq 0$이면, 위의 m으로 하여 $m=0$을 취할 수 있으므로

$$\int_a^b f(x)dx \geq 0$$

입니다. 그리고 이 때, $[a, b]$에서 $f(x)$가 "항등적으로 0"이 되면, 적분의 값은 >0가 됩니다. 이것을 다음에 나타냈습니다.

지금, $[a, b]$에서 $f(x) \geq 0$라 하고, 또 $[a, b]$의 한 점 x_0에서 $f(x_0) > 0$라 합니다. $f(x_0) = A$라 놓으면, f는 연속이므로 $c < x_0 < d$인 c, d를 x_0의 충분히 가까운 근방에서 택하면, 구간 $[c, d]$에서는 $f(x) \geq A/2$가 성립하도록 할 수 있습니다. (아래 그림을 참조할 것)

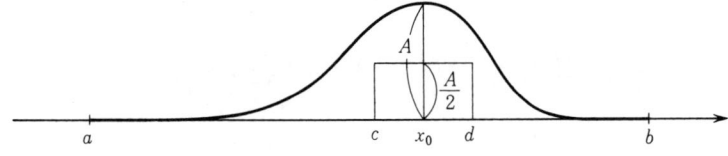

따라서 $\int_c^d f \geq \dfrac{A}{2}(d-c) > 0$

이다. 그리고

$$\int_a^b f = \int_a^c f + \int_c^d f + \int_d^b f$$

이고, 우변의 첫째항, 셋째항의 적분은 ≥ 0이므로, 이 합은 양이 됩니다.

이상을 정리하면 다음과 같습니다.

> 구간 $[a, b]$에서 $f(x)$가 연속이고,
>
> $$f(x) \geqq 0 \text{이면} \quad \int_a^b f(x)dx \geqq 0$$
>
> 여기에서 적분의 값이 0이 되는 것은, $[a, b]$에서 **"항등적으로 $f(x) = 0$"인 경우에 한합니다.**

이 정리에서 또, 그 일반화로서 다음 계를 얻습니다. 이 계는 정리의 $f(x)$의 경우에 $f(x) - g(x)$를 대입함으로써 즉시 유도할 수 있습니다.

> 구간 $[a, b]$에서 $f(x), g(x)$가 연속이고,
>
> $$f(x) \geqq g(x) \text{ 이면}$$
>
> $$\int_a^b f(x)dx \geqq \int_a^b g(x)dx$$
>
> 여기에서 적분의 값이 같아지는 것은, $[a, b]$에서 **"항등적으로 $f(x) = g(x)$"인 경우에 한합니다.**

정리 또는 계의 응용을 약간만 들어 둡니다.

(예) n을 양의 정수라 합니다. 이 때

$$\int_0^{\frac{\pi}{2}} \sin^n x \, dx > \int_0^{\frac{\pi}{2}} \sin^{n+1} x \, dx$$

가 성립합니다. 왜냐하면 구간 $[0, \pi/2]$에서

$$\sin^n x \geqq \sin^{n+1} x$$

이고, 등호가 성립하는 것은 $x = 0$과 $x = \pi/2$일 때 뿐이기 때문입니다.

(예) n을 2이상의 정수라 할 때, 부등식

$$\log(n+1) < 1 + \frac{1}{2} + \frac{1}{3} + \cdots + \frac{1}{n} < 1 + \log n \quad ①$$

이 성립함을 증명하시오.

증명 k를 임의의 하나의 자연수라 합니다. 이 때, $k < x < k+1$이면

$$\frac{1}{k+1} < \frac{1}{x} < \frac{1}{k}$$

입니다. 그러므로 $[k, k+1]$에서 적분하면

$$\frac{1}{k+1} < \int_k^{k+1} \frac{dx}{x} < \frac{1}{k} \quad\quad ②$$

를 얻습니다.

따라서 부등식 ②의 가운데 항을 $k=1, 2, \cdots, n$에 관하여 더하면

$$\sum_{k=1}^{n} \int_{k}^{k+1} \frac{dx}{x} = \int_{1}^{n+1} \frac{dx}{x}$$
$$= [\log x]_{1}^{n+1} = \log(n+1)$$

이므로,

$$\log(n+1) < 1 + \frac{1}{2} + \frac{1}{3} + \cdots + \frac{1}{n}$$

을 얻습니다. 이것은 부등식 ①의 왼쪽을 의미합니다. 한편, 부등식 ②의 왼쪽을 $k=1, 2, \cdots, n-1$에 대하여 더하면

$$\frac{1}{2} + \frac{1}{3} + \cdots + \frac{1}{n} < \int_{1}^{n} \frac{dx}{x} = \log n$$

을 얻고 이 양변에 1을 더하면 부등식 ①의 오른쪽 항을 얻습니다.

문제 38 위의 예의 부등식을 사용하여

$$\lim_{n \to \infty} \frac{1 + \frac{1}{2} + \frac{1}{3} + \cdots + \frac{1}{n}}{\log n} = 1$$

임을 증명하시오. [여담이지만, 772~773페이지에서 설명한 바와 같이, 무한급수

$$1 + \frac{1}{2} + \frac{1}{3} + \cdots + \frac{1}{n} + \cdots\cdots$$

은 양의 무한대로 발산합니다. 그러나, 이 물음에 의하면, 그 발산의 정도는 $\log n$과 같은 정도로 느립니다. 이를테면, $1, \frac{1}{2}, \frac{1}{3}, \cdots$을 $1/1,000,000,000$까지 더하면 합은 기껏 20.7정도 밖에 안 됩니다!]

문제 39 구간 $[a, b]$에서 f는 연속이라 합니다.

$$f(x) \leq |f(x)| \quad \text{이고} \quad -f(x) \leq |f(x)|$$

임을 써서, 부등식

$$\left| \int_{a}^{b} f(x)dx \right| \leq \int_{a}^{b} |f(x)|dx$$

를 증명하시오.

문제 40 구간 $[a, b]$에서 f가 연속일 때,

$$\int_a^b f(x)dx = f(c)(b-a)$$

가 되는, 구간 (a, b)에 속하는 점 c가 존재함을 증명하시오. ——이 명제를 적분에 관한 **평균값의 정리**라고 합니다.

[힌트 : f가 $[a, b]$에서 상수이면 명제는 명백합니다. 그렇지 않을 때, f의 $[a, b]$에서 최소값, 최대값을 각각 m, M이라 하면

$$m(b-a) < \int_a^b f(x)dx < M(b-a)$$

입니다. 그러므로 $\int_a^b f(x)dx = K(b-a)$라 두면 $m < K < M$가 됩니다. 여기서 중간값의 정리를 사용합니다.]

문제 41 함수 f, g가 특히 구간 $[a, b]$에서 연속일 때, 부등식

$$\left(\int_a^b f(x)g(x)\,dx\right)^2 \leq \int_a^b (f(x))^2 dx \cdot \int_a^b (g(x))^2 dx$$

가 성립함을 증명하시오. 이 부등식은 **슈바르쯔**의 부등식이라고 부릅니다.

[힌트 : k를 임의의 실수라 하고

$$F(x) = (kf(x) + g(x))^2$$
$$= k^2(f(x))^2 + 2kf(x)g(x) + (g(x))^2$$

라 하면 $F(x) \geq 0$이므로

$$\int_a^b F(x)\,dx \geq 0$$

입니다. 이것을 이용합니다.]

무한소수 계산법의 발견은 수학자들에게 물
체의 운동법칙을 해석적인 방정식에 귀착시
키는 것을 가능하게 했다.

라그랑즈

20 넓이, 부피, 길이
—— 적분법의 응용

20.1 넓 이

이 장의 주제는 적분법의 응용입니다. 특히 적분의 기
하학적인 응용——넓이, 부피, 곡선의 길이 등——을
다룹니다. 먼저 넓이부터 시작하기로 합니다.

◆ 넓이 공식

구적 문제가 적분법의 발상지였다는 것은 이미 알고
있을 것입니다. 시작하기 전에 도형의 넓이를 구하기 위
한 표준적인 공식을 다시 한 번 정리하여 기술해 둡니다.

1121~1122페이지에서 설명한 바와 같이, 함수 f가 구간
$[a, b]$에서 연속이고 $f(x) \geqq 0$이면, 함수 $y = f(x)$의 그
래프와 x축 및 두 직선 $x = a$, $x = b$로 둘러싸인 도형의
넓이 S는

$$S = \int_a^b f(x)\,dx$$

로 주어집니다. 이것이 도형의 넓이의 첫째 공식입니다.

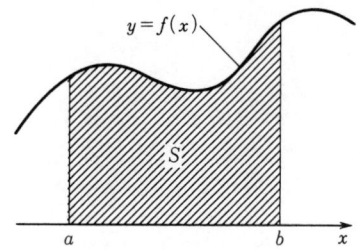

다음에, 두 함수 f, g가 주어지고, 두 함수 모두 $[a, b]$에서 연속이며, 또 $[a, b]$에서 항상 $f(x) \geqq g(x)$가 성립한다고 합니다. 이 때, 두 곡선

$$y = f(x), \qquad y = g(x)$$

와 두 직선 $x = a$, $x = b$로 둘러싸인 도형의 넓이 S를 구하여 봅시다.

지금, $[a, b]$에서 $g(x) \geqq 0$이라 하면, 이 넓이 S는 분명히 $[a, b]$에서 곡선 $y = f(x)$와 x축 사이에 있는 도형의 넓이로부터 곡선 $y = g(x)$와 x축 사이에 있는 도형의 넓이를 뺀 것과 같아집니다. (아래 왼쪽 그림은 그 상황을 나타냅니다.) 따라서

$$S = \int_a^b f(x)\,dx - \int_a^b g(x)\,dx,$$

그러므로 $\quad S = \int_a^b \{f(x) - g(x)\}\,dx \qquad \qquad ①$

입니다.

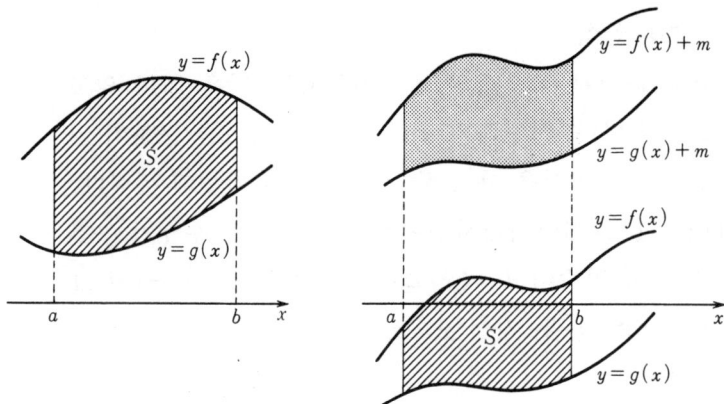

위의 공식 ①은 f나 g가 구간 $[a, b]$에서 음의 값을 취하는 경우에도 성립합니다. 실제 f와 g가 음의 값을 취하는 경우는, 앞의 오른쪽 그림과 같이 $y=f(x)$, $y=g(x)$의 그래프를 y축의 양의 방향으로 m만큼 평행이동하여 그래프가 x축보다 위쪽에 오도록 합니다.(m은 적당한 양수입니다.) 이 평행이동에 의해 넓이는 바뀌지 않으므로, 구하는 넓이 S는 구간 $[a, b]$에서, 두 곡선

$$y=f(x)+m, \qquad y=g(x)+m$$

사이에 있는 도형의 넓이와 같습니다. 따라서

$$S=\int_a^b \{f(x)+m)-(g(x)+m)\}dx$$
$$=\int_a^b \{f(x)-g(x)\}dx$$

가 됩니다.

이상의 결과를 정리하면 다음과 같습니다.

구간 $[a, b]$에서 $f(x)\geqq g(x)$일 때, 두 곡선 $y=f(x)$, $y=g(x)$ 및 두 직선 $x=a$, $x=b$로 둘러싸인 도형의 넓이 S는

$$S=\int_a^b \{f(x)-g(x)\}dx$$

로 주어진다.

◆ 넓이의 계산

이 항에서는 몇 가지 넓이를 실제로 계산해 보고, 그 다음에 많은 문제를 다루기로 합니다.

예 두 포물선

$$y=-x^2+2x+4, \quad y=x^2$$

으로 둘러싸인 도형의 넓이를 구하여 봅시다.

두 포물선의 2 교점의 x좌표는 $x=-1, 2$이고,

$$f(x)=-x^2+2x+4, \quad g(x)=x^2$$

이라 놓으면, $[-1, 2]$에서 $f(x)\geqq g(x)$입니다. 그러므로 구하는 넓이를 S라 하면

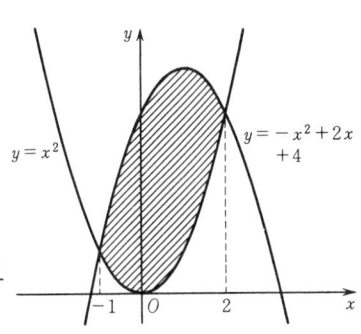

$$S = \int_{-1}^{2} \{(-x^2+2x+4)-x^2\}dx$$

이것을 계산하면 $S=9$가 됩니다.

㉠　$a>0, b>0$일 때, 타원

$$\frac{x^2}{a^2} + \frac{y^2}{b^2} = 1$$

의 넓이는 얼마나 될까요? [주의 : "타원의 넓이"라는 것도 "원의 넓이" 등과 똑같은 관용구입니다. 정확히는 "타원으로 둘러싸인 도형의 넓이"라 해야 하지만, 너무 길어집니다!]

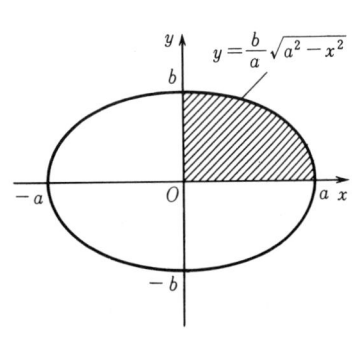

타원 $\dfrac{x^2}{a^2} + \dfrac{y^2}{b^2} = 1$은 x축에 관해서도 y축에 관해서도 대칭입니다. 따라서 제1사분면 부분의 넓이를 구하여 4배하면 타원의 넓이 S가 얻어집니다.

타원의 윗 부분의 방정식은

$$y = \frac{b}{a}\sqrt{a^2-x^2}$$

입니다. 그러므로

$$S = 4\int_{0}^{a}\frac{b}{a}\sqrt{a^2-x^2}\,dx = \frac{4b}{a}\int_{0}^{a}\sqrt{a^2-x^2}\,dx$$

그런데 1172페이지의 예에서 보았듯이, 윗식의 우변의 적분값은 $\dfrac{\pi a^2}{4}$입니다. 따라서,

$$S = \frac{4b}{a}\cdot\frac{\pi a^2}{4} = \pi ab$$

이것이 타원의 넓이입니다. 이것은 공식으로 기억해 둘만합니다.

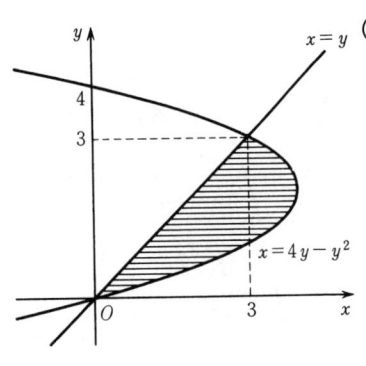

㉠　곡선 $x=4y-y^2$과 직선 $y=x$로 둘러싸인 도형의 넓이를 생각합니다. 이 도형은 왼쪽 그림과 같이 됩니다.

곡선과 직선의 교점의 y좌표는 $y=0, 3$입니다. 따라서 이 경우, 넓이 S는 y에 관하여 적분함으로써 다음과 같이 구할 수 있습니다.

$$S = \int_{0}^{3}\{(4y-y^2)-y\}dy = \left[\frac{3}{2}y^2 - \frac{1}{3}y^3\right]_{0}^{3} = \frac{9}{2}$$

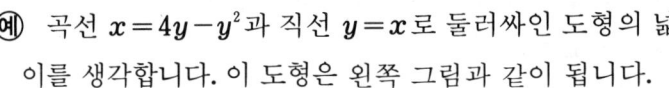

이 계산에서는 통상 x와 y가 서로 바뀌어집니다.

[문제 1] 다음 각 쌍의 곡선과 직선으로 싸인 도형의 넓이를 구하시오.

(1) $y = x^2 - 1$, x 축

(2) $y = 1 - x^3$, x 축, y 축

(3) $y = x^2 - x^3$, x 축

(4) $y = -x^2 + 2x + 3$, x 축

(5) $y = x^2$, $y = -x^2 + 3x + 5$, $x = 0$, $x = 2$

(6) $y = x^2$, $x = y^2$

(7) $x = 4y - y^2$, $y = \sqrt{3x}$

(8) $y = \cos x$, x 축, y 축, $x = \dfrac{\pi}{4}$

(9) $y = \sin x$, $y = \cos x$, y 축 ; 단, $x \geqq 0$인 부분

(10) $y = |\sin x|$, x 축 ; 단, $0 \leqq x \leqq 3\pi$인 부분

(11) $xy = 1$, $x + y = \dfrac{5}{2}$

[문제 2] 다음 연립부등식으로 나타나는 영역의 넓이를 구하시오. 단, e은 자연로그의 밑입니다.

(1) $x \geqq 0$, $0 \leqq y \leqq 1$, $y \geqq \log x$

(2) $e^x \leqq y \leqq e$, $x \geqq 0$

(3) $0 < x \leqq e$, $0 < y \leqq e$, $xy \geqq e$

[문제 3] 오른쪽 그림과 같이 포물선의 축에 수직인 현을 $P'P$라 하고, 정점을 지나 축에 수직인 직선에 P', P에서 내린 수선을 각각 $P'Q'$, PQ라 하면, 현 $P'P$와 포물선으로 둘러싸인 도형의 넓이는, 직사각형 $P'Q'QP$의 넓이의 $\dfrac{2}{3}$임을 증명하시오. [힌트 : 그림과 같이 좌표축을 잡고, 포물선의 방정식을 $y = ax^2$, Q의 좌표를 $(c, 0)$으로 하여 계산하면 간단합니다.]

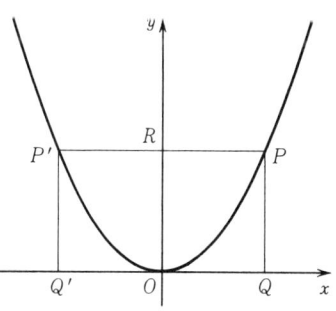

[문제 4] 포물선 $y = ax^2 + bx + c$가 x축과 서로 다른 두 점에서 만날 때, 그 두 점의 x좌표를 α, β(단, $\alpha < \beta$)라 하고, $D = b^2 - 4ac$라 하면, 이 포물선과 x축으로 둘러싸인 도형의 넓이 S는

$$S = \frac{|a|}{6}(\beta - \alpha)^3$$

또는

$$S = \frac{D^{\frac{3}{2}}}{6a^2}$$

으로 주어짐을 증명하시오. [힌트 : 앞 장의 문제 33의 식을 이용합니다.]

문제 5 앞 문제의 공식을 써서 다음 각 쌍의 곡선과 직선으로 둘러싸인 도형의 넓이를 구하시오.

(1) 포물선 $y = -2x^2 + 4x + 5$와 x축

(2) 포물선 $y = x^2 - 6x$와 직선 $y = 2x + 2$

문제 6 곡선 $y = x^3$과 점 $(1, 1)$에서의 이 곡선의 접선으로 둘러 싸인 도형의 넓이를 구하시오. [힌트 : 그림을 그려봅니다. 접선이 다시 곡선과 만나는 점의 x좌표는 무엇입니까?]

문제 7 곡선 $y = \log x$와 원점을 지나는 접선 및 x축으로 둘러싸인 도형의 넓이를 구하시오.

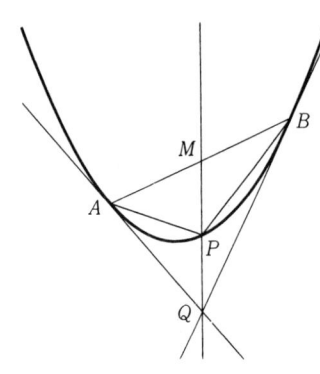

문제 8 포물선 $y = x^2$ 위에 두 점 $A(a, a^2)$, $B(b, b^2)$을 잡고, $a < b$라 합니다. 선분 AB의 중점을 M이라 하고, 또 A에서의 포물선의 접선과 B에서의 포물선의 접선이 만나는 점을 Q라 합니다.

(1) M과 Q를 연결하는 직선 MQ는 포물선의 축과 평행임을 증명하시오.

(2) 직선 MQ와 포물선의 교점을 P라 하면, P는 선분 MQ의 중점임을 증명하시오.

(3) 포물선과 현 AB로 둘러싸인 도형의 넓이 S_1을 구하시오.

(4) 포물선과 접선 AQ, BQ로 둘러싸인 도형의 넓이 S_2를 구하시오.

(5) $\triangle PAB$의 넓이 S_3을 구하시오.

(6) $S_1 : S_2 : S_3$을 구하시오.

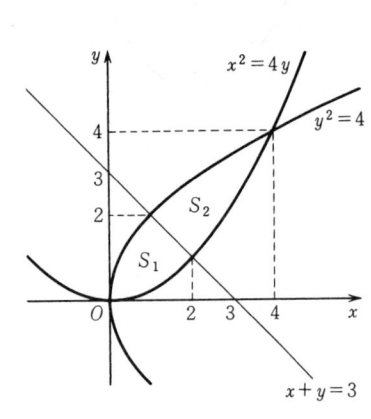

문제 9 두 포물선 $y^2 = 4x$, $x^2 = 4y$로 둘러싸인 넓이는 직선 $x + y = 3$에 의해 어떤 비율로 나누어지는가요? 그림은 왼쪽과 같습니다. 이 그림에서 $S_1 : S_2$를 구하시오.

문제 10 포물선 $y = x^2$과 $ax = y^2 + by$가 초점을 공유하고

있습니다. 단, $a>0$입니다. a, b의 값을 정하고, 다음에 이 두 포물선으로 둘러싸인 도형의 넓이를 구하시오. [힌트 : $ax=y^2+by$를 $a(x-p)=(y-q)^2$의 꼴로 변형하시오. 또 포물선 $y^2=ax$의 초점의 좌표는 $\left(\dfrac{a}{4},\ 0\right)$임을 상기하시오.]

문제 11 점 $(1,\ 2)$를 지나고 기울기 m인 직선과 포물선 $y=x^2$으로 둘러싸인 도형의 넓이를 S라 합니다.

S가 최소일 때 m의 값을 구하시오. 또, S의 최소값을 구하시오. [힌트 : 문제 4를 써서 S를 m으로 나타내시오.]

◆ 사이클로이드의 한 개의 호 아래의 넓이

기하학적인 흥미를 위해, 여기서 사이클로드의 한 호 아래의 넓이를 구해 놓습니다. 이것은 곡선의 방정식이 매개변수에 의해 주어져 있는 경우에 알맞은 한 예입니다.

사이클로드의 방정식은 1070 페이지에서 배운바 있습니다. 이제, 사이클로드의 한 호, 즉 매개변수 θ가 구간 $0\le\theta\le2\pi$를 움직일 때,

$$x=a(\theta-\sin\theta),\qquad y=a(1-\cos\theta)$$

로 주어지는 곡선과 x축과의 넓이를 구하여 봅시다.

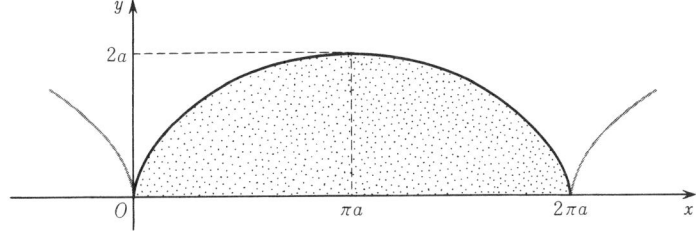

y는 θ를 매개변수로 하는 x의 함수로 생각할 수 있으며,

$$\theta=0일 때\quad x=0,$$
$$\theta=2\pi일 때\quad x=2\pi a$$

입니다. 따라서 구하는 넓이를 S라 하면,

$$S=\int_0^{2\pi a}y\,dx$$

입니다.

우리들은 이 적분을 θ에 관한 적분으로 변환합시다. 이때, 치환적분법의 공식에 의해

$$S = \int_0^{2\pi} y\frac{dx}{d\theta}\,d\theta$$
$$= \int_0^{2\pi} a(1-\cos\theta)\cdot a(1-\cos\theta)\,d\theta$$
$$= a^2\int_0^{2\pi}(1-2\cos\theta+\cos^2\theta)\,d\theta$$

가 되며, 이후의 계산은 쉽습니다. 왜냐하면, 이미 알고 있듯이 $\cos^2\theta$에서도, 그 부정적분은 등식

$$\cos^2\theta = \frac{1+\cos 2\theta}{2}$$

에서 즉시 구해지기 때문입니다. 실제로 계산을 계속하면

$$S = 3\pi a^2$$

을 얻습니다. 여러분은 스스로 이 계산을 완료해 보십시오.

문제 12 타원 $\dfrac{x^2}{a^2}+\dfrac{y^2}{b^2}=1$은 θ를 매개변수로 하여
$$x = a\cos\theta,\quad y = b\sin\theta \quad (0\le\theta\le 2\pi)$$
로 매개변수표시할 수 있습니다. 이 매개변수표시를 써서 위의 계산을 이용하여 타원의 넓이를 구하시오.

◆ 광의의 적분

이 항에서는 도형의 넓이의 계산에서 일단 떨어져서 ──그렇다 해도 간접적으로나 직접적으로 넓이의 개념을 많이 원용하게 됩니다만──, 적분의 정의를 확장해 봅시다.

우리들은 이제까지, 폐구간 $[a,\ b]$ 또는 $[b,\ a]$에서 연속인 함수 f에 대하여만 적분 $\int_a^b f$를 생각해 왔습니다. 그러나, 실제로는 좀 더 적분의 정의를 확장해 놓는 것이

자연스럽기도 하고 또 편리합니다.

이를테면, 그래프가 아래 왼쪽 그림과 같이 되는 함수 f를 생각해 봅시다. 이 함수 f는 그림의 구간 $(a, b]$에서 연속이지만 끝점 a에서는 정의되지 않습니다. x가 a에 오른쪽으로부터 가까워질 때, $f(x) \to \infty$가 됩니다. 이런 경우에도, f의 "a에서 b까지의 적분"을 생각할 수 있을까요?

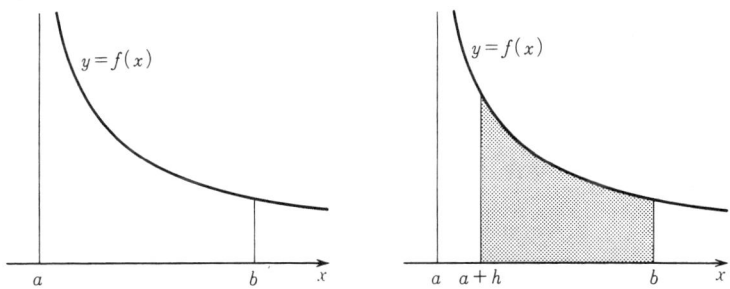

이 문제의 해답은 다음과 같이 극히 자연스럽게 주어집니다. 즉, 먼저 충분히 작은 양수 h를 $a+h < b$가 되도록 취합니다. 이 때, f는 구간 $[a+h, b]$에서 연속이므로, 적분

$$\int_{a+h}^{b} f$$

가 정의됩니다. 이 적분의 값은 "h의 함수"입니다. 다음으로 h를 0에 가까이합니다. 이 때, 만일 이 적분이 (유한의) 극한값에 가까워지면, 그 극한값을 f의 "a에서 b까지의 적분"으로 정의합니다. 즉,

$$\int_{a}^{b} f = \lim_{h > 0, \, h \to 0} \int_{a+h}^{b} f$$

로 정의합니다. 이 정의가 "극히 자연"적인 것임은 아마 여러분도 이의 없이 승인할 것입니다. 이와 같이 하여 정의된 적분을 **광의의 적분**이라 합니다. 그리고 광의의 적분 값이 존재하는 것을 그 광의의 적분이 **수렴한다고** 합니다.

F를 $(a, b]$에서의 f의 부정적분의 하나라 하면,

$$\int_{a+h}^{b} f = F(b) - F(a+h)$$

이므로, $h \to 0$일 때의 이 극한은

$$F(b) - \lim_{h>0, h\to 0} F(a+h)$$

가 됩니다. 그러므로 광의의 적분 $\int_{a}^{b} f$가 수렴하는 것은, 유한의 극한값 $\lim_{h>0, h\to 0} F(a+h)$가 존재하는 것과 동치이고, 이 때

$$\int_{a}^{b} f = F(b) - \lim_{h>0, h\to 0} F(a+h)$$

입니다. 우리들은 종종 이 우변도, 기호 $[F(x)]_{a}^{b}$로 나타냅니다. 단, 광의의 적분의 경우에는 이 기호의 정확한 뜻을 언제나 마음 속에 확실히 간직하지 않으면 안 됩니다.

위와 마찬가지로, 함수 f가 구간 $[a, b)$에서 연속일 때에는 광의의 적분 $\int_{a}^{b} f$를 다음과 같이 정의합니다. 즉, 작은 양수 h를 $a < b-h$가 되도록 잡고, 적분

$$\int_{a}^{b-h} f$$

를 만들어 $h \to 0$이라 합니다. 만일, $h \to 0$일 때, 이것이 유한의 극한값을 가지면

$$\int_{a}^{b} f = \lim_{h>0, h\to 0} \int_{a}^{b-h} f$$

로 정의합니다.

다음에 광의의 적분의 전형적인 예를 생각해 봅시다.

예 적분 $\int_{0}^{1} \dfrac{dx}{x}$는 존재할까요?

풀이 함수 $\dfrac{1}{x}$은 구간 $(0, 1]$에서 연속입니다. h를 $0 < h < 1$을 만족하는 수라 하면,

$$\int_{h}^{1} \frac{dx}{x} = [\log x]_{h}^{1} = -\log h$$

$h \to +0$일 때 $\log h \to -\infty$입니다. 그러므로 위의 적분의 값은 $+\infty$로 발산합니다. 따라서 적분

$$\int_{0}^{1} \frac{dx}{x}$$

는 존재하지 않습니다.

⟨예⟩ 적분 $\int_0^1 \dfrac{dx}{\sqrt{x}}$ 는 존재할까요?

풀이 위의 예와 같이, $0 < h < 1$이라 하면

$$\int_h^1 \frac{dx}{\sqrt{x}} = \left[2\sqrt{x} \right]_h^1 = 2 - 2\sqrt{h}$$

h가 0에 가까워질 때, $\sqrt{h}$는 0에 가까워지고, 그러므로 이 적분값은 2에 가까워집니다. 따라서, 이 적분은 수렴하며

$$\int_0^1 \frac{dx}{\sqrt{x}} = 2$$

입니다.

위의 예의 두 함수

$$\frac{1}{x}, \quad \frac{1}{\sqrt{x}}$$

의 그래프는 매우 비슷합니다. (두 함수 모두 0에 가까워질 때, 함수값은 아주 커지며, y축에 한없이 가까워집니다.) 그러나 두 그래프에는 결정적인 차이점이 있습니다. 즉, 구간 $[h, 1]$에서의 그래프와 x축과의 사이의 넓이가, $h \to +0$일 때 $\dfrac{1}{x}$에서는 한없이 커지지만, $\dfrac{1}{\sqrt{x}}$에서는 유한의 값 2에 가까워집니다.

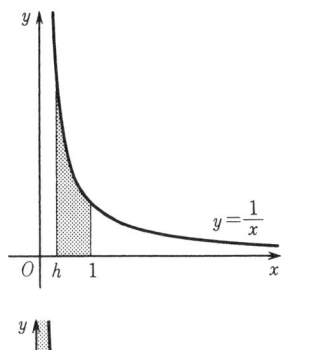

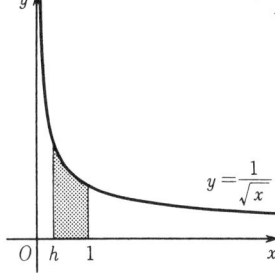

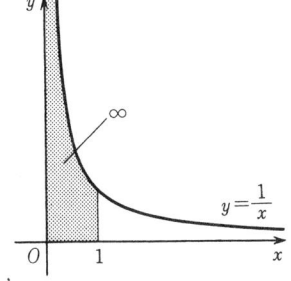

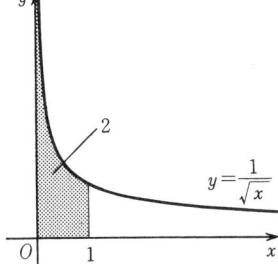

문제 13 α를 양의 상수라 합니다.

(1) α>1이면, 적분

$$\int_0^1 \frac{dx}{x^\alpha}$$

는 존재하지 않음을 증명하시오.

(2) 0<α<1이면, 위의 적분은 존재함을 밝히고, 그 값을 구하시오

문제 14 광의의 적분

$$\int_0^1 \frac{dx}{\sqrt{1-x^2}}$$

는 수렴하고, 그 값은 $\frac{\pi}{2}$임을 증명하시오. [힌트 : 적분

$$\int_0^h \frac{dx}{\sqrt{1-x^2}} \qquad (0<h<1)$$

의 $h \to 1$일 때의 극한을 구하지 않으면 안됩니다. 이를 위해 $x = \sin\theta (0 \leq \theta \leq \pi/2)$라 놓고, $x=h$에 대응하는 θ의 값 $\arcsin h$를 β라 하여, 치환적분법에 따라 이 적분의 값을 β로 나타내면, $h \to 1$일 때 β는 무엇에 가까워집니까?]

광의의 적분에는 또 하나 다른 타입의 적분이 있습니다. 그것은 "무한구간"에 관한 적분입니다.

예를 들면, 함수 f가 구간 $[a, \infty)$에서 연속이라 합니다. 이 때 b를 $a<b$를 만족하는 임의의 수라 하면

$$\int_a^b f$$

가 정의됩니다. 만일 $b \to \infty$일 때, 이 적분이 유한의 극한값을 가지면, 광의의 적분 $\int_a^\infty f$는 **수렴한다**고 하고,

$$\int_a^\infty f = \lim_{b \to \infty} \int_a^b f$$

로 정의합니다.

함수 f의 구간 $[a, \infty)$에서의 하나의 부정적분을 F라 하면, 윗 식의 우변의 극한은

$$\lim_{b \to \infty} F(b) - F(a)$$

를 뜻합니다. 따라서 $\lim_{b \to \infty} F(b)$가 존재하고 유한일 때, $\int_a^\infty f$

는 수렴하며,

$$\int_a^\infty f = \lim_{b \to \infty} F(b) - F(a)$$

가 됩니다. 이 우변을 형식적으로 $[F(x)]_a^\infty$로 나타내는 경우가 있습니다.

㉖ 적분 $\int_1^\infty \dfrac{dx}{x}$는 수렴하지 않음을 밝히시오.

풀이 $b > 1$이라 하면,

$$\int_1^b \frac{dx}{x} = [\log x]_1^b = \log b$$

$b \to \infty$일 때, 이것은 양의 무한대로 발산합니다.

㉖ 적분 $\int_1^\infty \dfrac{dx}{x^2}$는 수렴함을 밝히시오.

풀이 같은 방법으로 $b > 1$이라 하면,

$$\int_1^b \frac{dx}{x^2} = \left[-\frac{1}{x} \right]_1^b = 1 - \frac{1}{b}$$

$b \to \infty$일 때, $1/b$은 0에 수렴합니다. 그러므로, 이 적분은 수렴하며

$$\int_1^\infty \frac{dx}{x^2} = 1$$

입니다.

위의 두 예에서도 두 곡선

$$y = \frac{1}{x}, \quad y = \frac{1}{x^2}$$

의 x가 한없이 커질 때의 그래프의 모양은 닮아 보입니다. 그러나 실제에는 크게 다릅니다! 함수 $1/x^2$은 $1/x$ 보다도 훨씬 빠르게 0에 가까워집니다. 이 때문에 구간 $[1, \infty)$에서의 곡선 $1/x$ 아래의 넓이가 무한히 커지는 데 대하여, 곡선 $1/x^2$아래의 넓이는 유한의 값 1이 됩니다.

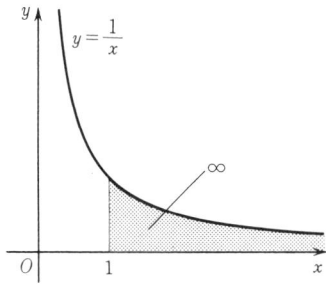
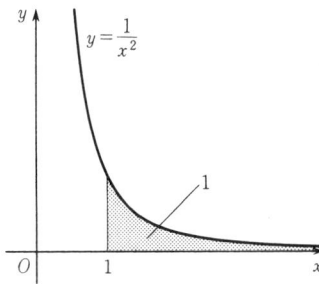

위에서는 구간 $[a, \infty)$에서 광의의 적분의 정의를 기술했습니다. 구간 $(-\infty, b]$에서 연속인 함수 f의 구간에서 광의의 적분의 정의도 위의 경우와 마찬가지입니다.

또 전구간$(-\infty, \infty)$에서 연속인 함수 f의 전구간에 걸친 적분에 관해서는, 임의의 1점 a를 잡고, "$-\infty$에서 a까지의 적분"과 "a에서 ∞까지의 적분"으로 나누어서 생각합니다. 이 두 적분이 모두 수렴할 때에, 전구간에 걸친 적분은

$$\int_{-\infty}^{\infty} f = \int_{-\infty}^{a} f + \int_{a}^{\infty} f$$

로 정의할 수 있습니다.

문제 15 α를 양의 상수라 합니다.

(1) $0 < \alpha < 1$이면, 적분

$$\int_{1}^{\infty} \frac{dx}{x^{\alpha}}$$

는 수렴하지 않음을 증명하시오.

(2) $\alpha > 1$이면 위의 적분은 수렴함을 보이고, 그 값을 구하시오.

문제 16 다음 적분은 모두 수렴함을 보이고, 그 값을 구하시오.

(1) $\displaystyle\int_{0}^{\infty} e^{-x} dx$ (2) $\displaystyle\int_{0}^{\infty} x e^{-x} dx$

(3) $\displaystyle\int_{0}^{\infty} x^2 e^{-x} dx$ (4) $\displaystyle\int_{1}^{\infty} \frac{\log x}{x^2} dx$

20.2 부 피

입체도형의 부피를 구할 때에도 적분법이 이용됩니다. 먼저, 기본적인 공식을 기술해 두기로 합니다.

◆ 부피 공식

공간 안에 한 개의 입체도형 K와 한 개의 직선 l이 주

이겼다고 합니다. *l*은 그 위에 좌표가 설정된 수직선이라
합니다. 우리들은 도형 *K*에서 *l*에 수직인 두 평면 *A*, *B*사
이에 끼인 부분에 착안합니다. 이 부분의 부피를 *V*라 합
니다.

그림과 같이, 두 평면 *A*, *B*가 *l*과 만나는 점의 좌표를
각각 *a*, *b*라 하고, $a < b$라 합니다.

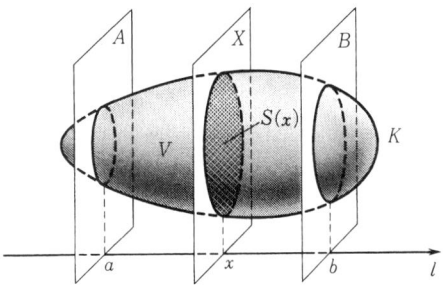

또, $a \leq \boldsymbol{x} \leq b$인 임의의 $\boldsymbol{x}$에 대하여, *l*과 좌표 $\boldsymbol{x}$인 점에
서 수직으로 만나는 평면 *X*에서 입체 *K*를 잘랐을 때의
단면의 넓이를 $S(\boldsymbol{x})$라 합니다. 이 함수 $S(\boldsymbol{x})$가 주어졌을
때 부피 *V*를 구하여 봅시다.

지금, $P = (\boldsymbol{x}_0, \boldsymbol{x}_1, \cdots, \boldsymbol{x}_n)$을 구간 $[a, b]$의 분할, 즉

$$a = \boldsymbol{x}_0 < \boldsymbol{x}_1 < \cdots < \boldsymbol{x}_n = b$$

를 만족시키는 점의 열이라 합니다. 여기에서 세분 구간
$[\boldsymbol{x}_{k-1}, \boldsymbol{x}_k]$에 주목하면, 이 부분에 있는 입체의 부피는,
$[\boldsymbol{x}_{k-1}, \boldsymbol{x}_k]$의 적당한 점 c_k를 취하면 밑넓이가 $S(c_k)$, 높
이가 $\boldsymbol{x}_k - \boldsymbol{x}_{k-1}$인 원기둥의 부피

$$S(c_k)(\boldsymbol{x}_k - \boldsymbol{x}_{k-1})$$

과 같아질 것입니다. (아래 오른쪽 끝의 그림은 단면도를
나타냅니다.)

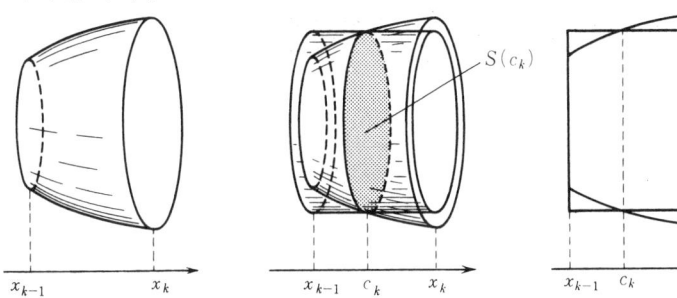

각 세분 구간에 대하여, 이와 같은 점 c_k를 취하면, 입체 K의 두 평면 A, B에 끼인 부분의 부피 V는

$$V = \sum_{k=1}^{n} S(c_k)(x_k - x_{k-1})$$

로 나타남을 알 수 있습니다. 이 우변은 함수 $S(x)$의 분할 P에 관한 하나의 리만합입니다.

즉, 구간 $[a, b]$의 임의의 분할 P에 대하여, V는 그 분할에 관한 하나의 리만합으로 나타납니다.

이제, 분할 P를 일양으로 촘촘하게 하면, 리만합은 $S(x)$의 a에서 b까지의 적분에 수렴함을 우리들은 알고 있습니다. (1123페이지를 참조.)

따라서

$$V = \int_{a}^{b} S(x) dx$$

입니다. 이것이 입체도형의 부피를 구하기 위한 기본적인 공식입니다.

[주의 : 정확히 말하면 이것도 차라리, 이 적분에 의해서 부피를 정의한다고 해야 합니다.]

예제 밑넓이 S, 높이 h인 각 뿔의 부피를 구하시오.

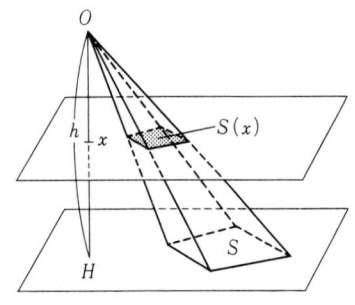

풀이 각뿔의 꼭지점을 O라 하고, O를 지나 밑면에 수직인 직선을 l라 합니다. l 위의 좌표는 O가 원점, l과 밑면(을 포함하는 평면)과의 교점 H의 좌표가 h가 되도록 정합니다.

l 위의 점 $x (0 \leq x \leq h)$를 지나고, l에 수직인 (즉, 밑면에 평행인) 평면에 의한 각뿔의 단면의 넓이를 $S(x)$라 하면, $S(x)$와 S는 닮음비가 $x : h$인 닮은꼴의 넓이입니다. 그러므로

$$S(x) : S = x^2 : h^2$$

즉,

$$S(x) = \frac{S}{h^2} x^2$$

입니다. 그러므로 각뿔의 부피 V는

$$V = \int_0^h \frac{S}{h^2} x^2 \, dx = \frac{S}{h^2} \cdot \left[\frac{x^3}{3} \right]_0^h = \frac{1}{3} Sh$$

가 됩니다.

문제 17 평면 위에 A, B를 지름의 양끝으로 하는 반원이 있습니다. P를 AB 위의 임의의 점이라 하고, P를 지나 AB에 수직인 직선과 반원과의 교점을 Q라 합니다. P를 직각의 꼭지점으로 하는 직각이등변삼각형 PQR를 반원을 포함하는 평면에 수직으로 세웁니다. 점 P가 A에서 B까지 움직일 때, $\triangle PQR$가 통과하여 생기는 입체의 부피를 구하시오. 단, $\triangle PQR$는 모든 평면의 같은 쪽에 세우는 것으로 하고, $AB = 2a$로 합니다.

◆ **회전체의 부피**

전항에서 기술한 공식의 특별한 경우로서, 이른바 "회전체의 부피" 공식이 얻어집니다.

이제, 구간 $[a, b]$에서 $f(x) \geqq 0$라 합니다. 이 때, 곡선 $y = f(x)$와 x축 및 두 직선 $x = a$, $x = b$로 둘러싸인 도형을 x축 둘레로 1회전시키면, 한 입체도형 K가 생깁니다. 이 입체 K를 통상 간단히 "구간 $[a, b]$에서 곡선 $y = f(x)$를 x축 둘레로 회전하여 생기는 회전체"라고 합니다. 회전체 K의 표면은 곡선 $y = f(x)$가 회전하여 생기는 곡면이고, 양밑면은 각각 $f(a)$, $f(b)$를 반지름으로 하는 원입니다. (단, $f(a) = 0$ 또는 $f(b) = 0$인 경우도 있습니다.)

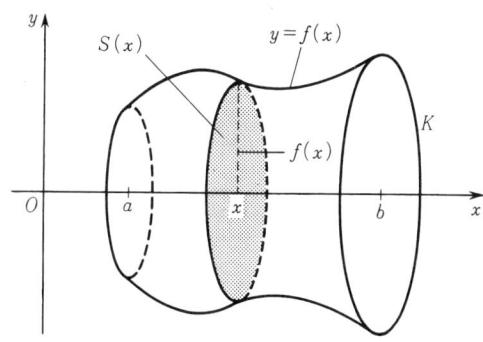

일반적으로, x축 위의 임의의 점 $x(a \le x \le b)$를 지나고, x축에 수직인 평면으로 이 회전체 K를 자르면, 단면은 반지름 $f(x)$인 원이 됩니다. 따라서, 단면의 넓이를 $S(x)$라 하면,

$$S(x) = \pi \{ f(x) \}^2$$

입니다.

이상에서 다음 정리가 얻어집니다.

구간 $[a, b]$에서 $f(x) \ge 0$일 때, 곡선 $y = f(x)$를 이 구간에서 x축 둘레로 1회전하여 생긴 회전체의 부피 V는

$$V = \pi \int_a^b y^2 dx = \pi \int_a^b \{ f(x) \}^2 dx$$

로 주어진다.

실제 문제의 부피 계산에서는, 이 회전체의 부피 공식이 가장 유용합니다.

물론, $x = g(y)$꼴의 곡선을 y축 둘레로 1회전하여 생긴 회전체를 생각할 수도 있습니다, 그 부피 공식은, 위의 공식 x, y의 역할을 바꿈으로써 얻어집니다.

즉, 구간 $c \le y \le d$에서 $g(y) \ge 0$일 때, 이 구간에서 곡선 $x = g(y)$를 y축 둘레로 1회전하여 생긴 회전체의 부피 V는

$$V = \pi \int_c^d x^2 dy = \pi \int_c^d \{ g(y) \}^2 dy$$

가 됩니다.

㉠ 포물선 $y = x^2$과 직선 $y = h(h > 0)$로 둘러싸인 도형을 y축 둘레로 회전하여 생기는 회전체의 부피는

$$V = \pi \int_0^h x^2 \, dy = \pi \int_0^h y \, dy = \frac{1}{2} \pi h^2$$

입니다.

예제 반지름 r인 구의 부피를 구하시오.

풀이 반지름 r인 구는, 반원 $y=\sqrt{r^2-x^2}$이 구간

$$-r \leqq x \leqq r$$

에서 x축 둘레로 1회전하여 생기는 회전체로 생각합니다. 따라서, 그 부피 V는

$$V=\pi\int_{-r}^{r}y^2\,dx=2\pi\int_{0}^{r}(r^2-x^2)\,dx$$
$$=2\pi\left[\,r^2x-\frac{x^3}{3}\,\right]_{0}^{r}=\frac{4}{3}\pi r^3$$

입니다.

대개 여러분은 훨씬 이전부터 이 예제에서 보인 결과에 대해 알고 있습니다. 여러분은 당연히 이것을 공식으로 기억하고 있었을 것으로 생각하지만, 이제 그 증명을 하게 된 것입니다! 기억을 확고한 것으로 하기 위해, 다시 한 번 강조해 두기로 합니다.

반지름이 r인 구의 부피는 $\dfrac{4}{3}\pi r^3$이다.

예제 원을 그것과 만나지 않는 한 직선 둘레로 1회전시키면 도넛 모양의 한 입체가 생깁니다. 이 입체를 **원환체** 또는 **토러스**(torus)라 합니다. 지금 직선을 x축이라 하고 원의 방정식을

$$x^2+(y-b)^2=r^2$$

이라 할 때, 이 원이 x축 둘레로 1회전하여 생기는 토러스의 부피를 구하시오. 단, b, r는 $b>r>0$을 만족하는 상수라 합니다.

풀이 주어진 원의 중심을 지나고 x축에 평행인 직선에서 원을 상반부와 하반부로 나누면, 상반부의 방정식은

$$y=b+\sqrt{r^2-x^2} \qquad\qquad ①$$

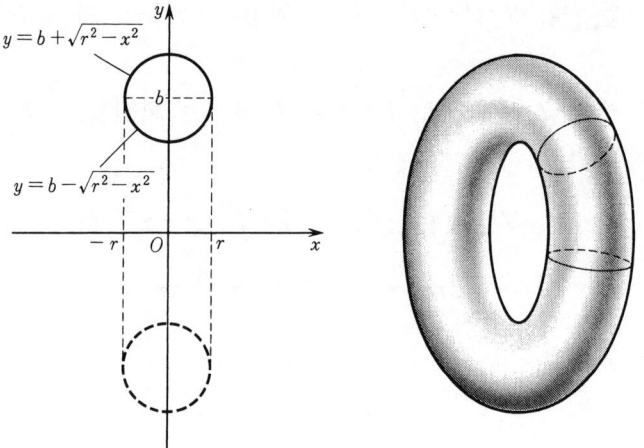

하반부의 방정식은

$$y = b - \sqrt{r^2 - x^2} \qquad ②$$

이 됩니다.

　문제의 토러스를 K라 하면, K는 반원 ①이 x축 둘레로 1회전하여 생기는 회전체 K_1에서, 반원 ②가 x축 둘레로 1회전하여 생기는 회전체 K_2를 뺀 것입니다. 따라서, K, K_1, K_2의 부피를 각각 V, V_1, V_2라 하면

$$V = V_1 - V_2$$

입니다.

　여기에서 V_1, V_2는 각각 적분

$$V_1 = \pi \int_{-r}^{r} (b + \sqrt{r^2 - x^2})^2 dx,$$

$$V_2 = \pi \int_{-r}^{r} (b - \sqrt{r^2 - x^2})^2 dx$$

로 주어집니다. 그러므로

$$V = \pi \int_{-r}^{r} \{(b + \sqrt{r^2 - x^2})^2 - (b - \sqrt{r^2 - x^2})^2\} dx$$

$$= 4\pi b \int_{-r}^{r} \sqrt{r^2 - x^2} \, dx$$

　이 마지막 부분의 적분은 반지름의 길이가 r인 반원의 넓이이므로 $\dfrac{1}{2}\pi r^2$입니다. 따라서

$$V = 4\pi b \cdot \frac{1}{2} \pi r^2 = 2\pi^2 r^2 b$$

가 됩니다.

위의 토러스의 부피는, 원의 중심 $(0, b)$가 x축 둘레로 회전하여 생기는 원주의 길이 $2\pi b$에, 원의 넓이 πr^2을 곱한 것입니다.

즉, 토러스의 부피는

(원의 중심이 지나는 길이) $\times$ (원의 넓이)

와 같습니다. 이것을 기억해 두면 편리합니다.

예제 (이것은 곡선의 방정식이 매개변수로 표시되어 있는 경우에 회전체의 부피를 계산하는 한 예입니다.) 사이클로이드의 한 호

$$\begin{cases} x = a(\theta - \sin\theta) \\ y = a(1 - \cos\theta) \end{cases} \qquad (0 \le \theta \le 2\pi)$$

가 x축 둘레로 1회전하여 생기는 회전체의 부피를 구하시오.

풀이 곡선은 직선 $x = \pi a$에 관하여 대칭이므로, 구하는 부피 V는

$$V = 2\pi \int_0^{\pi a} y^2\, dx$$

로 주어집니다.

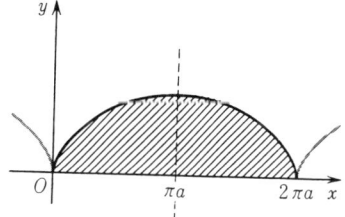

변수 x를 변수 θ로 바꾸면

$$\theta = 0\, \text{일 때}\ x = 0,$$
$$\theta = \pi\, \text{일 때}\ x = \pi a$$

이므로,

$$\begin{aligned} V &= 2\pi \int_0^{\pi} y^2 \frac{dx}{d\theta}\, d\theta \\ &= 2\pi \int_0^{\pi} a^2(1 - \cos\theta)^2 \cdot a(1 - \cos\theta)\, d\theta \\ &= 2\pi a^3 \int_0^{\pi} (1 - \cos\theta)^3\, d\theta \end{aligned}$$

이 마지막 부분에 나온 적분은, 여러분이 이미 습득하고 있는 기법에 의해——각각 자기 나름으로——

구할 수 있을 것입니다. 이제 1179페이지에서 설명한 $\sin^n x$의 구간 $[0, \pi/2]$에서 정적분의 공식을 이용하여 위의 적분을 구해 봅시다. 공식

$$1 - \cos\theta = 2\sin^2\frac{\theta}{2}$$

를 사용하고, 또 $\theta/2 = t$라 놓습니다. 그러면

$$\int_0^\pi (1-\cos\theta)^3 d\theta = 8\int_0^\pi \sin^6\frac{\theta}{2} d\theta$$

$$= 16\int_0^{\frac{\pi}{2}} \sin^6 t \, dt$$

$$= 16 \cdot \frac{\pi}{2} \cdot \frac{1}{2} \cdot \frac{3}{4} \cdot \frac{5}{6} = \frac{5}{2}\pi$$

따라서 구하는 부피는

$$V = 5\pi^2 a^3$$

입니다.

문제 18 회전체의 부피 공식을 이용하여, 구간 $[0, h]$에서 선분 $y = mx \, (m > 0)$가 x축 둘레로 회전하여 생기는 회전체의 부피를 구하시오. 이로부터 원뿔의 부피는 "밑넓이 × 높이"의 $\frac{1}{3}$임을 유도하시오.

문제 19 다음 회전체의 부피를 구하시오.

(1) 타원 $\dfrac{x^2}{a^2} + \dfrac{y^2}{b^2} = 1$을 x축 둘레로 회전하여 생기는 회전체.

(2) (1)의 타원을 y축 둘레로 회전하여 생기는 회전체.

(3) 포물선 $y = -x^2 + h^2 \, (h > 0)$과 x축으로 둘러싸인 도형을 x축 둘레로 회전하여 생기는 입체.

(4) (3)의 포물선을 y축 둘레로 회전하여 생기는 입체.

(5) 포물선 $y = (x-a)(b-x)$(단, $a < b$)와 x축으로 둘러싸인 도형을 x축 둘레로 회전하여 생기는 입체. [힌트 : 직접적으로 계산하면 계산이 복잡해집니다. 원점을 $\left(\dfrac{a+b}{2}, \, 0\right)$으로 평행이동하여, $\dfrac{b-a}{2} = h$라 두면, 문제의 입체는 (3)의 입체와 같아집니다.]

(6) 구간 $[0, \pi]$에서 곡선 $y = \sin x$와 x축으로 둘러싸인

도형을 x축 눌레로 회전하여 생기는 회전체.

(7) 구간 $\left[\,0,\ \dfrac{\pi}{4}\,\right]$ 에서 두 곡선 $y=\cos x$, $y=\sin x$ 및 y축으로 둘러싸인 도형을 x축 둘레로 회전하여 생기는 회전체.

문제 20 두 포물선
$$y=3-x^2, \qquad y=1+x^2$$
으로 둘러싸인 도형이 x축 둘레로 회전하여 생기는 입체의 부피를 구하시오.

문제 21 곡선 $\sqrt{x}+\sqrt{y}=1$과 양좌표축으로 둘러싸인 도형을 x축 둘레로 회전하여 생기는 입체의 부피를 구하시오. [주의 : 이 곡선은 포물선의 일부입니다.]

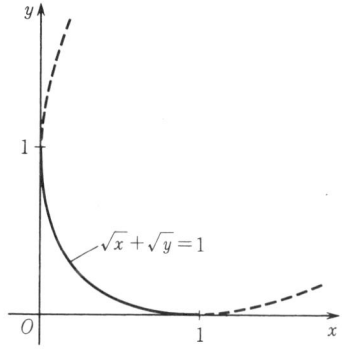

문제 22 반지름이 r, 중심각의 크기가 $120°$인 부채꼴을 그 한 변의 둘레로 회전하여 생기는 회전체의 부피를 구하시오.

문제 23 반구 모양의 그릇을 처음 윗면이 연직선에 수직이 되도록 놓고, 물을 가득 채웁니다. 다음에, 그 그릇을 연직선에 대하여 $15°$만큼 가만히 기울입니다. 이 때, 얼마만큼의 양의 물이 흘러나가겠습니까? 단, 반구의 반지름은 $r\,\mathrm{cm}$입니다.

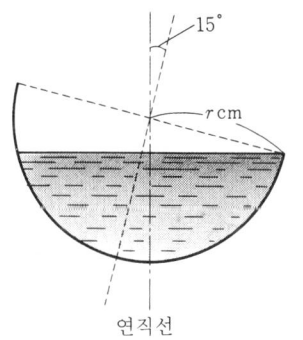

문제 24 한 개의 구를 평행한 두 평면으로 자르고, 각각 바깥쪽 부분을 떼어 냅니다. 두 평면에 의한 단면의 반지름을 각각 r_1, r_2, 두 평면 사이의 거리를 h라 할 때, 남은 부분의 부피, 즉 두 평면 사이에 끼인 구 부분의 부피는
$$\frac{\pi h}{6}\,(3r_1{}^2+3r_2{}^2+h^2)$$
임을 증명하시오.

문제 25 코사인 곡선 $y=\cos x$의 $0\le x\le\dfrac{\pi}{2}$의 부분과 양좌표축으로 둘러싸인 도형을, y축——x축은 아닙니다.——의 둘레로 회전하여 생기는 회전체의 부피를 구하시오.
[힌트 : $y=\cos x\left(0\le x\le\dfrac{\pi}{2}\right)$를 x에 관하여 푼 것을 $x=g(y)$라 하면, 구하는 부피는
$$V=\pi\int_0^1 (g(y))^2\,dy$$
입니다. 이 적분을 $g(y)=x$에 의해서 x의 적분으로 변환

하면,

$$V = \pi \int_{\frac{\pi}{2}}^{0} x^2 \frac{dy}{dx}\,dx$$

가 됩니다. 이후는? 부분적분법입니다.]

20.3 곡선의 길이

이 절에서는 넓이, 부피에 이어서 곡선의 길이와 회전체의 겉넓이 등을 생각합니다.

◆ 곡선 $y = f(x)\,(a \leqq x \leqq b)$의 길이

구간 $[a, b]$에서 함수 $y = f(x)$가 주어졌다고 합니다. 이 함수의 그래프의 길이, 즉 곡선

$$y = f(x) \quad (a \leqq x \leqq b)$$

의 길이를 구하여 봅시다. 단, $f(x)$는 미분가능이고, 도함수 $f'(x)$는 연속이라고 가정합니다.

구간 $[a, b]$를 분점 x_k에 따라,

$$a = x_0 < x_1 < x_2 < \cdots\cdots < x_{n-1} < x_n = b$$

로 분할하고, x_k에 대응하는 그래프 위의 점 $(x_k, f(x_k))$를 P_k라 합니다. 이들 점을 차례로 연결하여 꺾은선 $P_0P_1P_2\cdots P_n$을 만들면, 구하는 곡선의 길이 L은 이 꺾은선의 길이, 즉

$$\sum_{k=1}^{n} P_{k-1}P_k$$

에 의해서 근사된다고 생각할 수 있습니다.

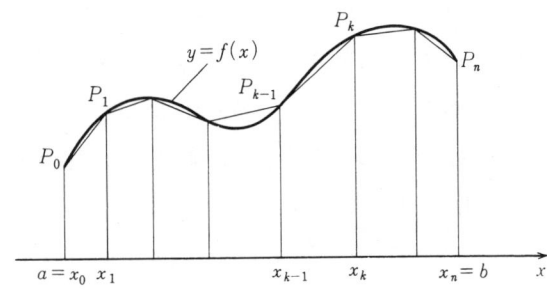

선분 $P_{k-1}P_k$의 길이는

$$P_{k-1}P_k = \sqrt{(x_k - x_{k-1})^2 + (f(x_k) - f(x_{k-1}))^2}$$

입니다. 평균값의 정리에서 $f(x_k) - f(x_{k-1})$은 x_{k-1}과 x_k 사이의 적당한 점 c_k에 의해서

$$f(x_k) - f(x_{k-1}) = f'(c_k)(x_k - x_{k-1})$$

로 나타낼 수 있으므로 $P_{k-1}P_k$는

$$P_{k-1}P_k = \sqrt{1 + (f'(c_k))^2}\,(x_k - x_{k-1})$$

로 나타납니다. 그러므로 꺾은선의 길이는

$$\sum_{k=1}^{n} P_{k-1}P_k = \sum_{k=1}^{n} \sqrt{1 + (f'(c_k))^2}\,(x_k - x_{k-1})$$

입니다. 이 우변의 합은, 함수

$$\sqrt{1 + (f'(x))^2}$$

의 하나의 리만합이라 할 수 있습니다.

곡선의 길이 L은 구간 $[a, b]$의 분할을 일양으로 촘촘하게 했을 때의 구부러진 선의 길이의 극한으로 생각할 수 있습니다. 한편, 분할을 일양으로 촘촘하게 했을 때, 리만합

$$\sum_{k=1}^{n} \sqrt{1 + (f'(c_k))^2}\,(x_k - x_{k-1})$$

은 적분

$$\int_a^b \sqrt{1 + (f'(x))^2}\,dx$$

에 가까워집니다. 그러므로, 곡선의 길이 L을 이 적분에 의해서 정의하는 것은 극히 자연스러운 것이라고 말할 수 있습니다.

곡선 $y = f(x)$ $(a \le x \le b)$의 길이 L은

$$L = \int_a^b \sqrt{1 + \left(\frac{dy}{dx}\right)^2}\,dx$$
$$= \int_a^b \sqrt{1 + (f'(x))^2}\,dx$$

로 주어진다.

이것으로 함수 그래프의 길이 공식을 얻었습니다. 단, 이 공식에 의해서 곡선의 길이를 간단히 계산할 수 있는 것은 극히 한정된 경우밖에 없습니다. 다음에 드는 것은 계산을 쉽게 할 수 있는 한 예입니다.

예 곡선 $y = x^{\frac{3}{2}}$ 의 $x = 0$ 에서 $x = 5$ 까지의 길이를 구하시오.

풀이 $\dfrac{dy}{dx} = \dfrac{3}{2} x^{\frac{1}{2}}$ 이므로, 길이를 L 이라 하면,

$$L = \int_0^5 \sqrt{1 + \frac{9}{4} x}\, dx = \int_0^5 \frac{1}{2} \sqrt{4 + 9x}\, dx$$

이 적분 중의 함수의 부정적분은 즉시 구할 수 있습니다. 곧 다음과 같습니다.

$$L = \left[\frac{1}{27} (4 + 9x)^{\frac{3}{2}} \right]_0^5 = \frac{335}{27}$$

문제 26 다음 곡선의 길이를 구하시오.

(1) 곡선 $y = \dfrac{1}{2}(e^x + e^{-x})$ 의 $x = 0$ 에서 $x = a$ 까지의 길이. (a 는 양의 상수)

(2) 포물선 $y = x^2$ 의 $x = 0$ 에서 $x = 1$ 까지의 길이.

[힌트 : $2x = u$ 라 하면, 구하는 길이는,

$$\frac{1}{2} \int_0^2 \sqrt{1 + u^2}\, du$$

입니다. 이 적분을 다루려면,

$$u = \frac{e^t - e^{-t}}{2}$$

라 놓고, 치환적분법을 사용하는 것이 무엇보다도 현명합니다. 이 때, 적분의 근호 안은 완전제곱식이 되며, $\sqrt{1 + u^2}$ 의 부정적분에 대하여

$$\int \sqrt{1 + u^2}\, du = \frac{1}{2} \left[u\sqrt{1 + u^2} + \log(u + \sqrt{1 + u^2}) \right]$$

이라는 결과를 얻습니다. 여러분은 계산 연습을 위해 이 식을 유도하여 봅니다. (물론, 이 식이 옳다는 것은 우변을 미분해보면 알지만, 처음부터 공식으로서 사용한 것은 재미없는 일입니다.)

이 방법에 의해서, 일반적으로 $\sqrt{a^2+x^2}$ 의 부정적분은

$$\frac{1}{2}\left[x\sqrt{a^2+x^2}+a^2\log(x+\sqrt{a^2+x^2})\right]$$

으로 주어진다는 것을 증명할 수 있습니다.]

(3) 곡선 $y=\log x$ 의 $x=1$ 에서 $x=3$ 까지의 길이.

　[힌트 : 적분계산에서, $\sqrt{x^2+1}=t$ 라 두면, 유리함수의 적분이 됩니다. 따라서 부분분수를 사용합니다.]

◈ 매개변수로 나타난 곡선의 길이

다음에, 곡선이 매개변수로 나타나 있는 경우를 생각해 봅니다. 이제, 평면 위의 곡선 C 가 구간 $a \leqq t \leqq b$ 를 움직이는 매개변수 t 에 의해서

$$x = f(t), \quad y = g(t)$$

로 주어져 있다고 합니다. f, g 는 각각 연속인 도함수 f', g' 을 가진다고 가정합니다.

또한 양 끝점 $(f(a), g(a)), (f(b), g(b))$ 가 일치할 경우를 제외하고, 구간 $a \leqq t \leqq b$ 에 속하는 임의의 t_1, t_2 에 대하여

$$\underline{t_1 \neq t_2 \text{이면}}$$

$\underline{\text{점}(f(t_1), g(t_1)) \text{과 점}(f(t_2), g(t_2)) \text{는 서로 다르다}}$

고 가정합니다.

이제, 이 곡선 C 의 길이 L 을 구하기 위해 앞과 같이, 구간 $a \leqq t \leqq b$ 를

$$a = t_0 < t_1 < t_2 < \cdots < t_{n-1} < t_n = b$$

로 분할하고, t_k 에 대응하는 곡선 위의 점 $(f(t_k), g(t_k))$ 를 P_k 라 합니다. 그렇게 하면, 역시 L 은 구부러진 선의 길이

$$\sum_{k=1}^{n} P_{k-1}P_k$$

로 근사됩니다.

여기에서, 이웃하는 두 점을 잇는 선분의 길이 $P_{k-1}P_k$ 는

$$\sqrt{(f(t_k) - f(t_{k-1}))^2 + (g(t_k) - g(t_{k-1}))^2}$$

로 나타납니다. 평균값의 정리에 의하면, t_{k-1}과 t_k 사이에

$$f(t_k) - f(t_{k-1}) = f'(c_k)(t_k - t_{k-1}),$$

$$g(t_k) - g(t_{k-1}) = g'(d_k)(t_k - t_{k-1})$$

이 되는 c_k, d_k가 존재하여, 위의 길이는

$$\sqrt{(f'(c_k))^2 + (g'(d_k))^2} \cdot (t_k - t_{k-1})$$

이 됩니다. 여기에서 일반적으로는 c_k와 d_k는 같지 않지만, 분할을 충분히 촘촘하게 했을 때에 이 값은 거의

$$\sqrt{(f'(c_k))^2 + (g'(c_k))^2} \cdot (t_k - t_{k-1})$$

과 같다고 보아도 됩니다. 따라서, 구부러진 선의 길이는 거의

$$\sum_{k=1}^{n} \sqrt{(f'(c_k))^2 + (g'(c_k))^2} \cdot (t_k - t_{k-1})$$

과 같다고 생각할 수 있습니다. 이것은 t의 함수

$$\sqrt{(f'(t))^2 + (g'(t))^2}$$

의 리만합입니다. 그러므로 곡선 C의 길이 L을 이 함수의 적분

$$\int_a^b \sqrt{(f'(t))^2 + (g'(t))^2}\, dt$$

에 의해서 정의하는 것은, 극히 자연스럽습니다.

[주의 : 이 적분은 실제로 분할을 일양으로 촘촘하게 했을 때의 구부러진 선의 길이의 극한이 되지만, 여기에서는 이 이상의 논의에는 들어가지 않겠습니다.]

구간 $a \leqq t \leqq b$에서
$$x = f(t), \qquad y = g(t)$$
로 나타나는 곡선의 길이 L은

$$L = \int_a^b \sqrt{\left(\frac{dx}{dt}\right)^2 + \left(\frac{dy}{dt}\right)^2}\, dt$$

$$= \int_a^b \sqrt{(f'(t))^2 + (g'(t))^2}\, dt$$

로 주어진다.

(예) 곡선
$$x = \cos t, \quad y = \sin t$$
의 $t = 0$에서 $t = \pi$ 까지의 길이를 구하시오.

풀이 구하는 길이는
$$\int_0^\pi \sqrt{(-\sin t)^2 + (\cos t)^2}\, dt = \int_0^\pi dt = \pi$$
입니다. [이것은 반지름 1인 반원주의 길이와 같습니다.]

(예) 사이클로이드
$$x = a(\theta - \sin \theta), \qquad y = a(1 - \cos \theta)$$
의 $0 \leqq \theta \leqq 2\pi$ 부분의 길이를 구하시오.

풀이 $\dfrac{dx}{d\theta} = a(1 - \cos \theta), \dfrac{dy}{d\theta} = a \sin \theta$ 이므로,
$$\left(\frac{dx}{d\theta}\right)^2 + \left(\frac{dy}{d\theta}\right)^2 = a^2(1 - 2\cos\theta + \cos^2\theta + \sin^2\theta)$$
$$= 2a^2(1 - \cos\theta)$$
$$= 4a^2 \sin^2\frac{\theta}{2}.$$

구간 $0 \leqq \theta \leqq 2\pi$에서 $\sin(\theta/2) \geqq 0$이므로, 구하는 길이 L은
$$L = \int_0^{2\pi} 2a \sin\frac{\theta}{2}\, d\theta = 8a$$
가 됩니다.

문제 27 a를 양의 상수라 합니다. 구간 $0 \leqq t \leqq 2\pi$에서
$$x = a\cos^3 t, \qquad y = a\sin^3 t$$
로 나타나는 곡선의 길이를 구하시오. 이 곡선을 **아스테로이드**(asteroid)라고 부릅니다. [힌트: 이 곡선은 그림과 같은 꼴을 하고 있어, 양좌표축에 관하여 대칭입니다. $0 \leqq t \leqq \dfrac{\pi}{2}$ 부분의 길이를 구하여 4배하십시오.]

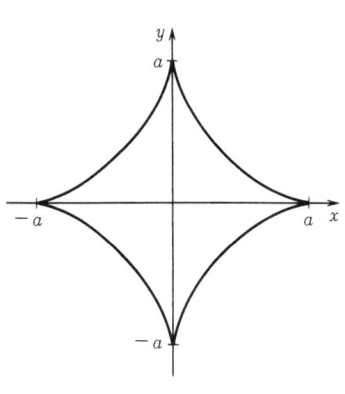

문제 28 곡선
$$x = e^t \cos t, \qquad y = e^t \sin t$$
의, $0 \leqq t \leqq 1$ 부분의 길이를 구하시오.

◆ 점이 운동하는 거리

곡선 C의 매개변수표시

$$\begin{cases} x = f(t) \\ y = g(t) \end{cases} \qquad (a \leqq t \leqq b)$$

에서, t를 시간으로 생각하면, 이것은 평면 위에서 점 P가 그리는 경로를 나타냅니다. 간단히 하기 위해, 점 $(f(t), g(t))$를 P_t로 쓰기로 합니다.

1073 페이지에서 설명한 바와 같이, 이 때, 벡터

$$\overrightarrow{v}(t) = \left(\frac{dx}{dt}, \quad \frac{dy}{dt} \right)$$

를 **속도**(또는 **속도벡터**)라 하고 그 크기

$$|\overrightarrow{v}(t)| = \sqrt{\left(\frac{dx}{dt} \right)^2 + \left(\frac{dy}{dt} \right)^2}$$

를 **속력**이라고 합니다.

이제, 전항에서와 같이, $P_a = P_b$ 인 가능성을 제외하고, 구간 $a \leqq t \leqq b$에 속하는 임의의 t_1, t_2에 대하여

$$t_1 \neq t_2 \Longrightarrow P_{t_1} \neq P_{t_2}$$

라 하면, 곡선 C의 길이 L은

$$L = \int_a^b \sqrt{\left(\frac{dx}{dt} \right)^2 + \left(\frac{dy}{dt} \right)^2} \, dt$$

로 주어집니다. 위의 속력의 기호를 사용하면,

$$L = \int_a^b |\overrightarrow{v}(t)| \, dt$$

와 같이 간단히 나타낼 수 있습니다.

위의 가정에서 이 길이 L은 동시에 시각 $t=a$에서 시각 $t=b$까지 점 $P(=P_t)$가 움직인 거리를 나타냅니다. 왜냐하면, 점 P는 점 P_a에서 출발하여 뒤로 되돌아가거나 같은 점을 통과하거나 하지 않고, 점 P_b에 도달하기 때문입니다.

점 $P(=P_t)$가 뒤를 되돌아가거나, 이미 통과한 부분을 재차 같은 방향으로 통과하는 경우에도 P가 통과하는 거리 전체 s는 역시, 적분

$$s = \int_a^b |\vec{v}(t)|\, dt$$

로 주어집니다. 즉, "점 P가 움직이는 거리" = "속력의 적분"입니다. 이것은 P가 그리는 곡선의 길이와는 반드시 같지는 않습니다. 일반적으로, 움직이는 거리는 곡선의 길이 이상이 됩니다.

이를테면, r이 양의 상수이고, P의 운동이

$$x = r\cos t, \quad y = r\sin t$$

로 주어질 때, $t=0$에서 $t=6\pi$까지 P가 움직이는 거리는

$$s = \int_0^{6\pi} \sqrt{\left(\frac{dx}{dt}\right)^2 + \left(\frac{dy}{dt}\right)^2}\, dt = \int_0^{6\pi} r\, dt = 6\pi r$$

입니다. 이것은 원주의 3배인데, 그러한 것은 당연합니다. 왜냐하면, $t=0$에서 $t=6\pi$까지, 점 P는 원주를 3회 돌기 때문입니다.

위에서는 평면 위의 점의 운동(이차원의 경우)을 생각했지만, 직선 위의 점의 운동(일차원인 경우)에서도 물론 마찬가지로 생각할 수 있습니다. 이하, 간단히 일차원인 경우를 설명해 두기로 합니다.

지금, x축 위를 운동하는 점 P의 좌표 x가 시간 t의 함수로서

$$x = f(t)$$

로 주어져 있습니다. 이 때

$$v(t) = \frac{dx}{dt} = f'(t)$$

는 점 P의 속도이고, 그 절대값 $|v(t)|$는 P의 속력입니다.

두 시각 $t=a, t=b$(단, $a<b$)에 대하여

$$\int_a^b v(t)\, dt = f(b) - f(a)$$

는 시각 $t=a$에서 시각 $t=b$까지 점 P의 좌표가 어느 만큼 변화했는지, 그 "위치의 변화량"을 나타냅니다. 만일 부호를 생각하지 않고 플러스의 양으로서 "거리"만을 문

제로 하면, 그것은

$$\left| \int_a^b v(t)\, dt \right|$$

로 주어집니다.

또, 시각 $t=a$에서 시각 $t=b$까지 P가 움직이는 거리 s는

$$S = \int_a^b |v(t)|\, dt$$

로 주어집니다.

만일, 구간 $a \leqq t \leqq b$에서 $v(t) \geqq 0$이면, P는 항상 양의 방향으로 움직이고, 거리 s는 P의 위치의 변화량

$$f(b) - f(a)$$

와 일치합니다.

(예) x축 위를 움직이는 점 P의 시각 t에서의 속도가

$$v(t) = 4 - 2t$$

로 주어진다고 합니다. 이 때,

$t=0$일 때와 $t=3$일때의 위치의 차이는

$$\left| \int_0^3 (4-2t)\, dt \right| = |[4t-t^2]_0^3| = |3| = 3,$$

$t=0$일 때와 $t=5$일 때의 위치의 차이는

$$\left| \int_0^5 (4-2t)\, dt \right| = |[4t-t^2]_0^5| = |-5| = 5$$

입니다.

또, $t=0$에서 $t=3$까지 움직이는 거리는

$$\int_0^3 |(4-2t)|\, dt = \int_0^2 (4-2t)\, dt + \int_2^3 (2t-4)\, dt$$

$$= [4t-t^2]_0^2 + [t^2-4t]_2^3 = 5$$

가 됩니다.

문제 29 직선궤도 위를 $27\,\mathrm{m/s}$로 달리고 있는 기차가 있습니다. 어떤 지점에서 브레이크를 걸고, 그 후 $-1.8\,\mathrm{m/s^2}$의 등가속도로 진행하였습니다.

(1) 이 기차는 브레이크를 걸고 나서 몇 초 후에 몇 m 나아가서 정지하겠습니까?

(2) 브레이키를 걸고 나서 $180\,\mathrm{m}$ 나아가려면 몇 초 걸리겠습니까?

문제 30 지상 10m의 높이에서 초속도 $30\text{m}/\text{s}$로 바로 위로 던져 올린 물체의 t초 후의 속도 $v(t)$는

$$v(t) = 30 - 9.8t$$

로 주어집니다.

(1) 던져 올리고 나서 1초 후, 4초 후의 지면으로부터의 높이를 구하시오.

(2) 이 물체가 도달하는 최고의 높이를 구하시오.

(3) 던져 올리고 나서 5초 사이에 이 물체가 움직인 거리를 구하시오.

◆ 구의 겉넓이, 토러스의 겉넓이

반지름의 길이가 r인 구의 부피가 $\dfrac{4}{3}\pi r^3$인 것은 이미 알고 있습니다. 그러면 구의 겉넓이는 얼마나 될까요? 이것을 다음에서 생각해 봅시다.

처음에 유추를 쉽게 하기 위해, 평면 위의 원주의 길이를 생각합니다.

여기에서는 반지름 r인 원의 넓이가 πr^2인 것을 기지의 사실로 가정합니다. 이 전제하에서, 반지름 r인 원의 둘레의 길이가 $2\pi r$임을 유도하여 봅시다.

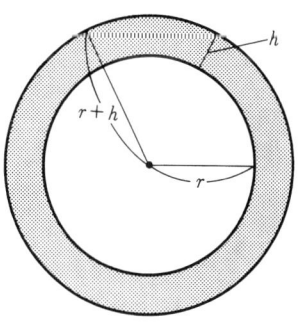

지금, 반지름 r인 원의 둘레의 길이를 $L(r)$라 합니다. 우리들이 얻은 결론은 $L(r) = 2\pi r$입니다. 이것을 유도하기 위해, 그림과 같이 반지름을 작은 수 $h > 0$만큼 늘인 반지름 $r+h$인 원을 생각합니다.

큰 원과 작은 원의 넓이의 차는 그림의 띠 모양의 넓이입니다. 이 넓이는 작은 원의 둘레와 h를 두 변으로 하는 직사각형의 넓이보다는 크고, 큰 원의 둘레와 h를 두 변으로 하는 직사각형의 넓이보다는 작습니다. 즉,

$$L(r)h \leq \text{띠의 넓이} \leq L(r+h)h$$

입니다.

그런데, 원의 넓이의 공식은 기지인 것으로 하고 있으므로 띠의 넓이를 쉽게 계산할 수 있습니다. 즉

$$\pi(r+h)^2 - \pi r^2 = 2\pi rh + \pi h^2$$

입니다.

그러므로, 부등식

$$L(r)h \leqq 2\pi rh + \pi h^2 \leqq L(r+h)h$$

를 얻습니다. 이 부등식의 각변을 양수 h로 나누면,

$$L(r) \leqq 2\pi r + \pi h \leqq L(r+h)$$

가 됩니다. 여기서 h를 0에 가까이 합니다. 그러면 큰 원의 둘레 $L(r+h)$는 작은 원의 둘레 $L(r)$에 가까워지고, 또 위의 부등식의 중앙의 항은 $2\pi r$에 가까워집니다. 그러므로, $h \to 0$일 때의 극한을 생각하면, 부등식

$$L(r) \leqq 2\pi r \leqq L(r)$$

를 얻습니다. 따라서 $L(r) = 2\pi r$이 되어야 합니다. 즉, 반지름 r인 원주의 길이는 $2\pi r$입니다.

이것으로, 원의 넓이 공식 πr^2에서 원주의 길이의 공식 $2\pi r$를 유도할 수 있었던 것입니다. 후자는 전자를 r에 관하여 미분한 것임에 주의합니다.

마찬가지로, 구의 겉넓이를 구할 수 있습니다. 즉, 다음과 같습니다.

지금, 반지름 r인 구를 생각하고, 그 겉넓이를 $S(r)$라 합니다. h를 작은 양수로 하여 반지름 $r+h$인 구를 생각합니다.

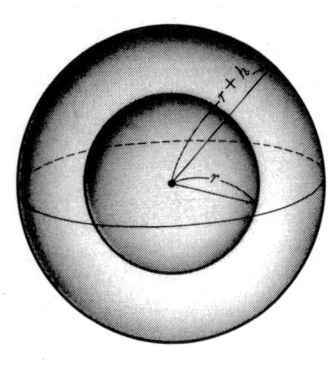

이 때, 큰 구와 작은 구 사이에 있는 부분──이것은 구각이라 부르기로 합니다──의 부피는

$$S(r)h$$

보다는 크고,

$$S(r+h)h$$

보다는 작습니다. 즉,

$$S(r)h \leqq 구각의 \; 부피 \leqq S(r+h)h$$

입니다.

여기에서 구각 부분은, 반지름 $r+h$인 구에서, 반지름 r인 구를 빼 낸 것이므로, 그 부피는

$$\frac{4}{3}\pi(r+h)^3 - \frac{4}{3}\pi r^3$$

입니다. 그리고 $(r+h)^3 - r^3$을 계산하면,

$$(r+h)^3 - r^3 = r^3 + 3r^2h + 3rh^2 + h^3 - r^3$$
$$= 3r^2h + 3rh^2 + h^2$$

이 되고, 따라서

$$S(r)h \leq \frac{4}{3}\pi(3r^2h + 3rh^2 + h^3) \leq S(r+h)h$$

입니다. 이 부등식의 각 변을 h로 나누면, 부등식

$$S(r) \leq \frac{4}{3}\pi(3r^2 + 3rh + h^2) \leq S(r+h)$$

를 얻습니다.

여기서 h를 0에 가까이합니다. 그러면 $S(r+h)$는 $S(r)$에 가까워지고, 부등식의 중앙의 항은 $4\pi r^2$에 가까워집니다. 그러므로

$$S(r) \leq 4\pi r^2 \leq S(r)$$

따라서

$$S(r) = 4\pi r^2$$

입니다. 이것으로 다음이 증명되었습니다.

반지름의 길이가 r인 구의 겉넓이는 $4\pi r^2$입니다.

우리들은 위에서 곡면의 넓이의 수학적 정의에서 출발하지 않고, 구의 겉넓이의 존재를 자명한 것으로 하여 직관적으로 논의를 진척시켰습니다. 그러나, 이 논의는 충분히 설득력이 있습니다. 여러분은 위에서 얻은 구의 겉넓이의 공식 $4\pi r^2$을 확실히 기억해 놓기 바랍니다. 이 공식 $4\pi r^2$은 구의 부피의 공식 $\frac{4}{3}\pi r^3$을 r에 관하여 미분한 것입니다.

참고로 다시 한번 토러스의 겉넓이를 기술해 둡니다.

b, r를 $b > r > 0$을 만족하는 상수라 할 때, 원

$$x^2 + (y-b)^2 = r^2$$

이 x축 둘레로 회전하여 생기는 회전체가 토러스였습니다. 그 부피가

$$2\pi^2 r^2 b$$

임은 1205페이지의 예제에서 구한 바 있습니다.

이것을 이용하면, 구의 겉넓이의 경우에 사용한 것과 같은 논법에 따라, 다음을 증명할 수 있습니다.

토러스의 겉넓이는 $4\pi^2 rb$ 이다.

[주의 : 원환체 (토로스)의 표면은 **원환면**입니다. 원환체의 겉넓이란 원환면의 넓이라는 말과 같습니다.]

나는 여기서 위에서 기술한 것의 증명을 자세하게는 하지 않습니다. 보통 힌트를 쓸 뿐이지만 그 상세한 것은 여러분 스스로 해 보십시오.

이제, 상수 b는 고정된 것으로 생각하고, 원환체의 겉넓이를 원의 반지름 r인 함수로 보고 $S(r)$라 놓습니다. h를 $r+h<b$를 만족시키는 충분히 작은 양수라 하고, 원

$$x^2 + (y-b)^2 = (r+h)^2$$

이 x축 둘레로 회전하여 생기는 원환체를 생각해 봅시다. 앞과 마찬가지로, 이 큰 원환체에서 작은 원환체를 빼낸 부분의 부피는 $S(r)h$와 $S(r+h)h$ 사이에 있습니다. 실제로 그 부피를 계산하여 부등식을 만들어 보십시오. 이후는 이미 실행한 것과 마찬가지의 논의에 의해서

$$S(r) = 4\pi^2 rb$$

임을 유도합니다. 자세한 과정을 실행하는 것은 여러분에게 맡깁니다.

원환체도 일상적으로 흔히 나타나는 도형이므로, 여러분은 이 겉넓이의 공식도 기억해 놓기로 합니다. 이 값 $4\pi^2 rb$는

$$2\pi r \times 2\pi b$$

와 같다는 것에 주의합니다. 즉, 원환체의 겉넓이는

　　　(원주의 길이) × (원의 중심이 통과하는 거리)

와 같습니다.

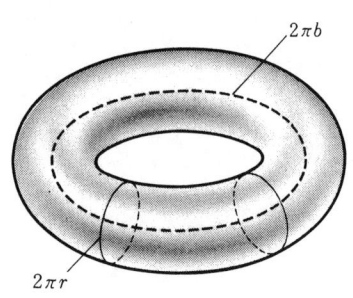

⌐20.4　간단한 미분방정식

이 장의 끝에 미분방정식에 관한 짧은 1절을 들어두기

로 합니다. 여기에서 나는 몇 개의 간단한 미분방정식을
다룹니다. 그것은 극히 간단한 것으로 한정합니다. 우리
들은 여기서 "미분방정식론"의 발단 부분에는 약간만 들
어가 봅니다.(보다 체계적인 논의는 전문서로 넘깁니다.)

◆　**미분방정식과 그 해**

　지금 y를 x에 관한(미지의) 함수라 합니다. 그 도함수

$$y' = \frac{dy}{dx}$$

를 포함하는 방정식을 y에 관한 **미분방정식**, 자세히 말
하면 **1계미분방정식**이라 합니다.

　이를테면

$$y' = 2x \qquad\qquad ①$$

는 y에 관한 하나의 1계미분방정식입니다. 이 미분방정
식을 만족시키는 함수 y는 구적법에 의해 쉽게 구할 수
있습니다. 즉

$$y = \int 2x\,dx$$

이고, $2x$의 하나의 부정적분은 x^2이므로

$$y = x^2 + C \qquad\qquad ②$$

가 됩니다. 여기서 C는 임의의 상수입니다.

　②에서 나타난 함수 $y = x^2$, $y = x^2 + 1$, $y = x^2 - 2$ 등은
모두 미분방정식 ①을 만족합니다. 이와 같이 주어진 미
분방정식을 만족하는 함수를 그 미분방정식의 **해**라 하
고, 미분방정식의 해를 구하는 것을 그 미분방정식을 **푼
다**고 합니다.

　미분방정식 ①에 대하여 ②의 함수 $y = x^2 + C$는 ①의
해를 일반적으로 나타내므로, C에 하나의 수값을 줄 때
마다 ①의 하나의 해가 얻어집니다.

　이 ②와 같이 미분방정식의 해를 일반적으로 나타내는
식을 미분방정식의 **일반해**라 하고, 그 식 중의 임의의 값
을 취하는 상수 C를 **임의의 상수**라고 합니다. 위의 예와

같이, 1계미분방정식의 일반해는 하나의 임의의 상수를 포함합니다.

일반해에 대하여, 하나하나의 해를 미분방정식의 **특수해**라고 합니다. 이를테면, $y = x^2$, $y = x^2 + 1$, $y = x^2 - 2$ 등은 모두 미분방정식 $y' = 2x$의 특수해입니다.

원리적으로 가장 간단한 미분방정식은

$$y' = f(x)$$

꼴의 미분방정식입니다. 이것은 ($f(x)$의 부정적분이 간단히 구해지면)

$$y = \int f(x)\, dx$$

로 고쳐서 해를 얻을 수 있습니다. 이를테면, 미분방정식

$$y' = \sin x$$

의 일반해는

$$y = \int \sin x\, dx = -\cos x + C$$

이고, $y = -\cos x$, $y = -\cos x + 5$ 등은 특수해입니다. (일반해를 구할 때에는, 임의의 상수 C를 잊어서는 안됩니다.) 보통, 단지 "미분방정식을 푸시오" 했을 경우에는 "일반해를 구하시오"라는 뜻입니다.

[문제 31] 다음 미분방정식을 푸시오.

(1) $y' = x^2$ (2) $y' = \dfrac{1}{\sqrt{x}}$ $(x > 0)$

(3) $y' = e^{-3x}$

◆ **미분방정식 $y' = ky$**

1계미분방정식 중에서, 특히 흥미 있는 것은

$$y' = ky$$

꼴의 미분방정식입니다. 단, k는 0이 아닌 상수입니다. 이 꼴의 미분방정식은 물리학이나 화학, 나아가서 경제학 등에 자주 등장합니다.

이를테면, 자연 상태에 방치된 방사성 물질은 붕괴하여, 그 붕괴율은 어느 시각에서도 남아 있는 물질의 양에

비례한다는 것이 알려져 있습니다. 시각 t에서의 이 물질의 양을 $y=f(t)$라 놓으면, 이것은 어떤 상수 k를 써서

$$\frac{dy}{dt}=ky$$

또는

$$f'(t)=kf(t)$$

로 나타낼 수 있습니다. 이 경우, 물질은 감소하므로 상수 k의 값은 음입니다.

박테리아의 증식에 대해서도 마찬가지의 방정식을 세울 수 있습니다. 즉, 시각 t에서의 박테리아의 수를 $y=f(t)$라 하고, 어느 시각에서도 박테리아가 그 때의 박테리아의 양에 비례하여 증가한다고 하면, 위에서와 마찬가지로 k를 비례상수라 하여

$$\frac{dy}{dt}=ky \quad \text{또는} \quad f'(t)=kf(t)$$

인 방정식을 세울 수 있습니다. 이 경우의 k는 양의 상수입니다.

위의 예에서는, 시각 t가 독립변수였지만, 일반적인 상황에서 논의하기 위해 독립변수를 문자 x로 하여, y를 x의 함수 $y=f(x)$라 하고, 미분방정식

$$\frac{dy}{dx}=ky$$

를 생각해 봅시다. 보다 간단히 쓰면, 이 방정식은

$$y'=ky \qquad\qquad ①$$

로 나타납니다. 여기에서 k는 0이 아닌 어떤 상수입니다. 그러면 이 미분방정식의 해는 함수가 될까요?

그 해는 지수함수를 써서 나타낼 수 있습니다. 실제 C를 임의의 상수라 하고,

$$y=Ce^{kx} \qquad\qquad ②$$

라 하면

$$y'=C \cdot ke^{kx}=k \cdot Ce^{kx}=ky$$

이므로, ②는 ①의 해가 됩니다.

한편, 미분방정식 ①의 해는 ②의 꼴로 나타내는 것뿐입니다. 이제 그것을 보이기 위해

$$y = f(x)$$

를 미분방정식 ①의 임의의 하나의 해라 하고, 곱

$$f(x)e^{-kx}$$

을 생각합니다. 이 곱을 x에 관하여 미분하면, 곱의 미분법에 의해

$$\frac{d}{dx}\{f(x)e^{-kx}\} = f'(x)e^{-kx} + f(x)(-ke^{-kx})$$
$$= \{f'(x) - kf(x)\}e^{-kx}$$

그런데 가정에 의해서 $f'(x) = kf(x)$이므로, 이 도함수는 0이 됩니다. 따라서, $f(x)e^{-kx}$은 상수입니다. 그러므로

$$f(x)e^{-kx} = C, \quad C는 \ 상수$$

로 나타낼 수 있고, 이에 따라

$$f(x) = Ce^{kx}$$

즉

$$y = Ce^{kx}$$

을 얻습니다. 이것으로, 미분방정식 ①의 일반해는 ②로 주어진다는 것을 알았습니다.

이 결과는 기본적이므로, 다시 한 번 반복해 둡니다.

x의 함수 $y=f(x)$에 관한 미분방정식

$$y' = ky$$

의 일반해는, C를 임의상수라 하여

$$y = Ce^{kx}$$

로 주어진다.

이를테면,

미분방정식 $y' = 10y$의 일반해는　　$y = Ce^{10x}$,

미분방정식 $y' = -\dfrac{1}{2}y$의 일반해는　　$y = Ce^{-\frac{1}{2}x}$

입니다.

◈ 단순한 해법

위에서 미분방정식 $y' = ky$의 일반해는

$$y = Ce^{kx}$$

으로 주어진다는 것을 알았습니다. 실제로 위에서 나타 낸 해법이 수학적으로 가장 완전합니다. 하지만 도대체 $f(x)e^{-kx}$ 라는 곱을 어떻게 생각해 볼 수 있었을까요? 결 국 그것은 결론을 알고 있기 때문에 가능한 것이라고 말 한다면, 그것은 그렇지 않습니다. 그래서 그러한 비판에 대한 해명을 위해 미분방정식 $y' = ky$, 즉

$$\frac{dy}{dx} = ky$$

의 약간 단순한 해법을 다음에 설명하기로 합니다. 그것 은 다음과 같습니다.

우선, $y \neq 0$이라 하고 미분방정식의 양변을 y로 나눕 니다. 그러면

$$\frac{1}{y} \frac{dy}{dx} = k$$

를 얻습니다. 이 양변을 x에 관하여 적분하면

$$\int \frac{1}{y} \frac{dy}{dx} \, dx - \int k \, dx$$

이 좌변의 적분은 치환적분법에 따라

$$\int \frac{1}{y} \frac{dy}{dx} \, dx = \int \frac{1}{y} \, dy = \log|y| + C_1$$

이 되므로

$$\log|y| + C_1 = kx + C_2$$

그러므로

$$\log|y| = kx + C'$$

따라서

$$y = \pm e^{kx + C'}$$

이 됩니다. 단 위에서 C_1, C_2, C'는 임의의 상수를 나타냅 니다.

여기서 $\pm e^{C'} = C$라 하면

$$y = Ce^{kx}$$

가 얻어집니다. 이 때, C는 양 또는 음인 상수이지만 $C=0$인 경우에도 함수 $y=0$을 주어진 미분방정식을 만족합니다. 따라서 결국, 주어진 미분방정식의 일반해는

$$y = Ce^{kx}, \quad C\text{는 임의의 상수}$$

로 나타납니다.

[주의 : 위의 계산은 형식적으로 보다 간단하게 다음과 같이 쓸 수 있습니다. 즉,

$$\frac{dy}{dx} = ky \quad \text{로부터} \quad \frac{dy}{y} = k\,dx$$

그러므로

$$\int \frac{dy}{y} = \int k\,dx$$

따라서

$$\log|y| = kx + C'$$

(이후의 표시방법은 앞과 동일합니다.)

◆ 해곡선과 초기조건

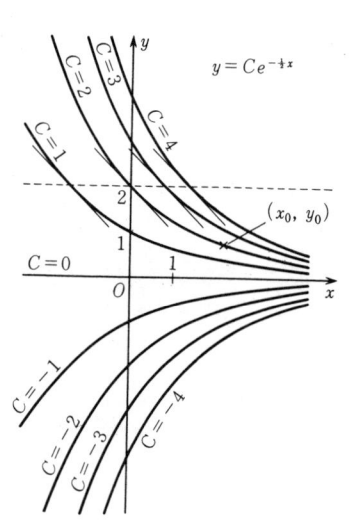

예를 들면, 미분방정식

$$y' = -\frac{1}{2}y$$

의 해는

$$y = Ce^{-\frac{1}{2}x}$$

이고, C는 임의의 상수이므로 C에 여러 가지 값을 주면, 이 해는 왼쪽 그림과 같은 곡선군을 나타냅니다. 이들 곡선과 같이, 미분방정식의 해가 나타내는 곡선을 그 미분방정식의 **해곡선**이라 부릅니다.

왼쪽 그림에서도 알 수 있듯이, 이들 곡선 중에서 주어진 점 (x_0, y_0)을 지나는 것은 단 하나뿐입니다. 바꾸어 말하면,

$$x = x_0 \quad \text{일 때,} \quad y = y_0 \qquad (*)$$

인 조건을 만족하는 특수해는 단 하나만 있습니다. 그와 같은 특수해를 구하려면, 일반해의 방정식 $y = Ce^{-\frac{1}{2}x}$에서

$x = x_0,\ y = y_0$라 놓고 상수 C의 값을 정하면 됩니다. 이를테면,

$$x = 0 \quad \text{일 때} \quad y = 2$$

인 조건을 만족하는 특수해는 $y = Ce^{-\frac{1}{2}x}$의 $x,\ y$에 각각 $0, 2$를 대입하면 $C = 2$로 정해지므로

$$y = 2e^{-\frac{1}{2}x}$$

이 됩니다.

일반적으로, 미분방정식의 해에 대한 (✱)의 꼴의 조건을 **초기조건**이라 합니다.

앞에서 설명한 바와 같이, 1계미분방정식의 일반해는 1개의 임의의 상수 C를 포함합니다. 따라서, 1개의 초기조건을 주면, 그 상수 C의 값이 결정됩니다. 즉, 1개의 초기조건을 주면 1계미분방정식의 해는 단 하나로 정해집니다.

[주의 : 물리학이나 경제학에서 취급되는 미분방정식에서는, 초기조건은 통상

$$x = 0 \quad \text{일 때} \quad y = y_0$$

인 꼴로 주어집니다. y 자신을 함수 기호로도 유용하여 $y = y(x)$라 쓰고, 이 초기조건을 간단히

$$y(0) = y_0$$

로 나타내는 경우도 있습니다. 만일 x가 시간을 나타내는 변수이면, 이것은 마땅히 초기($x = 0$일 때)에 함수가 어떤 값을 취하는가하는 조건이 됩니다.

문제 32 다음 미분방정식을 주어진 초기조건 하에서 푸시오.
  (1) $y' = x^2$, $x = 0$ 일 때 $y = 2$
  (2) $y' = 3y$, $x = 0$ 일 때 $y = 5$
  (3) $y' = \sin 2x$, $x = \pi$ 일 때 $y = 0$

문제 33 미분방정식 $y' = ky$의 해로서 초기조건

$$x = x_0 \quad \text{일 때} \quad y = y_0$$

를 만족하는 것을 구하시오. 단, $k,\ x_0,\ y_0$은 상수이고, $k \neq$

0라 합니다.

문제 34 어떤 화학 물질이 분해하여, t초 후의 물질의 양을 $y = f(t)$그램이라 하면

$$\frac{dy}{dt} = -\frac{1}{2}\,y$$

가 성립합니다. 최초의 양의 절반이 분해하는 시각을 구하시오.

문제 35 가정은 앞의 문제와 같고 $t = 4$일 때 $y = 20$인 것으로 합니다. 처음에 물질은 몇 그램 있었겠습니까?

문제 36 어떤 물질은 변화율 $dy/dt = ky$로 증가하고, $t = 10$분일 때, 최초의 양의 2배가 된다고 합니다.

(1) 상수 k의 값을 정하시오.

(2) 최초의 양의 10배가 되는 시각을 구하시오.

문제 37 대기 중에 있는 물체는 냉각하며, 냉각율은 그 물체의 온도와 대기의 온도와의 차 x에 비례한다고 합니다. $t = 0$분일 때 $x = 100°$, 또 $t = 40$분일 때 $x = 50°$이었다하고, 다음 값을 구하시오.

(1) $t = 20$분 일 때의 x.

(2) $x = 10°$가 될 때의 t.

◆ 곡선군에 공통인 성질을 나타내는 미분방정식

이미 설명한 바와 같이, 1계미분방정식의 일반해는 하나의 임의의 상수 C를 포함합니다.

역으로, 하나의 임의의 상수 C를 포함하는 방정식으로부터는 다음과 같이 1계미분방정식이 유도됩니다.

예를 들면, C를 임의의 상수라 하고 방정식

$$y = \frac{C}{x} \qquad\qquad ①$$

를 생각해 봅시다. 이 식을 x에 관하여 미분하면

$$y' = -\frac{C}{x^2} \qquad\qquad ②$$

①과 ②에서 C를 소거하면,

$$y' = -\frac{1}{x} \cdot \frac{C}{x} = -\frac{1}{x} \cdot y$$

즉

$$y' = -\frac{y}{x} \qquad\qquad ③$$

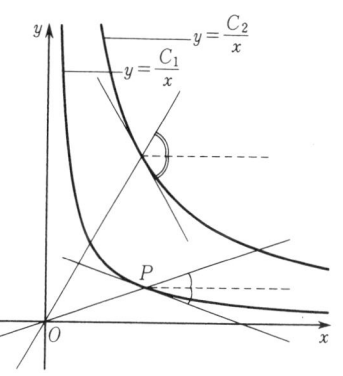

이것으로, 하나의 1계미분방정식이 유도되었습니다.

이 미분방정식 ③은 C의 값이 무엇이든 곡선 ① 위의 임의의 점 $P(x, y)$에서의 접선의 기울기 $y' = \dfrac{dy}{dx}$가, 원점 O와 점 P를 잇는 직선의 기울기 $\dfrac{y}{x}$와 부호만 다르다 (즉 직선 OP와 P에서의 접선은 점 P를 지나고 x축에 평행한 직선에 관하여 대칭입니다.)는 것을 나타냅니다. 오른쪽 그림에 그 상태를 나타냈습니다.

이 미분방정식 ③은, ①로 표시되는 모든 곡선에 공통인 성질을 나타내고 있습니다.

일반적으로, x, y에 관한 방정식이 한개의 임의의 상수 C를 포함할 때, 그 방정식은 곡선군을 나타냅니다. 따라서 그 방정식을 x에 관하여 미분한 식과 처음 방정식에서 C를 소거하면 y에 관한 1계미분방정식을 얻는데, 그 미분방정식은 그 곡선군에 속하는 모든 곡선에 공통인 성질을 나타낸 것입니다.

문제 38 다음 방정식은 각각 어떤 곡선군을 나타냅니다. 이 방정식을 x에 관하여 미분하여, C를 소거하고, 곡선군에 속하는 모든 곡선에 공통인 성질을 나타내는 미분방정식을 만드시오.

(1) $\quad y = x^2 + C$ (2) $\quad y = Cx^2$

(3) $\quad y = \dfrac{1}{x+C}$ (4) $\quad x^2 + y^2 = C$

◆ **변수분리형의 미분방정식**

1계미분방정식 중에서

$$y' = f(x)g(y) \qquad\qquad ①$$

꼴을 하고 있는 것을 **변수분리형**이라 합니다.

앞에서 생각한 미분방정식

$$y' = ky, \quad k는 \ 상수$$

는 변수분리형의 특별한 경우입니다.

일반적으로, 변수분리형의 미분방정식 ①은

$$\frac{dy}{g(y)} = f(x)\,dx$$

로 나타낼 수 있으므로

$$\int \frac{dy}{g(y)} = \int f(x)\,dx$$

가 됩니다. 만일, 이 양변의 부정적분이 간단히 구해지면, 이로부터 x, y 사이의 관계식을 얻습니다. 이 관계식은 반드시 y를 x의 "양함수"로 나타낼 수 있는 것만은 아닙니다. 그러나, 함수의 뜻을 넓혀서 "음함수"도 함수 중에 포함시킨다면——양함수, 음함수의 용어에 대해서는 974페이지을 참조할 것——이 관계식에 의해서 미분방정식 ①의 해를 얻게 됩니다. [미분방정식의 해곡선을 나타내는 방정식에서는 자주, x와 y를 동등한 자격의 변수처럼 취급하는 것이 편리합니다.]

다음에서 여러 가지 예를 들어 봅시다.

예 미분방정식

$$\frac{dy}{dx} = \frac{y}{x}$$

를 푸시오.

풀이 $y \neq 0$이면, 주어진 방정식에서

$$\frac{dy}{y} = \frac{dx}{x}$$

그러므로

$$\int \frac{dy}{y} = \int \frac{dx}{x}$$

여기에서

$$\log|y| = \log|x| + C_1$$

즉,

$$\log \left| \frac{y}{x} \right| = C_1$$

따라서

$$\frac{y}{x} = \pm e^{C_1}$$

여기에서 $\pm e^{C_1} = C$ 라 놓으면,

$$y = Cx$$

이 때 $C \neq 0$이지만 $C = 0$인 경우에도 함수 $y = 0$은 주어진 미분방정식을 만족합니다. 따라서, 이 미분방정식의 일반해는

$$y = Cx, \quad C \text{는 임의의 상수}$$

입니다.

㉠ 미분방정식

$$y' = -y^2$$

을 푸시오.

풀이 $y \neq 0$이라 하면, 주어진 방정식에서

$$-\frac{dy}{y^2} = dx$$

그러므로

$$\int \left(-\frac{dy}{y^2} \right) = \int dx$$

여기에서

$$\frac{1}{y} = x + C$$

따라서

$$y = \frac{1}{x + C}$$

이것이 일반해입니다.

단, 위의 해는 $y \neq 0$에서 얻은 결과이지만 함수 $y = 0$도 분명히 미분방정식 $y' = -y^2$을 만족합니다. 따라서 이 미분방정식의 해는

$$y = \frac{1}{x + C} \quad \text{및} \quad y = 0$$

입니다. [주의 : 위의 해 $y = 0$은 해

$$y = \frac{1}{x+C}$$

에서 $C \to \infty$로 했을 때의 극한으로도 생각됩니다.]

예 미분방정식

$$yy' = -x$$

를 푸시오.

풀이 주어진 미분방정식에서

$$y\,dy = -x\,dx$$

따라서

$$\int y\,dy = -\int x\,dx$$

$$\frac{y^2}{2} = -\frac{x^2}{2} + C_1$$

여기서 $2C_1 = C$라 놓으면,

$$x^2 + y^2 = C$$

이것이 주어진 미분방정식의 일반해입니다. 단, 임의의 상수 C는 양의 값을 취합니다. [주의 : 임의의 상수라 해도, 상황에 따라서 그 상수가 취하는 값의 범위에 제한이 주어지는 경우도 있습니다!]

위의 해곡선은 물론 원——C의 값을 여러 가지로 바꾸면 "동심원"——을 나타냅니다. 여기에서 y는 x의 "음함수"로 주어져 있습니다.

문제 39 다음 미분방정식을 푸시오.

(1) $y' = xy$ (2) $xy' + y = 0$

(3) $xy' + 1 = y$ (4) $y' = -\dfrac{x}{2y}$

(5) $y' = y^2 - 1$

문제 40 다음 미분방정식을 주어진 초기조건 아래에서 푸시오.

(1) $y' = x(y-1)$, $x=0$일 때 $y=4$

(2) $(x^2+1)y' = 2xy$, $x=2$일 때 $y=25$

문제 41 1229 페이지에서 1계미분방정식은 하나의 초기조

건을 주면 해가 일의적으로 정해진다고 설명했습니다. 그
러나 실은, 이 "일의성 정리"는 항상 성립하는 것은 아닙니
다!

예를 들면, $x \geqq 0$에 대하여 정의되고, 음이 아닌 값을 취
하는 함수 $y = f(x)$에서, 미분방정식

$$y' = \sqrt{y}, \quad x = 0 일 \ 때 \quad y = 0$$

은 두 개의 해 $y = x^2/4$ 및 $y = 0$을 갖습니다. 이것을 확인하
시오.

또, 만일 존재하면, 이 미분방정식의 다른 해도 찾아보십
시오.

◆ **여러 가지의 응용 문제**

이 항에서는 미분방정식을 응용하여 몇 개의 기하학적
또는 물리학적 문제를 풀어 보도록 합니다.

예제 모든 접선이 접점 P와 원점 O를 잇는 직선
OP에 수직인 곡선을 구하시오.

풀이 구하는 곡선의 방정식을 $y = f(x)$라 하면, 이
곡선 위의 점 $P(x, y)$에서의 접선의 기울기는 $\dfrac{dy}{dx}$, 직
선 OP의 기울기는 $\dfrac{y}{x}$입니다. 그러므로 이들이 서로 수
직인 것은

$$\frac{dy}{dx} \cdot \frac{y}{x} = -1$$

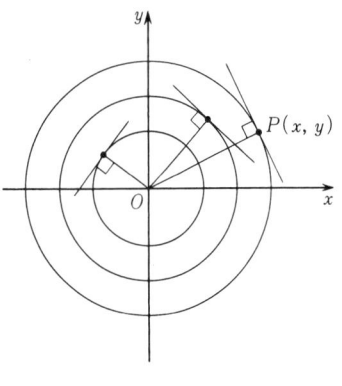

로 나타납니다. 바꾸어 쓰면

$$y'y = -x$$

이고, 이것은 1234페이지의 예에서 다룬 미분방정식과
같습니다.

우리들은 이미 이 미분방정식의 해를 알고 있습니다. 즉, 이 미분방정식을 풀면,

$$x^2 + y^2 = C, \quad C는 \ 양의 \ 임의의 \ 상수$$

가 됩니다. 그러므로 구하는 곡선은 **원점을 중심으로
하는 원**입니다.

예제 k를 0이 아닌 임의의 상수라 할 때, 방정식

$$y = kx^2$$

은 포물선군을 나타냅니다. 이 때 이들 포물선 모두에 직교하는 곡선을 구하시오. 단, 두 곡선이 **직교한다**함은 두 곡선의 교점에서 양자의 접선이 서로 직교한다는 것을 말합니다.

풀이   평면 위의 임의의 점 $P(x, y)$에 대하여 $x \neq 0$, $y \neq 0$이면, P를 지나는 포물선

$$y = kx^2$$

은 단 하나 존재하고, 그 계수 k는

$$k = \frac{y}{x^2}$$

에 의해서 정해집니다. 또, $y = kx^2$의 점 $P(x, y)$에서의 접선의 기울기는 $2kx$이므로, 이것을 x, y만으로 나타내면,

$$2kx = 2 \cdot \frac{y}{x^2} \cdot x = \frac{2y}{x}$$

가 됩니다.

그러므로 <u>모든</u> 포물선과 직교하는 곡선을 구하려면, 임의의 점 $P(x, y)$ (단, $x \neq 0$, $y \neq 0$)에서 기울기 $\dfrac{2y}{x}$인 직선과 직교하는 접선을 갖는 곡선을 구하면 됩니다. 즉 구하는 곡선의 방정식을 $y = f(x)$라 하면,

$$\frac{dy}{dx} \cdot \frac{2y}{x} = -1 \qquad\qquad ①$$

이 성립합니다. 이제, 이 미분방정식을 풀면 됩니다.

①에서 $2y\, dy = -x\, dx$

$$\int 2y\, dy = \int -x\, dx$$

따라서

$$y^2 = -\frac{x^2}{2} + C$$

즉

$$\frac{x^2}{2} + y^2 = C$$

를 얻습니다. $x \neq 0$이므로 C는 양의 상수입니다. 이 방

정식은 타원군을 나타냅니다. $C > 0$에 주의하여 $C = a^2$ 으로 쓰면 이 방정식은

$$\frac{x^2}{2a^2} + \frac{y^2}{a^2} = 1$$

로 나타낼 수 있습니다. 오른쪽에 그 타원군의 그림을 나타냈습니다.

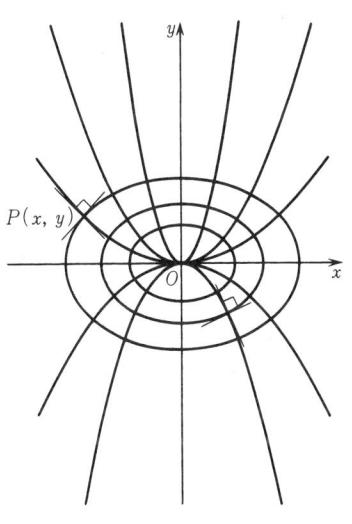

　또한, 위에서는 $x \neq 0$으로 하여 해를 생각했지만, 항상 $x = 0$인 직선, 즉 y축은 분명히 원점에서 임의의 포물선과 직교합니다. 따라서 구하는 곡선은

$$\text{타원군 } \frac{x^2}{2a^2} + \frac{y^2}{a^2} = 1 \text{ 및 직선 } x = 0$$

입니다.

　예제　원통형의 물통에 물을 채우고 물통의 밑바닥에 작은 구멍을 내어 물이 흘러나오도록 합니다. 물의 깊이가 $x$cm일 때 구멍에서 물이 흘러나오는 속도 v는 $v = \sqrt{2gx}$ cm/s(g는 상수)로 주어집니다. (이것을 **토리첼리의 법칙**이라 합니다.) 물통의 수평 단면적이 Scm², 구멍의 넓이가 $a$cm², 처음 물의 깊이를 $h$cm라 하고, 다음 시간을 구하시오.

(1)　물이 $\frac{1}{4}$이 되기까지의 시간

(2)　물이 전부 흘러나오기까지의 시간

풀이　물이 흘러나오기 시작하여 t초 후의 물통 안의 물의 양을 Vcm³, 물의 깊이를 $x$cm라 하면, V와 x는 t의 함수이다. V의 감소속도는 av이고 가정에서 $v = \sqrt{2gx}$ 이므로

$$\frac{dV}{dt} = -a\sqrt{2gx} \qquad ①$$

가 성립합니다. 한편, $V = Sx$이므로

$$\frac{dV}{dt} = S\frac{dx}{dt} \qquad ②$$

입니다. ①과 ②에서

$$S\frac{dx}{dt} = -a\sqrt{2gx} \qquad ③$$

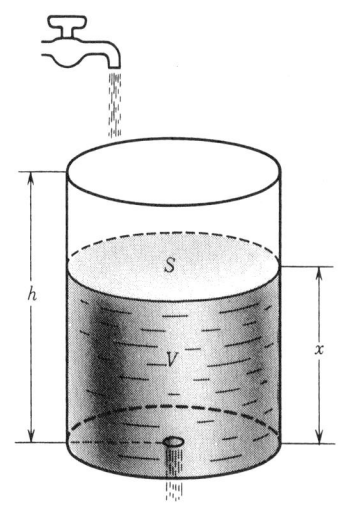

이것을 x에 관한 미분방정식으로 보고 풀면 ③에서

$$\frac{dx}{\sqrt{x}} = -\frac{a\sqrt{2g}}{S}\,dt$$

$$\int \frac{dx}{\sqrt{x}} = -\int \frac{a\sqrt{2gx}}{S}\,dt$$

$$2\sqrt{x} = -\frac{a\sqrt{2g}}{S}\,t + C$$

$t=0$일 때, $x=h$이므로 $C=2\sqrt{h}$. 따라서

$$2\sqrt{x} = -\frac{a\sqrt{2g}}{S}\,t + 2\sqrt{h} \qquad ④$$

가 됩니다.

여기까지 할 수 있으면, 이후의 해답은 쉽습니다.

(1) 물이 $\frac{1}{4}$이 되는 것은 $x=\frac{h}{4}$일 때이고, 이 때

$$t = \frac{S}{a}\sqrt{\frac{h}{2g}}$$

이것이 물이 $\frac{1}{4}$이 되기까지의 시간입니다.

(2) 물이 전부 흘러 나오는 것은 $x=0$일 때이고, 이 때

$$t = \frac{S}{a}\sqrt{\frac{2h}{g}}$$

이것이 물이 전부 흘러 나오기까지의 시간입니다.

[(2)에서 구한 시간은 (1)에서 구한 시간의 꼭 2배임을 여러분은 관찰해 두기 바랍니다.]

<u>**문제 42**</u> 어떤 곡선이 있습니다. 이 곡선 위의 임의의 점 P에서의 접선이 x축, y축과 만나는 점을 각각 Q, R라 하면 P는 언제나 선분 QR의 중점이 됩니다. 이 곡선은 어떤 곡선이겠습니까?

<u>**문제 43**</u> k를 0이 아닌 임의의 상수라 합니다. 쌍곡선 $xy = k$의 모두에 직교하는 곡선을 구하시오.

<u>**문제 44**</u> k를 0이 아닌 임의의 상수라 합니다. 곡선 $y = kx^3$의 모두에 직교하는 곡선을 구하시오.

<u>**문제 45**</u> 반지름 $R\,\mathrm{cm}$인 구형의 그릇에 물이 가득 차 있습

니다. 이 그릇의 밑바닥에 작은 구멍을 내어서 물을 유출시키면, 물의 깊이가 $x\,\mathrm{cm}$일 때의 유출량은 k를 어떤 양의 상수라 하여 매초 $k\sqrt{x}\,\mathrm{cm}^3$로 나타납니다.

(1) 수심이 $x\,\mathrm{cm}$일 때의 물의 용량을 $V\,\mathrm{cm}^3$라 합니다. V를 x의 함수로 나타내시오.

(2) 수면이 내려가는 속도

$$-\frac{dx}{dt}$$

를 x의 함수로 나타내시오.

(3) (2)에서 구한 식을 미분방정식으로 하여 풀고, 수심 $x(\mathrm{cm})$와 시각 $t(초)$ 사이의 관계식을 구하시오.

(4) 그릇에 채워진 물이 반에 되기까지 어느 만큼의 시간이 걸리겠습니까? 그 시간을 구하시오.

[이 문제는 계산 시간이 ──적지 않은 물의 유출시간보다도 더 많이! ──걸린다.]

문제 46 $f(x)$는 구간 $(-\infty, \infty)$에서 정의된 미분가능인 함수이고, 등식

$$f(x) = \int_0^x f(t)\,dt + x + 2$$

를 만족합니다. 함수 $f(x)$를 구하시오.

[힌트 : 주어진 등식의 양변을 x에 관하여 미분하면 $y = f(x)$에 관한 미분방정식을 얻습니다.]

◆ 2계미분방정식

이 점의 끝에 고계미분방정식에 관하여 약간만 첨가해 두기로 합니다.

우리들이 위에서 생각한 것은 y의 1계도함수 $y' = \dfrac{dy}{dx}$만을 포함하는 미분방정식이었습니다. 이미 설명한 바와 같이 이러한 미분방정식을 **1계미분방정식**이라 부릅니다.

이것에 대하여, 이를테면

$$y'' = -2x,$$

$$\frac{d^2y}{dx^2} + 2\frac{dy}{dx} - 3y = 0$$

과 같이 y의 2계도함수 $y'' = d^2y/dx^2$까지를 포함하는 미분방정식을 **2계미분방정식**이라고 부릅니다.

마찬가지로, 삼계도함수 y'''까지를 포함하는 미분방정식을 **3계미분방정식**, 일반적으로 n계도함수 $y^{(n)}$까지를 포함하는 미분방정식을 **n계미분방정식**이라 합니다.

예를 들면, $y'' = -2x$와 같은 2계미분방정식은 금방 풀 수 있습니다. 실제, 2회 적분하면

$$y' = \int(-2x)dx = -x^2 + A,$$

$$y = \int(-x^2 + A)dx = -\frac{x^3}{3} + Ax + B$$

가 되기 때문입니다. 여기에서 A, B는 모두 임의의 상수입니다. 이 간단한 예에서도 시사한 바와 같이, 2계미분방정식의 일반해는 2개의 임의의 상수를 포함합니다. 일반적으로, n계미분방정식의 일반해는 n개의 임의의 상수를 포함합니다.

2계미분방정식의 일반해는 위에서 지적한대로 2개의 임의의 상수를 포함하므로, 그 하나의 특수해를 정하려면, 두 개의 초기조건, 이를테면

$$y(0) = y_0, \quad y'(0) = y_1$$

과 같은 조건이 필요합니다. 물론 여기에서 y_0, y_1은 주어진 상수입니다. 이와 같은 초기조건이 주어지면, 2계미분방정식의 해는 일의적으로 정해집니다.

일반적으로, n계미분방정식은 n개의 초기조건

$$y(0) = y_0, \quad y'(0) = y_1, \quad \cdots, \quad y^{(n-1)}(0) = y_{n-1}$$

이 주어지면, 그 해가 일의적으로 정해집니다.

[단, 미분방정식의 해의 "존재"나 "일의성"에 관한 정리가 성립하려면, 어떤 종류의 전제 조건이 필요합니다. 그것들은 전적으로 무조건 성립되는 것은 아닙니다.]

예 지상 x_0 m의 높이에서 초속도 v_0 m/s로 바로 아래로 던진 물체의 t초 후의 높이를 $x = f(t)$ (m)라 하면, 공

기 저항등을 무시할 때, x는 미분방정식

$$\frac{d^2x}{dt^2} = -g \quad (\mathrm{m/s^2})$$

를 만족합니다. 여기에서 g는 중력가속도입니다.

이 2계미분방정식을 푸는 것은 간단합니다. 실제로,

$$v = \frac{dx}{dt} = \int(-g)dt = -gt + C_1$$

이고, $x'(0) = -v_0$이므로 $C_1 = -v_0$. 따라서

$$\frac{dx}{dt} = -gt - v_0$$

다시 적분하면,

$$x = \int(-gt - v_0)dt = -\frac{1}{2}gt^2 - v_0 t + C_2$$

이고, $x(0) = x_0$이므로 $C_2 = x_0$. 따라서

$$x = x_0 - v_0 t - \frac{1}{2}gt^2$$

이것이 낙하하는 물체의 운동방정식입니다.

㉠ 수직선 위를 움직이는 점 P가 있어, 가속도가 원점 O와 점 P의 거리에 비례하고, 또 원점 O의 방향으로 향하고 있다고 합니다. P의 좌표를 $x = f(t)$라 하면, 이것은

$$\frac{d^2x}{dt^2} = -n^2 x \qquad ①$$

로 나타납니다. 여기에서 n은 어떤 양의 상수입니다. 이 2계미분방정식의 해는 어떤 함수가 되겠습니까?

쉽게 알수 있듯이, A, α를 임의의 상수라 하고,

$$x = A\cos(nt + \alpha) \qquad ②$$

라 놓으면, 이 함수 ②는 미분방정식 ①을 만족합니다. 여러분은 이 사실을 확인하기 바랍니다. 실제로, ②는 ①의 일반해를 보여줍니다. 그러나 여기에서는 그 증명은 생략합니다.

②는 이른바 **단진동**의 방정식입니다. A는 이 단진동의 진폭, $\frac{2\pi}{n}$는 주기입니다. 또, α는 초기위상이라 합니다.

예 앞의 예의 운동에서, 속도에 비례하는 저항이 작용하는 경우를 생각해 봅시다. 이 때에는 미분방정식

$$\frac{d^2x}{dt^2} + 2\varepsilon\frac{dx}{dt} + n^2x = 0 \qquad ③$$

이 성립합니다. 단, n도 ε (그리스 문자 ε는 입실론이라 부릅니다)도 상수이고, $n>\varepsilon>0$인 것으로 합니다.

$$\sigma = \sqrt{n^2-\varepsilon^2}$$

(그리스 문자 σ는 시그마라 읽습니다)이라 놓으면 미분방정식 ③의 일반해는

$$x = Ae^{-\varepsilon t}\cos(\sigma t+\alpha) \qquad ④$$

로 주어집니다. 여기에서 A, α는 임의의 상수입니다. 독자는 함수 ④가 미분방정식 ③을 만족하는 것을 확인해 보기 바랍니다. 실제로는 ④가 ③의 일반해인데, 그 증명은 생략합니다.

방정식 ④로 나타나는 운동은 **감쇄진동**이라 부릅니다. 이 함수 $x=x(t)$는 이미 주기적은 아닙니다. 그러나 $x(t)$는 $\frac{\pi}{\sigma}$ 간격으로 0이 되며, 그 사이에서의 극값은 공비 $e^{-\pi\varepsilon/\sigma}$인 등비수열이 되고, $t\to\infty$일 때 0에 가까워집니다. 아래에 함수 $x=x(t)$의 그래프의 개형을 그려 놓았습니다.

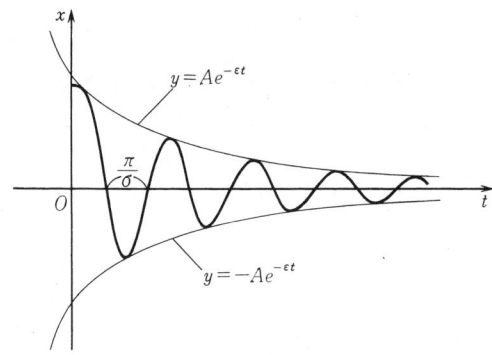

문제 47 함수 ④가 미분방정식 ③을 만족하는 것을 확인하시오.

통상의 기법으로 돌아가서, x를 독립변수, y를 종속변수라 합니다. 위에서 든 두 예 모두 관련이 있으므로, 참고를 위해 끝으로, 어떤 종류의 2계미분방정식에 관하여 그 일반해를 증명없이 설명하고, 이 절을 끝맺기로 합니다.

$y=f(x)$를 x의 함수라 합니다. p, q를 상수라 할 때,
$$y'' + py' + qy = 0$$
의 꼴로 나타나는 2계미분방정식을 **상수계수의 2계선형 동차 미분방정식**이라 합니다. (이런 경우, 여러분은 긴 명칭을 굳이 외울 필요는 없습니다.) 이 미분방정식은 표면상 x를 포함하고 있지 않은 점에 주의하기 바랍니다. 이것은 가장 기본적이고, 실제적으로도 자주 나타나는 2계미분방정식입니다.

이 2계미분방정식의 해는, 문자 X에 관한 이차방정식
$$X^2 + pX + q = 0 \qquad (*)$$
의 해의 종류에 따라, 다음과 같이 분류할 수 있습니다.

1 이차방정식 $(*)$가 두 개의 서로 다른 실근 α, β를 가질 때,

이 경우의 일반해는
$$y = C_1 e^{\alpha x} + C_2 e^{\beta x}$$
로 주어집니다.

2 이차방정식 $(*)$가 중근 α를 가질 때

이 경우의 일반해는
$$y = C_1 x e^{\alpha x} + C_2 e^{\alpha x}$$
로 주어집니다.

3 이차방정식 $(*)$가 허근 $a \pm bi$ (a, b는 실수이고, $b \neq 0$)를 가질 때

이 경우의 일반해는
$$y = e^{ax}(C_1 \sin bx + C_2 \cos bx)$$
로 주어집니다.

물론 이상에서, 어느 경우이든 C_1, C_2는 임의의 상수를

나타냅니다. **3**의 경우에는 삼각함수를 합성함으로써, 이 일반해를

$$Ae^{ax}\sin(bx+\beta) \quad \text{또는} \quad Ae^{ax}\cos(bx+\gamma)$$

의 꼴로 나타낼 수도 있습니다. 이 형태에서 A, β, γ는 임의의 상수입니다.

문제 48 위의 **1, 2, 3**에서 주어진 함수가 각각의 경우에 미분방정식

$$y'' + py' + qy = 0$$

의 해가 되어 있는 것을 실제로 확인하시오.

문제 49 위의 **1, 2, 3**에서 설명한 결과를 써서, $y = f(x)$에 관한 다음 미분방정식을 푸시오. 초기조건이 주어져 있는 경우에는, 그것을 만족하는 해를 구하시오.

(1) $y'' = y$ (2) $y'' = -y$

(3) $y'' - 6y' + 9y = 0$

(4) $y'' = -\pi^2 y, \quad y(0) = \pi, \ y'(0) = \pi^2$

(5) $y'' + y' - 2y = 0, \quad y(0) = 3, \ y'(0) = -3$

(6) $y'' = -4y' - 13y, \quad y(0) = -1, \ y'(0) = 8$

현대수학의 발전이 어려웠던 것은 새로운 사
고 방식에 쉽사리 익숙해지지 않기 때문이 아
니라, 낡은 사고 방식을 쉽사리 버리지 못하
기 때문이다.

소여

21 또 하나의 수학의 기반
—— 행렬과 행렬식

21.1 행렬과 그 연산

이 장에서 배우는 내용은 지금까지와는 전혀 다른 것
입니다. 이 장과 다음 장에서는 행렬과 선형변환 등 이른
바 선형대수학이라 불리는, 분야의 중심을 이루는 개념
에 대해 그 초보를 배웁니다. 선형대수학의 기초적 분야
는 오늘날 미분적분학의 기초 분야와 병행하여 수학 전
반에 기반을 이루고 있다고 생각할 수 있습니다. 자연 과
학이나 공학 또는 경제학 등에서 수학을 응용하는 사람
들에게는 그 지식이야말로 없어서는 안됩니다.

◆ n항 벡터

우리는 이미 직선 위의 한 점을 한 실수 x로 나타낸다
는 것과, 평면 위의 점과 벡터를 두 실수의 순서쌍(x, y)

로 나타낸다는 것을 알고 있습니다. 또, 공간 내의 점과 벡터는 세 실수의 순서쌍(x, y, z)에 의해 나타낼 수 있습니다.

직선은 일차원 공간, 평면은 이차원 공간으로도 불립니다. 통상의 의미의 공간은 삼차원 공간입니다.

이차원 공간과 삼차원 공간의 점(x, y)와 (x, y, z)를

$$(x_1, x_2), \qquad (x_1, x_2, x_3)$$

와 같이 나타낼 수도 있습니다.

또한 더 나아가 네 실수의 쌍

$$(x_1, x_2, x_3, x_4)$$

를 사차원 공간의 점 또는 벡터로 생각할 수 있습니다. 5개의 실수의 쌍, 6개의 실수의 쌍, …등에 대해서도 마찬가지입니다.

일반적으로, n개의 실수의 쌍

$$(x_1, x_2, \cdots, x_n)$$

을 n차원 공간의 점 또는 n차원 공간벡터라 합니다. 또 이것을 단순히 **n항벡터**(정확하는 **n항실수벡터**)라고도 부릅니다. x_i는 이 벡터의 **제i성분**이라 부릅니다.

사차원 이상의 공간은 실제로 그림으로 그릴 수 없습니다. 그러나 구체적인 그림을 그릴 수는 없어도 그러한 것을 상상하기란 그렇게 곤란하지는 않습니다. 우리의 두뇌는 그러한 추상적인 세계를 상상하도록 되어 있기 때문입니다. 나아가서 자연 현상이나 사회 현상을 수학적으로 기술한다고 할 때, 극히 자연스럽게 고차원의 벡터를 고찰할 수 있게 됩니다.

예를 들면, 어떤 나라가 n개의 주요한 산업을 가지고 있다고 합시다. 이들 산업에 1, 2, …, n로 번호를 붙여서 어떤 연도에 대한 이들 산업의 생산량을 번호를 붙인 순번대로 나열하면 하나의 n항벡터를 얻습니다. 이때, 벡터는 그 나라의 그 해의 산업활동을 일목 요연하게 보인 것이 됩니다.

이와 같은 의미에서 고차원 벡터를 생각한다는 것은 하등 기이할 것도 부자연할 것도 없습니다. 그렇다고는 하지만 이 강의에서 실제로 다루는 벡터는 주로 $n=2$ 또는 $n=3$인 경우에 한합니다.

앞에서 벡터의 성분을 가로로 나열하여 썼습니다. 그러나 이제부터는 자주

$$\begin{pmatrix} 3 \\ -7 \\ 10 \end{pmatrix}$$

과 같이 세로로 나열하여 쓰는 일이 있습니다. 성분을 가로로 나열하여 쓴 벡터를 **가로벡터** 또는 **행벡터**라 하고, 이것에 대해 세로를 나열하여 쓴 벡터를 **세로벡터** 또는 **열벡터**라고 합니다.

◆ 행 렬

행벡터와 열벡터를 더 일반화하면 행렬이라는 수학적 대상을 얻습니다. 즉 **행렬** 또는 **매트릭스**(matrix)란,

$$\begin{pmatrix} 2 & 9 & -5 \\ -10 & 3 & 4 \end{pmatrix} \qquad \text{①}$$

와 같이 수를 직사각형 모양으로 배열한 것을 말하며, 배열된 각 수를 그 행렬의 **성분**이라고 합니다.

행렬은 보통 위와 같이 배열된 수의 양쪽을 괄호로 묶어서 나타냅니다. 단, 노우트에 쓸 때와 칠판에 쓸 때는 둥근 괄호가 간단하지만, 인쇄할 때는 반드시 그런 것은 아니므로, 이후 이 강의에서는 주로

$$\begin{bmatrix} 2 & 9 & -5 \\ -10 & 3 & 4 \end{bmatrix}$$

와 같은 괄호를 써서 나타내기로 합니다. 물론, ( )이든, [ ]이든 그것은 단지 하나의 묶음을 나타낸 것에 불과합니다. 이를테면 행렬을

$$\begin{array}{ccc} 2 & 9 & -5 \\ -10 & 3 & 4 \end{array}$$

와 같이 전체를 테두리로 둘러서 나타낼 수도 있습니다.

행렬에서 가로로 배열된 줄을 **행**이라 하고, 위에서부터 차례로 **제1행, 제2행,** …이라고 합니다. 예를 들면, 위의 행렬 ①에서

제1행은　(　2　9　−5)

제2행은　(−10　3　　4)

입니다.

또, 세로로 배열된 줄을 **열**이라 하며, 왼쪽에서부터 차례로 **제1열, 제2열,** …이라고 합니다. 위의 행렬①에서

$$\begin{bmatrix} 2 \\ -10 \end{bmatrix}, \quad \begin{bmatrix} 9 \\ 3 \end{bmatrix}, \quad \begin{bmatrix} -5 \\ 4 \end{bmatrix}$$

는 각각 제1열, 제2열, 제3열입니다.

행렬의 제i행, 제j열을 각각 **제i행 벡터, 제j열 벡터**라고도 합니다.

행렬의 제i행과 제j열이 교차하는 위치에 있는 성분을 행렬의 **(i, j) 성분**이라 합니다. 이를테면, 위의 행렬에서는

	제1열 ↓	제2열 ↓	제3열 ↓
제1행→	2 (1, 1)성분	9 (1, 2)성분	−5 (1, 3)성분
제2행→	−10 (2, 1)성분	3 (2, 2)성분	4 (2, 3)성분

이 됩니다.

행렬을 1개의 문자로 나타낼 때는 보통 A, B, …와 같은 대문자를 사용합니다. 이를테면, 위의 행렬 ①을 A로 나타내어

$$A = \begin{bmatrix} 2 & 9 & -5 \\ -10 & 3 & 4 \end{bmatrix} \qquad ①$$

와 같이 씁니다.

일반적으로, 행의 수가 m, 열의 수가 n인 행렬을 **m 행 n 열의 행렬** 또는 **$m \times n$ 행렬**이라고 합니다. 위의 행렬 ① 은 2×3행렬입니다.

$m \times n$행렬에서 정수의 짝(m, n) 또는 기호 $m \times n$을 이 행렬의 **꼴**이라고 부릅니다. 기호 $m \times n$에서 $\times$은 단지 상징적인 것으로서 곱셈을 나타내는 것은 아닙니다. 단, $m \times n$행렬은 mn개의 성분을 가지고 있습니다!

꼴이 $n \times n$인 행렬, 즉 성분이 정사각형 모양으로 배열되어 있는 행렬을 **n 차 정방행렬** 또는 간단히 **n 차 행렬**이라고 부릅니다. 이 때 n을 이 행렬의 **차수**라고 합니다.

$1 \times n$행렬은 n항 행벡터와 같습니다. 또, $m \times 1$행렬은 m항 열벡터와 같습니다.

두 행렬 A, B가 같은 꼴이고 대응하는 성분이 각각 같을 때, A와 B는 **같다** 또는 **상등하다**고 하고 $A = B$로 나타냅니다.

[문제 1] 다음 행렬의 꼴을 말하고, 그 행과 열을 써 보시오. 또, 행렬(2)의 $(1, 2)$성분, $(1, 3)$성분, $(2, 1)$성분, $(2, 3)$ 성분을 말해 보시오.

(1) $\begin{bmatrix} 2 & 0 \\ -5 & 9 \end{bmatrix}$ (2) $\begin{bmatrix} -1 & -2 & 3 \\ 4 & 5 & -6 \end{bmatrix}$

[문제 2] 다음 등식이 성립하도록 x, y, z, w의 값을 정하시오.

(1) $\begin{bmatrix} x & -2 \\ z & w \end{bmatrix} = \begin{bmatrix} 3 & 2y \\ y & -2z \end{bmatrix}$

(2) $\begin{bmatrix} x & y \\ z & w \end{bmatrix} = \begin{bmatrix} y+z & z+w \\ w+x-5 & x+y \end{bmatrix}$

◆ **행렬의 일반적 기법**

$m \times n$행렬을 일반적으로 나타내려면 한 개의 문자, 이를테면 a에 이중의 첨자를 붙여서 (i, j)성분을 a_{ij}로 쓰고,

$$\begin{bmatrix} a_{11} & a_{12} & a_{13} & \cdots & a_{1n} \\ a_{21} & a_{22} & a_{23} & \cdots & a_{2n} \\ a_{31} & a_{32} & a_{33} & \cdots & a_{3n} \\ & & \cdots\cdots\cdots \\ a_{m1} & a_{m2} & a_{m3} & \cdots & a_{mn} \end{bmatrix}$$

과 같이 써서 나타냅니다. 이 행렬을 A라 할 때, 간단히
이것을

$$A = (a_{ij}) \qquad (i = 1, \cdots, m \,;\, j = 1, \cdots, n)$$

로 표기합니다. 만일 꼴 $m \times n$을 전후의 관계에서 확실히
알 수 있으면 더 약하여 단지 $A = (a_{ij})$라 쓸 수도 있습니
다. 이 기법에서 중요한 것은

a_{ij}가 A의 (i, j)성분을 나타내고 있다

는 것입니다.

물론 꼴이 작을 경우에는, 이를테면 2×3행렬을

$$\begin{bmatrix} a_1 & b_1 & c_1 \\ a_2 & b_2 & c_2 \end{bmatrix}$$

와 같이 쓸 수도 있습니다. 그러나, 보다 일반적인 기법으
로 나타내면 다음과 같습니다.

$$\begin{bmatrix} a_{11} & a_{12} & a_{13} \\ a_{21} & a_{22} & a_{23} \end{bmatrix}$$

실제 문제로서 이 강의에서는, 일반 꼴의 행렬은 그다
지 취급되지 않으므로 위에서 설명한 기법이 활약할 기
회는 그렇게 흔하지는 않습니다. 하지만 여러분이 이러
한 기법을 알아 두는 것은 역시 유익한 일입니다. 왜냐하
면, 문제를 일반화하여 생각할 필요나 욕구가 생길 때에
는 여러분은 언제나 이 기법을 이용할 수 있기 때문입니
다. 그리고 덧붙여 말한다면 2×2의 일반적인 정사각행
렬은 통상 단지

$$\begin{bmatrix} a & b \\ c & d \end{bmatrix}$$

와 같이 쓰는 일이 많다는 점에 주의해 둡시다.

◆ **행렬의 덧셈·뺄셈·실수배**

행렬 A, B의 합 $A+B$는 A, B의 꼴이 같을 경우에만 정의됩니다. 즉 A, B가 같은 꼴을 가질 때, 양자의 (i, j) 성분 a_{ij}, b_{ij}의 합 $a_{ij}+b_{ij}$를 (i, j)성분으로 하는 행렬을 $A+B$로 정의합니다. 이를테면,

$$\begin{bmatrix} a_1 \\ a_2 \\ a_3 \end{bmatrix} + \begin{bmatrix} b_1 \\ b_2 \\ b_3 \end{bmatrix} = \begin{bmatrix} a_1+b_1 \\ a_2+b_2 \\ a_3+b_3 \end{bmatrix},$$

$$\begin{bmatrix} a & b \\ c & d \end{bmatrix} + \begin{bmatrix} a' & b' \\ c' & d' \end{bmatrix} = \begin{bmatrix} a+a' & b+b' \\ c+c' & d+d' \end{bmatrix}$$

입니다.

서로 다른 꼴의 행렬의 합은 만들 수 없습니다. 이를테면,

$$\begin{bmatrix} 1 & 4 \\ -2 & 0 \end{bmatrix} + \begin{bmatrix} 2 & 0 & 5 \\ 8 & -4 & 3 \end{bmatrix}$$

과 같은 합은 의미를 갖지 않습니다.

모든 성분이 0인 행렬, 즉

$$\begin{bmatrix} 0 & 0 \\ 0 & 0 \end{bmatrix}, \quad \begin{bmatrix} 0 & 0 & 0 \\ 0 & 0 & 0 \end{bmatrix}, \quad (0 \quad 0)$$

과 같은 행렬을 **영행렬**이라고 부릅니다. 꼴이 서로 다른 영행렬은 행렬로서는 같지는 않지만 혼동할 염려가 없으면 보통 같은 문자 O로 나타냅니다.

또, 행렬 A에 대하여 그 성분의 부호를 바꾼 행렬을 $-A$로 나타냅니다. 이를테면,

$$A = \begin{bmatrix} -2 & 4 \\ 0 & -3 \end{bmatrix} \text{ 이면 } -A = \begin{bmatrix} 2 & -4 \\ 0 & 3 \end{bmatrix}$$

입니다.

평면과 공간벡터일 때와 마찬가지로 행렬의 덧셈에 대해서도 다음 법칙이 성립합니다. 단, 이 법칙에서 행렬은

모두 같은 꼴의 행렬을 나타냅니다.

1	$A+B = B+A$	교환법칙
2	$(A+B)+C = A+(B+C)$	결합법칙
3	$A+O = A$	
4	$A+(-A) = O$	

같은 꼴의 행렬 A, B에 대하여 $A+(-B)$를 $A-B$로 나타내고, A에서 B를 뺀 차라고 합니다. 차 $A-B$는

$$B+X = A$$

를 만족하는 행렬 X와 같습니다.

다음에 행렬 A와 실수 k에 대하여, A의 (i, j)성분 a_{ij}의 k배 ka_{ij}를 (i, j) 성분으로 하는 행렬을 A의 k배 kA로 정의합니다. 이를테면,

$$k \begin{bmatrix} a & b \\ c & d \end{bmatrix} = \begin{bmatrix} ka & kb \\ kc & kd \end{bmatrix}$$

입니다.

정의에 의해 분명히

$$1A = A, \qquad (-1)A = -A$$

이고, 또

$$0A = O, \qquad kO = O$$

입니다. 나아가서 다음 법칙도 성립합니다.

1	$(kl)A = k(lA)$
2	$(k+l)A = kA+lA$
3	$k(A+B) = kA+kB$

이들 법칙도 벡터의 실수배의 경우와 마찬가지입니다. 요컨대, 덧셈, 뺄셈, 실수배의 연산에 관해서는 행렬도 벡터도 본질적으로 하등 다른 점이 없습니다.

문제 3 행렬

$$A = \begin{bmatrix} 1 & -2 \\ 4 & 3 \end{bmatrix}, \qquad B = \begin{bmatrix} 2 & -1 \\ -5 & 0 \end{bmatrix}$$

에 대하여 다음 행렬을 구하시오.

(1)　$A+B$　　(2)　$A-B$　　(3)　$3A$

(4)　$-2B$　　(5)　$A+3B$　　(6)　$2A-B$

문제 4 행렬

$$A = \begin{bmatrix} 1 & 2 & 3 \\ -1 & 2 & 0 \end{bmatrix}, \qquad B = \begin{bmatrix} -1 & 4 & 3 \\ 2 & 0 & -5 \end{bmatrix}$$

에 대하여 문제 3과 같은 문항 (1)~(6)에 답하시오.

　　$A = (a_{ij})$를 $m \times n$행렬이라 합니다. 이 때, $b_{ji} = a_{ij}$일 때, b_{ji}를 (j, i)성분으로 하는 $n \times m$ 행렬 $B = (b_{ji})$를 A의 **전치행렬**이라고 합니다. 관용기법에 따라 이 책에서는 A의 전치행렬을 ${}^{t}A$로 나타냅니다. [t는 전치를 뜻하는 transpose의 머리글자입니다.]

　　A가 1250페이지에 나타낸 행렬이라면 ${}^{t}A$는 행렬

$$\begin{bmatrix} a_{11} & a_{21} & a_{31} & \cdots & a_{m1} \\ a_{12} & a_{22} & a_{32} & \cdots & a_{m2} \\ & & \cdots\cdots\cdots & & \\ a_{1n} & a_{2n} & a_{3n} & \cdots & a_{mn} \end{bmatrix}$$

입니다. (위에서 a_{ij}는 (j, i)성분이 됩니다.)

　　산난히 말하면 A의 선치행틸 ${}^{t}A$는 A의 "행과 열을 바꾼 행렬"입니다. 구체적인 예를 들면

$$A = \begin{bmatrix} 1 & 2 & 3 \\ 4 & 5 & 6 \end{bmatrix} \quad \text{이면} \quad {}^{t}A = \begin{bmatrix} 1 & 4 \\ 2 & 5 \\ 3 & 6 \end{bmatrix}$$

입니다. 또, 행벡터$(-2 \quad 5 \quad -10)$의 전치행렬은 열벡터

$$\begin{bmatrix} -2 \\ 5 \\ -10 \end{bmatrix}$$

이 됩니다.

문제 5 문제 3의 행렬 A, B에 대하여 전치행렬 ${}^{t}A$, ${}^{t}B$를 쓰시오. 문제 4의 행렬 A, B에 대해서도 마찬가지의 답을 쓰이오.

문제 6 A, B를 같은 꼴의 행렬이라 합니다.

$$^t(A+B) = {}^tA + {}^tB$$

임을 밝히시오.

문제 7 $^tA = A$인 정방행렬 A를 **대칭행렬**, $^tA = -A$인 정방행렬 A를 **교대행렬**이라 부릅니다.

임의의 정방행렬 A에 대하여 $A + {}^tA$는 대칭행렬, $A - {}^tA$는 교대행렬임을 밝히시오.

◆ 행렬의 곱셈

다음에 행렬의 곱셈으로 들어갑니다. 이것의 곱셈은 새로운 종류의 연산입니다!

먼저, 길이가 같은 행벡터와 열벡터의 곱을 정의합니다. 지금,

$$A = (a_1 \ a_2 \ a_3), \qquad B = \begin{bmatrix} b_1 \\ b_2 \\ b_3 \end{bmatrix}$$

을 각각 길이 3인 행벡터, 열벡터라 합니다. 이 때, 수 $a_1b_1 + a_2b_2 + a_3b_3$를 A와 B의 곱으로 정의합니다. 즉,

$$AB = (a_1 \ a_2 \ a_3) \begin{bmatrix} b_1 \\ b_2 \\ b_3 \end{bmatrix} = a_1b_1 + a_2b_2 + a_3b_3$$

입니다.

경제학에서는 이 곱에 다음과 같은 해석을 부여할 수 있습니다. 예를 들면, 행벡터

$$A = (200 \ \ 5 \ \ 150)$$

의 3개의 성분은 각각 편지지 1권, 봉투 1매, 볼펜 1개의 가격을 나타낸다고 하고 열벡터

$$B = \begin{bmatrix} 2 \\ 20 \\ 3 \end{bmatrix}$$

의 3개의 성분은 어떤 사람이 이들 물품을 구입하는 수량

을 나타낸다고 합니다. 즉, 그 사람은 편지지를 2권, 봉투를 20매, 볼펜을 3자루, 각각 구입한다고 합니다. 이 때, 곱

$$AB = 200 \times 2 + 5 \times 20 + 150 \times 3 = 950(원)$$

은 그 사람이 구입하는 물품의 전체 금액을 나타냅니다.

길이가 n인 행벡터와 열벡터의 곱의 정의도 위의 $n=3$인 경우와 똑같습니다.

다음에, 일반적으로 $A = (a_{ij})$를 $m \times n$행렬, $B = (b_{jk})$를 $n \times r$행렬이라 합니다. 즉,

$$A = \begin{bmatrix} a_{11} & \cdots & a_{1n} \\ \vdots & & \vdots \\ a_{m1} & \cdots & a_{mn} \end{bmatrix}, \qquad B = \begin{bmatrix} b_{11} & \cdots & b_{1r} \\ \vdots & & \vdots \\ b_{n1} & \cdots & b_{nr} \end{bmatrix}$$

라 합니다. 이 때, A의 제i행벡터와 B의 제k열벡터와의 곱

$$(a_{i1} \ a_{i2} \ \cdots \ a_{in}) \begin{bmatrix} b_{1k} \\ b_{2k} \\ \vdots \\ b_{nk} \end{bmatrix}$$

$$= a_{i1}b_{1k} + a_{i2}b_{2k} + \cdots + a_{in}b_{nk}$$

을 (i, k)성분으로 하는 $m \times r$행렬을 A와 B의 곱 AB로 정의합니다.

즉 $m \times n$행렬 $A = (a_{ij})$와 $n \times r$행렬 $B = (b_{jk})$와의 곱 AB는

$$c_{ik} = a_{i1}b_{1k} + a_{i2}b_{2k} + \cdots + a_{in}b_{nk} = \sum_{j=1}^{n} a_{ij}b_{jk}$$

를 (i, k) 성분으로 하는 $m \times r$행렬 $C = (c_{ik})$입니다.

예를 들면 A, B가 모두 이차의 정방행렬

$$A = \begin{bmatrix} a_1 & a_2 \\ a_1' & a_2' \end{bmatrix}, \qquad B = \begin{bmatrix} b_1 & b_1' \\ b_2 & b_2' \end{bmatrix}$$

이면, 곱 $AB = C$도 이차의 정방행렬이고

$$C = \begin{bmatrix} a_1 b_1 + a_2 b_2 & a_1 b_1' + a_2 b_2' \\ a_1' b_1 + a_2' b_2 & a_1' b_1' + a_2' b_2' \end{bmatrix}$$

이 됩니다. 이 곱 C의

$\quad$ (1, 1) 성분은 A의 제1행과 B의 제1열의 곱

$\quad$ (1, 2) 성분은 A의 제1행과 B의 제2열의 곱

$\quad$ (2, 1) 성분은 A의 제2행과 B의 제1열의 곱

$\quad$ (2, 2) 성분은 A의 제2행과 B의 제2열의 곱

입니다.

$\quad$ 행렬의 곱 AB는 <u>A의 열의 개수와 B의 행의 개수가 일치할 경우에만 정의된다</u>는 것을 강조해 둡니다. 이를테면, A가 2×2행렬, B가 3×2행렬이면 곱 AB는 정의되지 않습니다. 그러나 곱 BA는 3×2행렬로 정의됩니다.

$\quad$ 확실히 하기 위해 다시 한 번 반복합니다.

$\quad$ <u>$m \times n$행렬 A와 $n \times r$행렬 B에 대하여 곱 AB가 정의됩니다. AB는 $m \times r$행렬로서 그 (i, k) 성분은</u>

$\quad\quad$ **A의 제i행벡터와 B의 제k열 벡터와의 곱**

입니다.

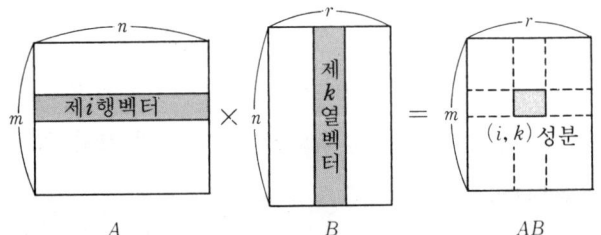

$$A \qquad\qquad B \qquad\qquad AB$$

구체적인 계산 예를 다음에 몇 가지 들어 둡니다.

$\textcircled{예}$ $\begin{bmatrix} 1 & 2 \\ 3 & 4 \end{bmatrix} \begin{bmatrix} -5 & 4 \\ 6 & -3 \end{bmatrix}$

$\quad = \begin{bmatrix} 1 \cdot (-5) + 2 \cdot 6 & 1 \cdot 4 + 2 \cdot (-3) \\ 3 \cdot (-5) + 4 \cdot 6 & 3 \cdot 4 + 4 \cdot (-3) \end{bmatrix} = \begin{bmatrix} 7 & -2 \\ 9 & 0 \end{bmatrix}$

$\begin{bmatrix} -5 & 4 \\ 6 & -3 \end{bmatrix} \begin{bmatrix} 1 & 2 \\ 3 & 4 \end{bmatrix}$

$\quad = \begin{bmatrix} (-5) \cdot 1 + 4 \cdot 3 & (-5) \cdot 2 + 4 \cdot 4 \\ 6 \cdot 1 + (-3) \cdot 3 & 6 \cdot 2 + (-3) \cdot 4 \end{bmatrix} = \begin{bmatrix} 7 & 6 \\ -3 & 0 \end{bmatrix}$

[주의 : 이 예에서 알 수 있는 바와 같이 행렬의 곱에서

$$AB = BA$$

는 일반적으로 성립하지 않습니다.]

예
$$\begin{bmatrix} 2 & -1 \\ 1 & 3 \end{bmatrix}\begin{bmatrix} 4 \\ 5 \end{bmatrix} = \begin{bmatrix} 2\cdot4+(-1)\cdot5 \\ 1\cdot4+3\cdot5 \end{bmatrix} = \begin{bmatrix} 3 \\ 19 \end{bmatrix}$$

$$(10 \quad -6)\begin{bmatrix} 0 & 3 \\ 4 & 8 \end{bmatrix} = (10\cdot0+(-6)\cdot4 \quad 10\cdot3+(-6)\cdot8)$$

$$= (-24 \quad -18)$$

위의 예에서도 확인한 바와 같이, 일반적으로 A가 $m\times n$행렬, X가 $n\times1$행렬(즉, n항열벡터)이면 곱 AX를 만들 수 있습니다. 그 곱은 $m\times1$행렬(즉, m항열벡터)입니다. 구체적으로,

$$\begin{bmatrix} a_{11} & \cdots & a_{1n} \\ \vdots & & \vdots \\ a_{m1} & \cdots & a_{mn} \end{bmatrix}\begin{bmatrix} x_1 \\ \vdots \\ x_n \end{bmatrix} = \begin{bmatrix} y_1 \\ \vdots \\ y_m \end{bmatrix}$$

으로 나타낼 때, $i=1, \cdots, m$에 대하여

$$y_i = \sum_{j=1}^{n} a_{ij}x_j = a_{i1}x_1 + a_{i2}x_2 + \cdots + a_{in}x_n$$

이 됩니다.

마찬가지로, A가 $m\times n$행렬, X가 $1\times m$행렬(즉 m항행벡터)이면 곱 XA를 만들 수 있으며, 그것은 $1\times n$행렬(즉, n항행벡터)입니다. 구체적으로 나타내면,

$$(x_1\cdots x_n)\begin{bmatrix} a_{11}\cdots a_{1n} \\ \vdots \quad \vdots \\ a_{m1}\cdots a_{mn} \end{bmatrix} = (y_1\cdots y_n)$$

$$y_j = \sum_{j=1}^{m} x_i a_{ij} = x_1 a_{1j} + x_2 a_{2j} + \cdots + x_m a_{mj}$$

가 됩니다.

A가 정방행렬이면 곱 AA도 같은 차수의 정방행렬입니다. 이것을 A^2으로 씁니다.

마찬가지로, $A^2A = A^3$, $A^3A = A^4$, $\cdots$가 정의됩니다. 이들은 모두 A와 같은 차수의 정방행렬입니다.

문제 8 다음 행렬의 곱을 계산하시오.

(1) $\begin{bmatrix} 1 & -2 \\ 3 & 4 \end{bmatrix} \begin{bmatrix} 2 & 4 \\ 1 & -3 \end{bmatrix}$ (2) $\begin{bmatrix} -5 & 0 \\ 3 & -2 \end{bmatrix} \begin{bmatrix} 1 & -2 \\ 0 & 1 \end{bmatrix}$

(3) $\begin{bmatrix} 5 & 3 \\ 2 & 1 \end{bmatrix} \begin{bmatrix} -1 & 3 \\ 2 & -5 \end{bmatrix}$ (4) $\begin{bmatrix} -2 & 3 \\ 3 & 1 \end{bmatrix} \begin{bmatrix} 8 \\ 5 \end{bmatrix}$

(5) $(-2 \ \ 1) \begin{bmatrix} 10 & -8 \\ 0 & 5 \end{bmatrix}$ (6) $\begin{bmatrix} 2 \\ 3 \end{bmatrix} (-4 \ \ 5)$

(7) $\begin{bmatrix} 2 & 3 & -1 \\ 4 & 5 & 6 \end{bmatrix} \begin{bmatrix} 1 \\ -1 \\ 2 \end{bmatrix}$ (8) $(10 \ -1 \ \ 5) \begin{bmatrix} -2 \\ 3 \\ 1 \end{bmatrix}$

문제 9 $A = \begin{bmatrix} 1 & 1 \\ 0 & 2 \end{bmatrix}$ 라 합니다. A^2, A^3, … 을 계산하시

오. 이 결과로부터 일반적으로 A^n을 예상하고, 이 예상을
수학적 귀납법을 이용하여 증명하시오.

문제 10 $A = \begin{bmatrix} 1 & 1 & 1 \\ 0 & 1 & 1 \\ 0 & 0 & 1 \end{bmatrix}$ 일 때 A^2, A^3, … 을 계산하시

오. 이 결과로부터 일반적으로 A^n을 예상하고, 이 예상을
수학적 귀납법을 이용하여 증명하시오.

◆ **행렬의 곱셈의 성질(1)**

행렬의 곱셈에 관하여 다음 성질이 성립합니다.

먼저, 행렬 A, B의 곱 AB가 정의될 때, k를 상수라 하
면,

$$(kA)B = A(kB) = k(AB)$$

가 성립합니다. 이것은 분명합니다.

또, 행렬의 덧셈과 곱셈에 관하여 다음 분배법칙이 성
립합니다.

분배법칙 A를 $m \times n$행렬, B, C를 $n \times r$행렬이라
한다. 이 때,

$$A(B+C) = AB + AC$$

가 성립한다. 또, A, B를 $m \times n$행렬, C를 $n \times r$행렬이라 한다. 이 때,

$$(A+B)C = AC + BC$$

가 성립한다.

증명 다음에서는 일단 일반적인 꼴로써 증명하기로 합니다. 그러나 첨자가 약간 복잡하므로, 만일 여러분이 저항을 느낀다면 법칙만을 승인하고 증명을 생략해도 상관 없습니다.

그러면 전반의 등식을 증명합시다. 지금 $A = (a_{ij})$를 $m \times n$행렬, $B = (b_{jk})$, $C = (c_{jk})$를 $n \times r$행렬이라 합니다. 이 때, $B+C$의 (j, k) 성분은 $b_{jk} + c_{jk}$이고 행렬 B, C 및 $B+C$의 제 k열은 각각

$$\begin{bmatrix} b_{1k} \\ \vdots \\ b_{nk} \end{bmatrix}, \quad \begin{bmatrix} c_{1k} \\ \vdots \\ c_{nk} \end{bmatrix}, \quad \begin{bmatrix} b_{1k} + c_{1k} \\ \vdots \\ b_{nk} + c_{nk} \end{bmatrix}$$

입니다. 또, A의 제i행은

$$(a_{i1} \cdots a_{in})$$

입니다.

행렬 AB, AC, $A(B+C)$는 모두 $m \times r$ 행렬이고, 이들의 (i, k) 성분은 곱의 정의에 의해 각각

$$a_{i1}b_{1k} + \cdots + a_{in}b_{nk}$$
$$a_{i1}c_{1k} + \cdots + a_{in}c_{nk}$$
$$a_{i1}(b_{1k} + c_{1k}) + \cdots + a_{in}(b_{nk} + c_{nk})$$

가 됩니다. 그런데 분명히 밑의 식은 위의 두 식의 합과 같고, 위의 두 식의 합은 바로 행렬 $AB + AC$의 (i, k)성분입니다. 즉, $A(B+C)$의 (i, k)성분과 $AB + BC$의 (i, k)성분은 일치합니다.

이것으로

$$A(B+C) = AB + AC$$

임이 증명되었습니다. 또 다른 등식의 증명도 마찬가

지로 할 수 있습니다.

행렬의 곱셈에 관하여는 또, **결합법칙**이 성립합니다.
우선 구체적인 예로써, 이 법칙을 확인하여 봅시다. 이를
테면,

$$A = \begin{bmatrix} 2 & 1 \\ -1 & 3 \end{bmatrix}, \quad B = \begin{bmatrix} -3 & 1 \\ 4 & -2 \end{bmatrix}, \quad C = \begin{bmatrix} 1 & 2 \\ -2 & -1 \end{bmatrix}$$

이라 합니다. 이 때

$$AB = \begin{bmatrix} 2 & 1 \\ -1 & 3 \end{bmatrix}\begin{bmatrix} -3 & 1 \\ 4 & -2 \end{bmatrix} = \begin{bmatrix} -2 & 0 \\ 15 & -7 \end{bmatrix}$$

$$(AB)C = \begin{bmatrix} -2 & 0 \\ 15 & -7 \end{bmatrix}\begin{bmatrix} 1 & 2 \\ -2 & -1 \end{bmatrix} = \begin{bmatrix} -2 & -4 \\ 29 & 37 \end{bmatrix}$$

한편,

$$BC = \begin{bmatrix} -3 & 1 \\ 4 & -2 \end{bmatrix}\begin{bmatrix} 1 & 2 \\ -2 & -1 \end{bmatrix} = \begin{bmatrix} -5 & -7 \\ 8 & 10 \end{bmatrix}$$

$$A(BC) = \begin{bmatrix} 2 & 1 \\ -1 & 3 \end{bmatrix}\begin{bmatrix} -5 & -7 \\ 8 & 10 \end{bmatrix} = \begin{bmatrix} -2 & -4 \\ 29 & 37 \end{bmatrix}$$

그러므로

$$(AB)C = A(BC)$$

입니다.

일반적으로 다음이 성립합니다.

결합법칙 3개의 행렬 A, B, C에 대하여 행렬의
곱 AB, BC가 정의되어 있다고 한다. 이 때, $(AB)C$
및 $A(BC)$도 정의되며

$$(\boldsymbol{AB})\boldsymbol{C} = \boldsymbol{A}(\boldsymbol{BC})$$

가 성립한다.

증명 (이 법칙도 사실만을 승인하고, 증명은 생략해도
무방합니다.)

　　$A = (a_{ij})$를 $m \times n$행렬, $B = (b_{jk})$를 $n \times r$행렬, $C =$

(c_{kl})를 $r \times s$행렬이라 합니다. 이 때, 분명히 $(AB)C$,
$A(BC)$는 모두 정의되며 모두 $m \times s$행렬입니다. 따라
서 밝혀야 할 것은

$$1 \le i \le m, \quad 1 \le l \le s$$

를 만족하는 임의의 정수 i, l에 대하여 양자의 (i, l)성
분이 일치한다는 것입니다. 이제, 그와 같은 정수의 한
짝 i, l이 주어졌다고 합시다.

먼저, AB는 $m \times r$행렬이고 그 (i, k) 성분을 u_{ik}라
고 하면,

$$u_{ik} = a_{i1}b_{1k} + \cdots + a_{in}b_{nk} = \sum_{j=1}^{n} a_{ij}b_{jk} \qquad ①$$

입니다. 따라서 $(AB)C$의 (i, l) 성분은 위의 u_{ik}를 사용
하면

$$u_{i1}c_{1l} + \cdots + u_{ir}c_{rl} = \sum_{k=1}^{r} u_{ik}c_{kl} \qquad ②$$

로 나타납니다. ②의 u_{ik}에 ①을 대입하면

$$\sum_{k=1}^{r} \left(\sum_{j=1}^{n} a_{ij}b_{jk} \right) c_{kl} = \sum_{k=1}^{r} \sum_{j=1}^{n} a_{ij}b_{jk}c_{kl}$$

이 되며, 이것은 $(AB)C$의 (i, l) 성분을 부여합니다. 이
합은 결국 j가 $1 \le j \le n$을 만족하는 모든 정수 k가
$1 \le k \le r$을 만족하는 모든 정수를 취했을 때의 곱

$$a_{ij}b_{ik}c_{kl}$$

의 총합을 의미합니다. 이것은 행렬 $(AB)C$의 (i, l)성
분입니다.

한편, 우변에 대해서는 처음에 BC의 (j, l) 성분을 만
들고 다음으로 $A(BC)$의 (i, l)성분을 계산하면 그 결
과는 위의 경우와 똑같은 합이 됨을 알 수 있습니다.
(이 검증은 여러분 스스로 해 보십시오.)이것으로 두 행
렬 $(AB)C$, $A(BC)$의 (i, l)성분은 일치한다는 것이 밝
혀졌습니다.

그러므로

$$(AB)C = A(BC)$$

입니다.

문제 11 다음 각 경우에 $(AB)C$, $A(BC)$를 차례차례 계산하여 결과가 같다는 것을 확인하시오.

(1) $A = \begin{bmatrix} 2 & 1 \\ 1 & 3 \end{bmatrix}$, $B = \begin{bmatrix} 3 & 4 \\ -2 & 1 \end{bmatrix}$, $C = \begin{bmatrix} 3 & -2 \\ 0 & 1 \end{bmatrix}$

(2) $A = \begin{bmatrix} 1 & 2 & 3 \\ 4 & 5 & 6 \end{bmatrix}$, $B = \begin{bmatrix} 1 & 1 \\ -2 & 0 \\ 3 & -1 \end{bmatrix}$, $C = \begin{bmatrix} 1 & 2 \\ 3 & 4 \end{bmatrix}$

(3) $A = \begin{bmatrix} 2 & -4 & 1 \\ 3 & 0 & -1 \end{bmatrix}$, $B = \begin{bmatrix} 1 & 1 & 0 \\ 2 & -1 & 1 \\ 3 & 1 & 5 \end{bmatrix}$, $C = \begin{bmatrix} -1 \\ 3 \\ 1 \end{bmatrix}$

◆ 행렬의 곱셈의 성질(2)

여기에서는 주로 2×2행렬에 대하여 생각합니다. (꼴에 대하여 말이 없는 한 2×2행렬인 것으로 생각합니다.) 그러나 이 항에서 설명하는 많은 사실은 일반적으로 n차 정방행렬에 대해서도 통용됩니다.

행렬

$$\begin{bmatrix} 1 & 0 \\ 0 & 1 \end{bmatrix}$$

을 이차의 **단위행렬**이라 합니다. 단위행렬은 보통 문자 E 또는 I로 나타내는데 현행 고교 교과서에서는 문자 E를 사용하고 있습니다. 따라서 이 책에서도 단위행렬을 E로 표시하기로 합니다.

임의의 행렬 A와 단위행렬 E에 대하여

$$AE = EA = A$$

가 성립합니다. 이것은 바로 확인할 수 있습니다. 즉, 단위행렬 E는 행렬의 곱셈의 관하여 수 1에 해당하는 역할을 합니다.

한편, 분명히

$$AO = OA = O$$

이 성립합니다. 여기서 O는 이차의 영행렬입니다. 이것은 수의 곱셈에 관한 0에 해당합니다.

우리는 이미 행렬의 곱셈에 관한 결합법칙이 성립한다는 것과 덧셈과의 사이에서 분배법칙이 성립한다는 것을 알고 있습니다. 여기까지는 행렬의 곱셈의 성질도 수의 곱셈의 성질과 거의 같습니다. 그러나 다음의 두 가지 점에서 행렬의 곱셈은 수의 곱셈과 두드러지게 다릅니다. 그것은 행렬의 곱셈에 관해서는

교환법칙이 성립하지 않는다

는 것과

영인자가 존재한다

는 두 가지 점입니다.

행렬의 곱셈에 관하여 교환법칙이 성립하지 않는다는 것은 이미 **1257** 페이지 예에서도 살펴 보았습니다. 즉, A, B를 2개의 2×2행렬이라 할 때

"$AB = BA$는 일반적으로 성립하지 않는다!"

물론 $AB = BA$가 성립하는 행렬 A, B도 있습니다.

$AB = BA$가 성립할 때 행렬 A와 B는 **가환**(commutative)이라고 합니다. 이를테면, 단위행렬 E는 임의의 행렬 A와 가환입니다. k를 임의의 상수라 할 때, 행렬

$$kE = \begin{bmatrix} k & 0 \\ 0 & k \end{bmatrix}$$

도 임의의 행렬과 가환입니다.

행렬의 곱셈에서는 교환법칙이 성립하지 않으므로,

$$(A+B)^2 = A^2 + 2AB + B^2$$

과 같은 공식은 성립하지 않습니다. 이것은 특히 주의를 요합니다. 말하자면, 이런 공식은 지나치게 깊이 우리들 마음 속에 침투해 있어, 생각없이 무비판적으로 사용하게 되기 때문입니다. 실제로는 분배법칙에 의해, 임의의 행렬 A, B에 대하여

$$(A+B)^2 = (A+B)(A+B)$$
$$= A(A+B)+B(A+B)$$
$$= A^2+AB+BA+B^2$$

이 되는데, 이 결과를 $A^2+2AB+B^2$으로 정리한다는 것은──A, B가 가환이 아닌 한──있을 수 없습니다. 여러분은 이 점을 망각하지 않도록 합니다.

행렬의 곱셈에 관해서는, 또 $A \neq O$, $B \neq O$ 이어도

$$AB=O$$

이 되는 일이 있습니다. 예를 들면,

$$A = \begin{bmatrix} 1 & -2 \\ -3 & 6 \end{bmatrix}, \qquad B = \begin{bmatrix} 2 & 4 \\ 1 & 2 \end{bmatrix}$$

일 때,

$$AB = \begin{bmatrix} 1 \cdot 2 + (-2) \cdot 1 & 1 \cdot 4 + (-2) \cdot 2 \\ (-3) \cdot 2 + 6 \cdot 1 & (-3) \cdot 4 + 6 \cdot 2 \end{bmatrix}$$
$$= \begin{bmatrix} 0 & 0 \\ 0 & 0 \end{bmatrix} = O$$

이 됩니다.

이 사실은 수의 곱셈과 결정적으로 다릅니다. 수의 곱셈에서, $a \neq 0$, $b \neq 0$이면 반드시 $ab \neq 0$이었기 때문입니다.

$AB=O$을 만족하는 영행렬이 아닌 행렬 A, B를 **영인자**라고 부릅니다. 이를테면 위의 예의 두 행렬 A, B는 영인자입니다.

행렬의 곱셈에 관해서는, 영인자가 존재하는 것에서

$$AB=O \Longrightarrow A=O \text{ 또는 } B=O$$

이라는 법칙은 성립하지 않습니다. 또

$$AB=AC, A \neq O \Longrightarrow B=C$$

인 법칙도 성립하지 않습니다.

우리들은 위에서 이차 행렬의 곱셈에 대하여 설명했는데, 위와 같은 사실은 보다 차수가 높은 정방행렬의 곱셈에 관해서도 마찬가지입니다. 즉 일반적으로 n차 (단, $n \geq 2$) 행렬의 곱셈에서도 교환법칙이 성립하지

21. 1 행렬과 그 연산 *1265*

않으며, 또 영인자가 존재합니다.

이 기회에 한 마디 부언해 둡니다. n차 행렬 $A = (a_{ij})$ 에서 $a_{ii}(i = 1, 2, \cdots, n)$를 **대각성분**이라고 합니다. 대각성분 이외의 성분이 모두 0인 정방행렬을 **대각행렬**이라고 부릅니다. 특히, 모든 대각성분이 1인 n차 대각행렬

$$\begin{bmatrix} 1 & 0 & 0 & \cdots & 0 & 0 \\ 0 & 1 & 0 & \cdots & 0 & 0 \\ 0 & 0 & 1 & \cdots & 0 & 0 \\ & & & \cdots\cdots & & \\ 0 & 0 & 0 & \cdots & 1 & 0 \\ 0 & 0 & 0 & \cdots & 0 & 1 \end{bmatrix}$$

은 n차 **단위행렬**이라고 하고, 문자 E —— 차수를 명기할 필요가 있을 때는 E_n —— 로 나타냅니다. 이차의 경우와 마찬가지로, 일반적으로 n차 행렬 A에 대해

$$AE_n = E_nA = A$$

가 성립함은 행렬의 곱의 정의에서 명백합니다.

문제 12 $A = \begin{bmatrix} 2 & -2 \\ 0 & -1 \end{bmatrix}, B = \begin{bmatrix} 2 & -1 \\ -1 & 1 \end{bmatrix}$ 이라 합니다.

다음 식을 계산하고 (1) 과 (2)의 결과, (3)과 (4)의 결과를 비교하시오.

(1) $(A+B)(A-B)$ (2) $A^2 - B^2$

(3) $(A+B)^2$ (4) $A^2 + 2AB + B^2$

문제 13 $A = \begin{bmatrix} 1 & -2 \\ -1 & 2 \end{bmatrix}, B = \begin{bmatrix} x & 4 \\ y & 3 \end{bmatrix}$ 이 가환이 되도록 x, y의 값을 정하시오.

문제 14 이차 행렬 A가 임의의 이차 행렬 X와 가환이면, A는 $A = kE$의 꼴임을 증명하시오. [힌트 : A가 특히

$X = \begin{bmatrix} 1 & 0 \\ 0 & 0 \end{bmatrix}, X = \begin{bmatrix} 0 & 0 \\ 1 & 0 \end{bmatrix}$ 와 가환임을 이용합니다.)

문제 15 $A = \begin{bmatrix} 1 & 1 \\ x & y \end{bmatrix}$ 라 합니다. $A^2 = O$이라 할 때, x, y의 값을 정하시오.

문제 16 $A = \begin{bmatrix} a & b \\ c & d \end{bmatrix}$ 에 대해 다음을 증명하시오.

(1) 등식 $A^2 - (a+d)A + (ad-bc)E = O$이 성립한다.

(2) $a+d = 0$, $ad-bc = 1$이면 $A^2 = -E$이다.

(3) $a+d = 1$, $ad-bc = 0$이면, $A^2 = A$이다.

문제 17 A를 2×2행렬이라 합니다. $A^3 = O$이면 $A^2 = O$임을 증명하시오. [힌트 : 앞의 문제 (1)의 등식에 A를 곱하여 $A^3 = O$임을 이용하면

$$(a+d)A^2 - (ad-bc)A = O$$

을 얻습니다. 이것과 앞의 문제(1)의 등식에서 A^2을 소거한 식을 만듭니다.]

◆ 역행렬

A를 n차 정방행렬, E를 같은 차수의 단위행렬이라 합니다. 만일

$$AB = BA = E$$

가 되는 n차의 행렬 B가 존재하면 B를 A의 **역행렬**이라 하고, A^{-1}로 나타냅니다.

다음, $n = 2$인 경우를 생각합니다. 2×2행렬

$$A = \begin{bmatrix} a & b \\ c & d \end{bmatrix}$$

가 역행렬을 갖는 것은 어떤 경우를 말할까요? 또, 역행렬이 존재하는 경우, 그 성분은 A의 성분을 사용하여 어떻게 나타낼까요? 이것에 대해 알아봅시다.

지금, A가 역행렬 $B = \begin{bmatrix} x & u \\ y & v \end{bmatrix}$를 갖는다고 가정합니다. 이 때, $AB = E$ 즉

$$\begin{bmatrix} a & b \\ c & d \end{bmatrix} \begin{bmatrix} x & u \\ y & v \end{bmatrix} = \begin{bmatrix} 1 & 0 \\ 0 & 1 \end{bmatrix}$$

이 성립하므로, 양변의 성분을 비교함으로써 x, y 및 $u,$ 에 관한 연립일차방정식

$$\begin{cases} ax + by = 1 & \qquad ① \\ cx + dy = 0 & \qquad ② \end{cases}$$

$$\begin{cases} au + bv = 0 & \qquad ③ \\ cu + dv = 1 & \qquad ④ \end{cases}$$

를 얻습니다. 여기서

①$\times d -$②$\times b$하면 $(ad-bc)x = d$ ⑤

②$\times a -$①$\times c$하면 $(ad-bc)y = -c$ ⑥

③$\times d -$④$\times b$하면 $(ad-bc)u = -b$ ⑦

④$\times a -$③$\times c$하면 $(ad-bc)v = a$ ⑧

그러므로 만일 $\underline{ad-bc \neq 0}$이면 ⑤, ⑥, ⑦, ⑧에서

$$x = \frac{d}{ad-bc}, \qquad u = \frac{-b}{ad-bc}$$

$$y = \frac{-c}{ad-bc}, \qquad v = \frac{a}{ad-bc}$$

를 얻습니다. 그러므로

$$B = \begin{bmatrix} x & u \\ y & v \end{bmatrix} = \frac{1}{ad-bc} \begin{bmatrix} d & -b \\ -c & a \end{bmatrix} \qquad (*)$$

가 됩니다.

이 행렬 B의 성분은 연립방정식 ①, ②, ③, ④의 해이므로 B는 $AB=E$를 만족합니다. 더 계산하면 쉽게 확인할 수 있는데 이 B는 $BA=E$도 만족합니다. 따라서 B는 A의 역행렬 $B=A^{-1}$입니다.

또, 만일 $\underline{ad-bc=0}$이면 ⑤, ⑥, ⑦, ⑧에서 $a=b=c=d=0$이 되는데, 이것은 등식 ①, ④에 모순입니다. 따라서 이 경우에 A는 역행렬을 갖지 않습니다.

결론을 정리하여 설명하기 위해

$$\Delta = ad-bc$$

라 놓습니다. 그러면, 2×2행렬 A는 $\varDelta \neq 0$일 때, 또 그 때에만 역행렬을 가지며 그 역행렬은 위의 (∗)에 의해 주어진다는 것입니다. 식(∗)에서 A의 역행렬의 일의성을 알 수 있습니다. 또, 위의 논의를 반복하면, 행렬(∗)은 조건 $AB=E$만으로 얻을 수 있습니다. 이것은 2×2행렬 A, B에 대하여 "$AB=E$이면 B는 A의 역행렬이다"라는 결론이 얻어집니다.

마찬가지로 하면 우리들은 "$CA=E$이면 C는 A의 역행렬이다"라는 것을 보일 수 있습니다.

문제 18 2×2행렬 $A = \begin{bmatrix} a & b \\ c & d \end{bmatrix}$ 와 2×2행렬 C에 대해서

$$CA = E$$

가 성립하면 C는 위의 (∗)에서 주어진 행렬 B와 같음을 보이시오.

위에서 논의한 바를 다시 한 번 정리해 둡니다.

2×2행렬 $A = \begin{bmatrix} a & b \\ c & d \end{bmatrix}$ 에 대하여

$$\varDelta = ad - bc$$

라 놓으면 다음이 성립한다.

1 $\varDelta \neq 0$이면 A는 역행렬 A^{-1}을 가지며

$$A^{-1} = \frac{1}{\varDelta} \begin{bmatrix} d & -b \\ -c & a \end{bmatrix}$$

2 $\varDelta = 0$이면 A는 역행렬을 갖지 않는다.

분명히, A가 역행렬 A^{-1}을 가지면 A^{-1}의 역행렬은 A자신입니다. 즉

$$(A^{-1})^{-1} = A$$

입니다.

㉤ $A = \begin{bmatrix} 1 & 2 \\ 3 & 4 \end{bmatrix}$ 이면

$$\Delta = 1 \cdot 4 - 2 \cdot 3 = -2 \neq 0$$

따라서 역행렬 A^{-1}가 존재하고

$$A^{-1} = \frac{1}{-2} \begin{bmatrix} 4 & -2 \\ -3 & 1 \end{bmatrix} = \begin{bmatrix} -2 & 1 \\ \frac{3}{2} & -\frac{1}{2} \end{bmatrix}$$

㉤ $A = \begin{bmatrix} 1 & -4 \\ -2 & 8 \end{bmatrix}$ 이면

$$\Delta = 1 \cdot 8 - (-4) \cdot (-2) = 0$$

따라서 역행렬 A^{-1}은 존재하지 않습니다.

[문제 19] 다음 행렬은 역행렬을 가집니까? 가질 경우에는 그 역행렬을 구하시오.

(1) $\begin{bmatrix} 3 & -1 \\ -5 & 2 \end{bmatrix}$ (2) $\begin{bmatrix} 0 & 1 \\ 4 & 3 \end{bmatrix}$

(3) $\begin{bmatrix} 0 & -1 \\ -1 & 0 \end{bmatrix}$ (4) $\begin{bmatrix} 3 & 2 \\ -9 & -6 \end{bmatrix}$

[문제 20] 2×2행렬 A, B가 모두 역행렬 A^{-1}, B^{-1}을 가지면 AB도 역행렬을 가지며, $(AB)^{-1} = B^{-1}A^{-1}$임을 증명하시오. [주의 : $(AB)^{-1} = A^{-1}B^{-1}$는 아닙니다.]

[문제 21] 2×2행렬 A가 역행렬을 가질 때, 전치행렬 ${}^tA$도 역행렬을 가지며 $({}^tA)^{-1} = {}^t(A^{-1})$임을 증명하시오.

[문제 22] $a + b = 1$, $a \neq b$인 2×2행렬 $A = \begin{bmatrix} a & b \\ b & a \end{bmatrix}$ 전체의 집합을 M이라 합니다. 다음을 증명하시오.

(1) $A \in M$이면, $A^{-1} \in M$

(2) $A \in M$이면, 임의의 양의 정수 n에 대하여 $A^n \in M$

[문제 23] $A = \begin{bmatrix} a & b \\ c & d \end{bmatrix}$는 정수를 성분으로 하는 행렬이라

합니다. 이 때, A^{-1}도 정수성분의 행렬이 되기 위한 필요충
분조건은

$$\Delta = ad - bc = \pm 1$$

임을 증명하시오.

위에서는 2차의 정방행렬의 역행렬에 대해서 생각했
습니다만, 일반적으로 n차의 정방행렬 A에 대해서도
그 역행렬 A^{-1}가 존재하는 경우에는 그것은 A에 대하여
일의적으로 정해집니다. 또, 만일 n차의 행렬 B가 $AB = E_n$을 만족하면 B는 A의 역행렬입니다.

마찬가지로, 만일 n차의 행렬 C가 $CA = E_n$을 만족하면
C는 A의 역행렬입니다.

◆ 역행렬을 갖는 행렬과 영인자인 행렬

계속하여 2×2 정방행렬을 생각합니다.

지금, A, B가 2×2의 O이 아닌 정방행렬이고 $AB = O$이었다고 합니다. 이 때, A, B는 어느 쪽도 역행렬을
갖지 않습니다. 이 사실은 귀류법에 따라 다음과 같이 증
명할 수 있습니다. 예를 들면, 만일 A가 역행렬 A^{-1}를 가지
면, 등식 $AB = O$의 왼쪽에 A^{-1}을 곱하여

$$A^{-1}(AB) = A^{-1}O$$

이고,

$$(좌변) = (A^{-1}A)B = EB = B,$$
$$(우변) = A^{-1}O = O$$

따라서 $B = O$이 됩니다. 그러나 이것은 가정에 어긋납
니다. 그러므로 A는 역행렬을 갖지 않습니다. B가 역행
렬 B^{-1}을 갖지 않는다는 것도 마찬가지로 증명할 수 있
습니다.

위에서 설명한 것은, 2×2행렬이고 영인자인 것은 역
행렬을 갖지 않음을 보이고 있습니다.

역으로, $A = \begin{bmatrix} a & b \\ c & d \end{bmatrix}$ 가 O이 아닌 행렬이고 역행렬을

갖지 않으면 A는 영인자임을 증명하여 봅시다.

행렬

$$B = \begin{bmatrix} d & -b \\ -c & a \end{bmatrix}$$

를 생각합니다. A가 영행렬이 아니므로 B도 영행렬이 아니다. 그러나 A가 역행렬을 갖지 않는다면 가정에 의해 $\Delta = ad - bc = 0$이므로

$$AB = \begin{bmatrix} a & b \\ c & d \end{bmatrix} \begin{bmatrix} d & -b \\ -c & a \end{bmatrix} = \begin{bmatrix} \Delta & 0 \\ 0 & \Delta \end{bmatrix} = O$$

이 됩니다. 마찬가지로 $BA = O$인 것도 알 수 있습니다. 즉, A는 A에 O이 아닌 적당한 행렬을 곱하면 O이 됩니다. 바꾸어 말하면 A는 영인자입니다.

이상에서 설명한 바를 정리하면, 2×2의 영행렬이 아닌 행렬 A에 대해, A가 역행렬을 갖지 않는다는 것과 A가 영인자인 것은 동치입니다. 이 사실은 또 다음과 같이 말할 수도 있습니다.

2×2인 영행렬이 아닌 임의의 행렬 A는

역행렬을 가지든가, 영인자이든가

의 어느 하나이다. A가 동시에 역행렬을 갖고 영인자일 수는 없다.

위의 결론은 일반적으로 n차의 영행렬이 아닌 행렬에 대하여도 성립합니다.

또한, 역행렬을 가지는 n차 행렬을 통상 n차 **정칙행렬** 또는 **가역행렬**이라고 부릅니다.

◆ **연립일차방정식과 행렬**

x, y를 미지수로 하는 연립일차방정식

$$\begin{cases} ax + by = p \\ cx + dy = q \end{cases} \qquad ①$$

을 생각합니다. 행렬과 열벡터의 곱의 정의에 의해

$$\begin{bmatrix} a & b \\ c & d \end{bmatrix}\begin{bmatrix} x \\ y \end{bmatrix} = \begin{bmatrix} ax+by \\ cx+dy \end{bmatrix}$$

이므로 행렬 A 및 열벡터 $\vec{x}, \vec{p}$ 를 각각

$$A = \begin{bmatrix} a & b \\ c & d \end{bmatrix}, \quad \vec{x} = \begin{bmatrix} x \\ y \end{bmatrix}, \quad \vec{p} = \begin{bmatrix} p \\ q \end{bmatrix}$$

로 정하면, 연립일차방정식 ①은 간단히

$$A\vec{x} = \vec{p} \qquad\qquad ②$$

로 나타낼 수 있습니다. 이것은 행렬 기법의 큰 효용의 하나입니다.

연립일차방정식 ①을 푸는 것은 ②를 만족하는 벡터 $\vec{x}$ 를 구하는 것과 같습니다.

[주의 : 여기에서는 벡터를 제9장, 제11장과 같이 $\vec{x}, \vec{p}$ 등의 기호로 나타내었습니다. 그러나 이 장소에서의 벡터는 "행렬의 특별한 경우"로서의 벡터이므로 $\vec{x}, \vec{p}$ 대신에 행렬의 일반적 기법에 따라 X, P와 같은 대문자로 나타낼 수도 있습니다. 따라서, $\vec{x}, \vec{p}$ 등의 기호가 사용되어도 여러분은 반드시 기하학적 해석으로 받아들일 필요는 없습니다.]

만일 행렬 A가 역행렬 A^{-1}를 가지면, ②는 $\vec{x}$ 에 대해

$$\vec{x} = A^{-1}\vec{p}$$

로 해석할 수 있습니다. 실제, ②의 양변에 왼쪽에서 A^{-1}를 곱하면 좌변은

$$A^{-1}(A\vec{x}) = (A^{-1}A)\vec{x} = E\vec{x} = \vec{x}$$

가 되고 우변은 $A^{-1}\vec{p}$ 가 되기 때문입니다.

이 방법에 의하면 역행렬 A^{-1}를 계산함으로써 연립일차방정식을 풀 수 있습니다.

㉠ 위에서 설명한 방법에 따라, 다음 연립일차방정식을 푸시오.

$$\begin{cases} 2x - 3y = 13 \\ x + 4y = -10 \end{cases}$$

풀이 $A = \begin{bmatrix} 2 & -3 \\ 1 & 4 \end{bmatrix}$ 의 역행렬은

$$A^{-1} = \frac{1}{11} \begin{bmatrix} 4 & 3 \\ -1 & 2 \end{bmatrix}$$

이므로

$$\begin{bmatrix} x \\ y \end{bmatrix} = \frac{1}{11} \begin{bmatrix} 4 & 3 \\ -1 & 2 \end{bmatrix} \begin{bmatrix} 13 \\ -10 \end{bmatrix} = \frac{1}{11} \begin{bmatrix} 22 \\ -33 \end{bmatrix} = \begin{bmatrix} 2 \\ -3 \end{bmatrix}.$$

그러므로 $x = 2,\ y = -3$. 이것이 답입니다.

문제 24 행렬 $\begin{bmatrix} 1 & 2 \\ 3 & 4 \end{bmatrix}$ 의 역행렬을 써서 다음 연립일차방정식을 푸시오.

(1) $\begin{cases} x + 2y = 6 \\ 3x + 4y = 8 \end{cases}$　　(2) $\begin{cases} x + 2y = 49 \\ 3x + 4y = 101 \end{cases}$

$21._2$ 행렬식

행렬은 수를 직사각형 모양으로 배치한 것이었습니다. 이것에 대해 행렬식은 "하나의 수"입니다. 그것은 정사각행렬에 대해 정의됩니다. 정사각행렬이 아닌 행렬에 대하여는 행렬식은 정의되지 않습니다.

나는 이 강의에서는 행렬식의 일반론까지는 취급하지 않습니다. 여기서 취급되는 것은 이차 및 삼차의 행렬식뿐입니다. 그러나 이들에 대한 논의는 보다 고차의 행렬식이 어떻게 정의되며 어떤 성질을 가지는가라는 문제에 대하여 충분한 시사를 줄 것입니다. 나아가서 이차 또는 삼차의 행렬식을 넓이 또는 부피라는 기하학적 의미를 가지고 있다는 것도 보일 것입니다.

◆ 이차의 행렬식

이차의 행렬

$$A = \begin{bmatrix} a & b \\ c & d \end{bmatrix}$$

에 대하여, 수

$$ad - bc$$

를 A의 **행렬식**(deterninant)이라 하고,

$$D(A), \qquad \det(A), \qquad \det A$$

등의 기호로 나타냅니다. 또, 이것을

$$|A|, \qquad \begin{vmatrix} a & b \\ c & d \end{vmatrix}$$

와 같은 기호로도 나타냅니다. 즉, 행렬의 양쪽에 2개의 선을 그어서 행렬식을 나타냅니다. 이 기호와 행렬을 나타내는 기호를 혼동하지 않도록 주의해야 합니다.

정의에 의해, 이를테면

$$\begin{vmatrix} 2 & 3 \\ 5 & 4 \end{vmatrix} = 2 \cdot 4 - 3 \cdot 5 = -7$$

이고, 또

$$\begin{vmatrix} 1 & -6 \\ 7 & 2 \end{vmatrix} = 1 \cdot 2 - (-6) \cdot 7 = 44$$

입니다.

여러분이 이미 알고 있듯이 이차의 행렬 A가 역행렬을 갖기 위한 필요충분조건은

$$\det A \neq 0$$

로 주어집니다.

이차의 행렬 A는 그 제1열벡터, 제2열벡터를 각각 $\vec{a}$, $\vec{b}$ 또는 $\vec{a_1}, \vec{a_2}$로 써서

$$A = (\vec{a}, \vec{b}) \quad \text{또는} \quad A = (\vec{a_1}, \vec{a_2})$$

와 같이 나타내기도 합니다. 이를테면

$$A = \begin{bmatrix} a_1 & b_1 \\ a_2 & b_2 \end{bmatrix}$$

의 제1열, 제2열을 각각 $\vec{a}, \vec{b}$로 써서, 이 행렬을
$$A = (\vec{a}, \vec{b})$$
로 나타냅니다. 이 때,
$$\det A = a_1 b_2 - b_1 a_2 = a_1 b_2 - a_2 b_1$$
을 $\det(\vec{a}, \vec{b})$, $D(\vec{a}, \vec{b})$ 등으로 씁니다.

◆ 이차의 행렬식의 성질

이차의 행렬식이 가지는 여러 가지 성질을 다음에 열거하기로 합니다.

$D\,1$ 행렬식은 행렬의 제1열에 대하여 **선형**입니다. 또 제2열에 대하여도 **선형**입니다. 이것은 다음을 뜻합니다 : $\vec{a}, \vec{a}', \vec{b}, \vec{b}'$을 임의의 2항열벡터, k를 상수라 할 때,

$$\det(\vec{a} + \vec{a}', \vec{b}') = \det(\vec{a}, \vec{b}) + \det(\vec{a}', \vec{b})$$
$$\det(k\vec{a}, \vec{b}) = k \cdot \det(\vec{a}, \vec{b})$$
$$\det(\vec{a}, \vec{b} + \vec{b}') = \det(\vec{a}, \vec{b}) + \det(\vec{a}, \vec{b}')$$
$$\det(\vec{a}, k\vec{b}) = k \cdot \det(\vec{a}, \vec{b})$$

증명 제1열에 관한 선형성 ——— 최초의 두 등식 ——— 을 증명합니다.

$$\vec{a} = \begin{bmatrix} a_1 \\ a_2 \end{bmatrix}, \qquad \vec{a}' = \begin{bmatrix} a_1' \\ a_2' \end{bmatrix}, \qquad \vec{b} = \begin{bmatrix} b_1 \\ b_2 \end{bmatrix}$$

라 하면,

$$\begin{aligned}
\det(\vec{a} + \vec{a}', \vec{b}) &= \begin{vmatrix} a_1 + a_1' & b_1 \\ a_2 + a_2' & b_2 \end{vmatrix} \\
&= (a_1 + a_1')b_2 - (a_2 + a_2')b_1 \\
&= (a_1 b_2 - a_2 b_1) + (a_1' b_2 - a_2' b_1) \\
&= \begin{vmatrix} a_1 & b_1 \\ a_2 & b_2 \end{vmatrix} + \begin{vmatrix} a_1' & b_1 \\ a_2' & b_2 \end{vmatrix} \\
&= \det(\vec{a}, \vec{b}) + \det(\vec{a}', \vec{b}).
\end{aligned}$$

$$\begin{aligned}
\det(k\vec{a}, \vec{b}) &= \begin{vmatrix} ka_1 & b_1 \\ ka_2 & b_2 \end{vmatrix} \\
&= (ka_1)b_2 - (ka_2)b_1
\end{aligned}$$

$$= k(a_1 b_2 - a_2 b_1)$$

$$= k \begin{vmatrix} a_1 & b_1 \\ a_2 & b_2 \end{vmatrix} = k \cdot \det(\vec{a}, \vec{b}).$$

제2열에 관한 선형성도 마찬가지로 증명할 수 있습니다.

D 2 A의 제1열과 제2열이 같으면 det A는 0과 같습니다. 즉, $A = (\vec{a}, \vec{a})$이면

$$\det A = \det(\vec{a}, \vec{a}) = 0$$

증명 이것은 명백합니다. 실제, 정의에 의해

$$\det(\vec{a}, \vec{a}) = \begin{vmatrix} a_1 & a_1 \\ a_2 & a_2 \end{vmatrix} = a_1 a_2 - a_2 a_1 = 0$$

이 됩니다.

D 3 A가 이차의 단위행렬 E이면, det $E = 1$입니다.

증명 이것도 명백합니다. 실제,

$$\det E = \begin{vmatrix} 1 & 0 \\ 0 & 1 \end{vmatrix} = 1 \cdot 1 - 0 \cdot 0 = 1$$

이 됩니다.

이상의 성질 **D 1, D 2, D 3**은 행렬식의 기본성질입니다. 다음 성질 **D 4, D 5**는 이들 기본성질에서 유도됩니다. 실제로 **D 4, D 5**도 성분을 써서 증명할 수 있으며, 이차의 행렬식의 경우에는 오히려 간단합니다. [성분을 사용하는 증명은 여러분 스스로 시도해 보십시오.] 하지만 차수가 높은 행렬식의 경우에는 성분을 사용하면 증명이 복잡해집니다. 이것에 대해 기본성질에 의한 증명은 훨씬 수월하여 모든 차수의 행렬식에 대해 통용할 수 있습니다. 이것이 여기에서 이같은 증명을 택한 이유이기도 합니다.

D 4 $A = (\vec{a}, \vec{b})$인 두 열을 바꾸면, 행렬식은 부호만 바뀝니다. 즉,

$$\det(\vec{b}, \vec{a}) = -\det(\vec{a}, \vec{b})$$

증명 $D\,2$에 의해 제1열, 제2열이 모두 $\vec{a}+\vec{b}$ 인 이차의 행렬의 행렬식은 0입니다. 즉,

$$\det(\vec{a}+\vec{b},\ \vec{a}+\vec{b}) = 0$$

한편, $D\,1$에 의하면 좌변은, 우선 제1열에 관한 선형성에 따라,

$$\det(\vec{a},\vec{a}+\vec{b})+\det(\vec{b},\vec{a}+\vec{b})$$

와 같이 고쳐 쓸 수 있으며, 또 제2열에 관한 선형성에 따라

$$\det(\vec{a},\vec{a}) + \det(\vec{a},\vec{b})$$
$$+ \det(\vec{b},\vec{a}) + \det(\vec{b},\vec{b})$$

로 전개됩니다. 이 네 행렬식의 합이 0과 같고, 또 $D\,2$에 의해 위의 최초와 최후의 행렬식의 값은 0입니다. 그러므로

$$\det(\vec{a},\vec{b}) + \det(\vec{b},\vec{a}) = 0$$

따라서

$$\det(\vec{b},\vec{a}) = -\det(\vec{a},\vec{b}) = 0$$

를 얻습니다. 이것이 증명해야 할 사항이었습니다.

$D\,5$ $A=(\vec{a},\vec{b})$인 하나의 열에 다른 열의 상수배를 더하여도 행렬식의 값은 바뀌지 않습니다. 즉

$$\det(\vec{a}+k\vec{b},\vec{b}) = \det(\vec{a},\vec{b})$$
$$\det(\vec{a},\vec{b}+k\vec{a}) = \det(\vec{a},\vec{b})$$

증명 제1의 등식을 증명합니다. 제1열에 관한 선형성 $D\,1$에 의해

$$\det(\vec{a}+k\vec{b},\vec{b}) = \det(\vec{a},\vec{b})+\det(k\vec{b},\vec{b})$$
$$= \det(\vec{a},\vec{b})+k\cdot\det(\vec{b},\vec{b}).$$

따라서 $D\,2$에 의해 $\det(\vec{b},\vec{b})=0$. 그러므로

$$\det(\vec{a}+k\vec{b},\vec{b}) = \det(\vec{a},\vec{b})$$

입니다. 이것으로 제1의 등식이 증명되었습니다. 다른 한쪽 등식의 증명도 마찬가지로 할 수 있습니다.

다음의 **D6**은 위의 **D1~D5**와는 약간 성질이 다른 명
제입니다. 이 명제는, 행렬식의 열에 관하여 성립하는 일
반법칙은 행에 관하여도 성립한다는 것을 보증합니다.

D6 임의의 이차의 행렬 A와 그 전치행렬 ^tA의 행렬
식은 같습니다. 즉

$$\det(^tA) = \det A$$

증명 증명은, 행렬식의 정의의 식에서 바로 할 수 있
습니다. 실제,

$$A = \begin{bmatrix} a & b \\ c & d \end{bmatrix} \text{ 이면 } ^tA = \begin{bmatrix} a & c \\ b & d \end{bmatrix}$$

이므로

$$\det(^tA) = ad - cb = ad - bc = \det A$$

입니다.

이 명제 **D6**에 의하면, **D1~D5**에서 기술한 행렬식의
열에 관한 일반법칙은 모두 행에 관해서도 성립함을 알
수 있습니다. 예를 들면,

$$\begin{vmatrix} a_1+a_1' & b_1+b_1' \\ a_2 & b_2 \end{vmatrix} = \begin{vmatrix} a_1+a_1' & a_2 \\ b_1+b_1' & b_2 \end{vmatrix}$$

$$= \begin{vmatrix} a_1 & a_2 \\ b_1 & b_2 \end{vmatrix} + \begin{vmatrix} a_1' & a_2 \\ b_1' & b_2 \end{vmatrix}$$

$$= \begin{vmatrix} a_1 & b_1 \\ a_2 & b_2 \end{vmatrix} + \begin{vmatrix} a_1' & b_1' \\ a_2 & b_2 \end{vmatrix},$$

$$\begin{vmatrix} ka_1 & kb_1 \\ a_2 & b_2 \end{vmatrix} = \begin{vmatrix} ka_1 & a_2 \\ kb_1 & b_2 \end{vmatrix}$$

$$= k\begin{vmatrix} a_1 & a_2 \\ b_1 & b_2 \end{vmatrix} = k\begin{vmatrix} a_1 & b_1 \\ a_2 & b_2 \end{vmatrix}.$$

즉, 행렬식은 제1행에 관하여 선형입니다. 마찬가지로
제2행에 관해서도 선형입니다. 바꾸어 말하면 성질 **D1**
은 행에 관해서도 성립합니다.

똑같은 논의에 의해, 성질 **D2**, **D4**, **D5**도 행에 관하여
성립함을 보이고 있습니다. 이를테면, **D5**를 행에 관하여

번역한 명제는 "행렬 A의 한 행에 다른 행의 상수배를 더해도 행렬식 det A의 값은 바뀌지 않는다"입니다.

◆ 삼차의 행렬식

다음에, 삼차의 행렬

$$A = \begin{bmatrix} a_{11} & a_{12} & a_{13} \\ a_{21} & a_{22} & a_{23} \\ a_{31} & a_{32} & a_{33} \end{bmatrix}$$

에 대하여 그 행렬식 det A를

$$\det A = a_{11}\begin{vmatrix} a_{22} & a_{23} \\ a_{32} & a_{33} \end{vmatrix} - a_{12}\begin{vmatrix} a_{21} & a_{23} \\ a_{31} & a_{33} \end{vmatrix} + a_{13}\begin{vmatrix} a_{21} & a_{22} \\ a_{31} & a_{32} \end{vmatrix} \quad ①$$

에 의해 정의합니다. 이것도 역시 하나의 수입니다. 이차일 때와 마찬가지로, 행렬식 det A를

$$|A|, \quad \begin{vmatrix} a_{11} & a_{12} & a_{13} \\ a_{21} & a_{22} & a_{23} \\ a_{31} & a_{32} & a_{33} \end{vmatrix}$$

로도 나타냅니다.

행렬 A의 제i행과 제j열을 없애고 얻은 2×2행렬을 A_{ij}로 나타내면, 위의 식 ①은

$$\det A = a_{11}\det(A_{11}) - a_{12}\det(A_{12}) + a_{13}\det(A_{13})$$

으로 나타낼 수 있습니다. 이 우변은 제1행의 각 성분에 제1행과 그 성분을 포함하는 열을 없앤 2×2행렬의 행렬식을 곱하고, 거기에 부호를 붙여서 더한 것과 같습니다. (아래 그림 참조)

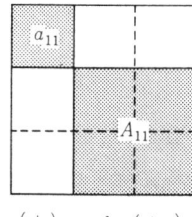

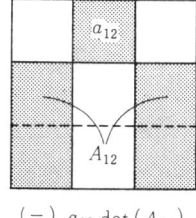

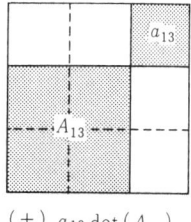

$(+)\ a_{11}\det(A_{11})$ $(-)\ a_{12}\det(A_{12})$ $(+)\ a_{13}\det(A_{13})$

위의 식 ①을 det A의 "제1행에 관한 **전개식**"이라고

합니다. 즉, 여기에서는 3×3행렬 A의 행렬식 $\det A$를 그 제1행에 관한 전개식에 의해 정의한 것입니다.

예 $A = \begin{bmatrix} 2 & -3 & 0 \\ 1 & 4 & -1 \\ -3 & 5 & 2 \end{bmatrix}$ 일 때,

$$A_{11} = \begin{bmatrix} 4 & -1 \\ 5 & 2 \end{bmatrix}, \quad A_{12} = \begin{bmatrix} 1 & -1 \\ -3 & 2 \end{bmatrix}, \quad A_{13} = \begin{bmatrix} 1 & 4 \\ -3 & 5 \end{bmatrix}$$

이고, 정의에 의해

$$\det A = 2 \begin{vmatrix} 4 & -1 \\ 5 & 2 \end{vmatrix} - (-3) \begin{vmatrix} 1 & -1 \\ -3 & 2 \end{vmatrix} + 0 \begin{vmatrix} 1 & 4 \\ -3 & 5 \end{vmatrix}$$
$$= 2(8+5) + 3(2-3) + 0 = 23$$

입니다.

일반적인 경우로 되돌아가서, 위의 $\det A$의 정의식 ①에 나타나는 3개의 2×2행렬의 행렬식을 그 정의에 따라서 전개하면,

$$\det A = a_{11}(a_{22}a_{33} - a_{23}a_{32})$$
$$- a_{12}(a_{21}a_{33} - a_{23}a_{31}) + a_{13}(a_{21}a_{32} - a_{22}a_{31}).$$

이고, $\det A$의 다음 6개 항으로 이루어지는 전개식을 얻습니다.

$$\boxed{\begin{aligned} \det A = {} & a_{11}a_{22}a_{33} - a_{11}a_{23}a_{32} - a_{12}a_{21}a_{33} \\ & + a_{12}a_{23}a_{31} + a_{13}a_{21}a_{32} - a_{13}a_{22}a_{31} \quad (*) \end{aligned}}$$

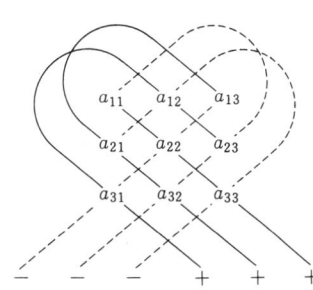

이 전개식 (*)의 우변은 왼쪽과 같은 방법으로 나타낼 수 있습니다. 이 그림에서 세 개의 실선 위의 성분의 곱의 계수는 $+1$, 세 개의 점선 위의 성분의 곱의 계수는 -1입니다.

물론 이 그림을 기억해 두면 유익합니다. 그러나 절대로 필요한 것은 아닙니다. 중요한 것은 "제1행에 관한 전개식 ①"을 기억해 놓는 일입니다. 전개식(*)은 필요에 따라 전개식 ①에서 바로 유도할 수 있기 때문입니다.

삼차의 행렬 A의 행렬식 $\det A$는 또, 제2행, 제3행에

관해서도 전개할 수 있습니다. 즉, 앞에서와 같이 A의 제i행과 제j열을 없애고 얻은 이차의 행렬을 A_{ij}로 나타내면, $\det A$는

$$\det A = -a_{21}\det(A_{21}) + a_{22}\det(A_{22}) - a_{23}\det(A_{23}) \quad ②$$

또는

$$\det A = a_{31}\det(A_{31}) - a_{32}\det(A_{32}) + a_{33}\det(A_{33}) \quad ③$$

으로도 나타낼 수 있습니다.

위의 ②의 우변은 제2행의 각 성분에 제2행과 그 성분을 포함하는 열을 지워 없앤 2×2행렬의 행렬식을 곱한 다음 적당한 부호를 붙여서 더한 것입니다. 또, ③의 우변은, 제3행의 각 성분에 제3행과 그 성분을 포함하는 열을 지워 없앤 2×2행렬의 행렬식을 곱한 다음 적당한 부호를 붙여서 더한 것입니다. ②는 $\det A$의 제2행에 관한 전개식, ③은 $\det A$의 제3행에 관한 전개식이라고 부릅니다.

전개식 ①, ②, ③에 대한 항

$$a_{ij}\det(A_{ij})$$

의 부호는 다음과 같이 정해집니다.

$$
\begin{array}{|ccc|}
\hline
+ & - & + \\
- & + & - \\
+ & - & + \\
\hline
\end{array}
\qquad (**)
$$

②, ③의 우변이 실제로 (**)의 우변에 새로 쓴 "완전한 전개식"과 일치하는 것은 즉시 확인할 수 있습니다. 여러분은 ②, ③에 나타나 있는 2×2행렬의 행렬식을 계산하여 이것을 확인해 보도록 합니다.

또, 삼차의 행렬 A의 행렬식 $\det A$를 "열에 관하여 전개할 수도 있습니다" 이를테면, $\det A$를 제1열에 관하여 전개하면 다음과 같이 됩니다.

$$
\det A = a_{11}\begin{vmatrix} a_{22} & a_{23} \\ a_{32} & a_{33} \end{vmatrix} - a_{21}\begin{vmatrix} a_{12} & a_{13} \\ a_{32} & a_{33} \end{vmatrix} + a_{31}\begin{vmatrix} a_{12} & a_{13} \\ a_{22} & a_{23} \end{vmatrix}
$$

$$
= a_{11}\det(A_{11}) - a_{21}\det(A_{21}) + a_{31}\det(A_{31})
$$

이 우변은 제1열의 각 성분에 제1열과 그 성분을 포함하는 행을 없앤 2×2행렬의 행렬식을 곱한 다음 적당한 부호를 붙여서 더한 것과 같습니다. 실제로 이것도 역시 (*)의 우변과 완전히 일치한다는 것은 이 식 중에 나타나 있는 2×2행렬의 행렬식을 계산함으로써, 바로 확인할 수 있습니다. 그 검증은 여러분한테 맡기기로 합니다.

　마찬가지로, 삼차의 행렬 A의 행렬식 $\det A$의 제2열에 관한 전개식, 제3열에 관한 전개식을 나타낼 수 있습니다. 이들 전개식에 관한 부호의 패턴은 (**)에 나타낸 것과 같습니다.

(예) $A = \begin{bmatrix} 2 & 0 & -3 \\ 5 & 3 & 1 \\ -4 & -1 & 2 \end{bmatrix}$ 라 합니다. $\det A$를 제1열

에 관한 전개를 사용하여 계산하면

$$\det A = 2\begin{vmatrix} 3 & 1 \\ -1 & 2 \end{vmatrix} - 5\begin{vmatrix} 0 & -3 \\ -1 & 2 \end{vmatrix} + (-4)\begin{vmatrix} 0 & -3 \\ 3 & 1 \end{vmatrix}$$

$$= 2 \cdot 7 - 5 \cdot (-3) + (-4) \cdot 9 = -7.$$

또, 제2열에 관한 전개를 써서 계산하면

$$\det A = 3\begin{vmatrix} 2 & -3 \\ -4 & 2 \end{vmatrix} - (-1)\begin{vmatrix} 2 & -3 \\ 5 & 1 \end{vmatrix}$$

$$= 3 \cdot (-8) - (-1) \cdot 17 = -7$$

제2열에 관하여 전개한 경우에는 (1, 2)성분이 0이므로 전개의 한 항이 소거된다는 것——따라서 계산이 쉬워진다는 것——에 여러분은 주의하기 바랍니다.

(예) $A = \begin{bmatrix} a_{11} & a_{12} & a_{13} \\ 0 & a_{22} & a_{23} \\ 0 & 0 & a_{33} \end{bmatrix}$ 라 합니다. 이 행렬식 $\det A$는, 제

1열에 관하여 전개하면

$$\det A = a_{11}\begin{vmatrix} a_{22} & a_{23} \\ 0 & a_{33} \end{vmatrix} = a_{11}a_{22}a_{33}$$

이것은 간단합니다. [주의 : 일반적으로 행렬의 어떤 열의 많은 성분이 0이면, 그 열에 관하여 전개하면 행렬식의 계산이 쉬워집니다. 마찬가지로, 성분에 많은 0을 포함하는 행에 관하여 전개한 경우에도 계산은 간단합니다.]

문제 25 3×3 행렬 $A = (a_{ij})$의 행렬식 det A의 제2열 및 제3열에 관한 전개식을 각각 써 보시오. 그리고 이들 전개식을 전개한 결과가 (∗)의 우변의 6개의 항과 같아지는 것을 확인하시오.

문제 26 다음 행렬식을 제1행에 관하여 전개하여 구하시오. 또, 여러분의 이해가 완전한지를 확인하기 위해 제2열에 관하여도 전개하고, 같은 답을 얻을 수 있는가를 확인하시오.

(1) $\begin{vmatrix} 2 & 1 & 2 \\ 0 & 3 & -1 \\ 4 & 1 & 1 \end{vmatrix}$
(2) $\begin{vmatrix} 3 & -2 & -1 \\ -2 & 1 & 3 \\ 1 & 3 & 2 \end{vmatrix}$

(3) $\begin{vmatrix} 1 & 0 & -8 \\ -9 & 15 & -6 \\ 12 & -5 & 7 \end{vmatrix}$
(4) $\begin{vmatrix} 2 & -9 & 4 \\ -7 & 5 & -3 \\ 6 & -1 & 8 \end{vmatrix}$

(5) $\begin{vmatrix} 3 & 0 & -5 \\ 0 & 2 & -9 \\ 4 & -1 & 0 \end{vmatrix}$
(6) $\begin{vmatrix} 1 & 2 & 3 \\ 4 & 5 & 6 \\ 7 & 8 & 9 \end{vmatrix}$

문제 27 다음 행렬식을 구하시오.

(1) $\begin{vmatrix} 1 & 0 & 0 \\ -5 & 2 & 0 \\ -9 & 6 & -3 \end{vmatrix}$
(2) $\begin{vmatrix} 3 & 8 & -3 \\ 0 & -4 & 1 \\ 0 & 0 & -2 \end{vmatrix}$

(3) $\begin{vmatrix} 2 & 3 & 1 \\ 0 & 0 & -5 \\ 0 & 0 & 4 \end{vmatrix}$
(4) $\begin{vmatrix} a_{11} & 0 & 0 \\ 0 & a_{22} & 0 \\ 0 & 0 & a_{33} \end{vmatrix}$

◆ **삼차의 행렬식의 성질**

삼차의 행렬식도 이차의 행렬식과 마찬가지로 **D** 1∼**D** 6의 성질을 갖습니다. 이 항에서는 그것을 보입니다.

이차의 행렬식의 경우, 성질 **D 1, D 2, D 4, D 5**는 열에 관하여 논의되었습니다. 이 항에서도 이에 따르기로 합니다. 우선 필요한 기법을 도입하기로 합니다. 즉, 삼차의 행렬 A의 제1열, 제2열, 제3열을 각각 $\vec{a}, \vec{b}, \vec{c}$ 또는 $\vec{a_1}$, $\vec{a_2}, \vec{a_3}$로 쓰고 A를

$$A = (\vec{a}, \vec{b}, \vec{c}) \quad \text{또는} \quad A = (\vec{a_1}, \vec{a_2}, \vec{a_3})$$

로 나타냅니다. 이를테면 A를 $A = (\vec{a}, \vec{b}, \vec{c})$로 나타내었을 때, 행렬식 $\det A$를

$$\det(\vec{a}, \vec{b}, \vec{c}), \qquad D(\vec{a}, \vec{b}, \vec{c})$$

와 같은 기호로 나타냅니다.

이하 이 항에서는 $\vec{a}, \vec{b}, \vec{c}$ 등은 항상 길이 3인 열벡터를 나타내는 것으로 합니다. 즉, 이 항에서 벡터라 함은 3개의 성분을 가지는 열벡터입니다.

만일, 삼차의 행렬

$$A = (\vec{a}, \vec{b}, \vec{c}) = \begin{bmatrix} a_1 & b_1 & c_1 \\ a_2 & b_2 & c_2 \\ a_3 & b_3 & c_3 \end{bmatrix}$$

의 행렬식은 정의──제1행에 관한 전개식──에 의해

$$\det A = a_1 \begin{vmatrix} b_2 & c_2 \\ b_3 & c_3 \end{vmatrix} - b_1 \begin{vmatrix} a_2 & c_2 \\ a_3 & c_3 \end{vmatrix} + c_1 \begin{vmatrix} a_2 & b_2 \\ a_3 & b_3 \end{vmatrix} \qquad ①$$

입니다. 이하의 여러 성질의 증명에서는 이 전개식을 사용합니다.

D 1 삼차의 행렬식은 그 제1열에 관하여 선형입니다. 즉, $\vec{a}, \vec{a}', \vec{b}, \vec{c}$를 임의의 3항 열벡터, k를 임의의 상수라 할 때,

$$\det(\vec{a} + \vec{a}', \vec{b}, \vec{c}) = \det(\vec{a}, \vec{b}, \vec{c}) + \det(\vec{a}', \vec{b}, \vec{c})$$
$$\det(k\vec{a}, \vec{b}, \vec{c}) = k \cdot \det(\vec{a}, \vec{b}, \vec{c})$$

마찬가지로, 삼차의 행렬식은 제2열, 제3열에 대해서도 선형입니다.

증명 $\vec{a}, \vec{a}', \vec{b}, \vec{c}$를 각각

$$\vec{a} = \begin{bmatrix} a_1 \\ a_2 \\ a_3 \end{bmatrix}, \qquad \vec{a}' = \begin{bmatrix} a_1' \\ a_2' \\ a_3' \end{bmatrix}, \qquad \vec{b} = \begin{bmatrix} b_1 \\ b_2 \\ b_3 \end{bmatrix}, \qquad \vec{c} = \begin{bmatrix} c_1 \\ c_2 \\ c_3 \end{bmatrix}$$

라 하면,

$$\det(\vec{a} + \vec{a}', \vec{b}, \vec{c}) = \begin{vmatrix} a_1 + a_1' & b_1 & c_1 \\ a_2 + a_2' & b_2 & c_2 \\ a_3 + a_3' & b_3 & c_3 \end{vmatrix}$$

는

$$(a_1 + a_1') \begin{vmatrix} b_2 & c_2 \\ b_3 & c_3 \end{vmatrix},$$

$$-b_1 \begin{vmatrix} a_2 + a_2' & c_2 \\ a_3 + a_3' & c_3 \end{vmatrix},$$

$$+c_1 \begin{vmatrix} a_2 + a_2' & b_2 \\ a_3 + a_3' & b_3 \end{vmatrix}$$

의 합입니다. 이들은 각각

$$a_1 \begin{vmatrix} b_2 & c_2 \\ b_3 & c_3 \end{vmatrix} + a_1' \begin{vmatrix} b_2 & c_2 \\ b_3 & c_3 \end{vmatrix},$$

$$-b_1 \begin{vmatrix} a_2 & c_2 \\ a_3 & c_3 \end{vmatrix} - b_1 \begin{vmatrix} a_2' & c_2 \\ a_3' & c_3 \end{vmatrix},$$

$$c_1 \begin{vmatrix} a_2 & b_2 \\ a_3 & b_3 \end{vmatrix} + c_1 \begin{vmatrix} a_2' & b_2 \\ a_3' & b_3 \end{vmatrix}$$

와 같고, 앞의 3개의 항의 합, 뒤의 3개의 항의 합은 각각

$$\det(\vec{a}, \vec{b}, \vec{c}), \quad \det(\vec{a}', \vec{b}, \vec{c})$$

가 됩니다. 이상으로

$$\det(\vec{a} + \vec{a}', \vec{b}, \vec{c})$$
$$= \det(\vec{a}, \vec{b}, \vec{c}) + \det(\vec{a}', \vec{b}, \vec{c})$$

임이 밝혀졌습니다.

다음으로

$$\det(k\vec{a}, \vec{b}, \vec{c}) = \begin{vmatrix} ka_1 & b_1 & c_1 \\ ka_2 & b_2 & c_2 \\ ka_3 & b_3 & c_3 \end{vmatrix}$$

는

$$ka_1 \begin{vmatrix} b_2 & c_2 \\ b_3 & c_3 \end{vmatrix}, \qquad -b_1 \begin{vmatrix} ka_2 & c_2 \\ ka_3 & c_3 \end{vmatrix}, \qquad c_1 \begin{vmatrix} ka_2 & b_2 \\ ka_3 & b_3 \end{vmatrix}$$

의 합이고, 이것은 각각 $\det(\vec{a},\vec{b},\vec{c})$의 제1행에 관한 전개식에 대응하는 항의 k배입니다. 그러므로

$$\det(k\vec{a},\vec{b},\vec{c}) = k\cdot\det(\vec{a},\vec{b},\vec{c})$$

가 성립합니다.

제2열, 제3열에 관한 선형성도 똑같이 증명할 수 있습니다.

D 2 $A=(\vec{a},\vec{b},\vec{c})$의 임의의 두 열이 같으면 det A의 값은 0과 같습니다.

증명 $\vec{a}=\vec{b}$일 때 $a_i=b_i(i=1,\ 2,\ 3)$이므로, 정의식 ①에서 det A는

$$a_1\begin{vmatrix} a_2 & c_2 \\ a_3 & c_3 \end{vmatrix} - a_1\begin{vmatrix} a_2 & c_2 \\ a_3 & c_3 \end{vmatrix} + c_1\begin{vmatrix} a_2 & a_2 \\ a_3 & a_3 \end{vmatrix}$$

가 되어 제1항과 제2항은 없어집니다. 또, 제3항은 이차의 행렬식에 관한 **D 2**에 의해서 0이 됩니다. 그러므로 det $A=0$입니다.

$\vec{b}=\vec{c}$인 경우도 같습니다.

또, $\vec{a}=\vec{c}$인 경우에는 $a_i=c_i(i=1,\ 2,\ 3)$이므로 det A는

$$a_1\begin{vmatrix} b_2 & a_2 \\ b_3 & a_3 \end{vmatrix} - b_1\begin{vmatrix} a_2 & a_2 \\ a_3 & a_3 \end{vmatrix} + a_1\begin{vmatrix} a_2 & b_2 \\ a_3 & b_3 \end{vmatrix}$$

이지만 이 제2항은 0이고 제1항과 제3항의 합은 이차의 행렬식에 관한 성질 **D 4**에 의해서 0이 됩니다. 그러므로 이 경우도 det $A=0$입니다.

D 3 삼차의 단위행렬

$$E = \begin{bmatrix} 1 & 0 & 0 \\ 0 & 1 & 0 \\ 0 & 0 & 1 \end{bmatrix}$$

의 행렬식은, det $E=1$입니다.

증명 행렬식의 제1행에 관한 전개식에서 명백합니다.

D 4 $A=(\vec{a},\vec{b},\vec{c})$의 어느 것이든 2개의 열을 바꾸

면, 행렬식은 부호만 바뀝니다. 즉,
$$\det(\vec{b},\vec{a},\vec{c}), \quad \det(\vec{c},\vec{b},\vec{a}), \quad \det(\vec{a},\vec{c},\vec{b})$$
는 어느 것이나 $-\det(\vec{a},\vec{b},\vec{c})$와 같습니다.

증명 **D** 1과 **D** 2를 이용하면 본질적으로는 이차의 경우와 똑같은 논의에 의해서 증명할 수 있습니다. 즉, 다음과 같습니다.

지금, $\vec{a}$와 $\vec{b}$를 바꾼 경우를 생각합니다. **D** 2에 의해
$$\det(\vec{a}+\vec{b},\vec{a}+\vec{b},\vec{c})=0$$
이고 **D** 1과 **D** 2에 의해서 위의 식의 좌변은
$$\det(\vec{a},\vec{a},\vec{c})+\det(\vec{a},\vec{b},\vec{c})$$
$$+\det(\vec{b},\vec{a},\vec{c})+\det(\vec{b},\vec{b},\vec{c})$$
$$=\det(\vec{a},\vec{b},\vec{c})+\det(\vec{b},\vec{a},\vec{c})$$
이 됩니다. 그러므로
$$\det(\vec{b},\vec{a},\vec{c})=-\det(\vec{a},\vec{b},\vec{c})$$
입니다.

다른 경우도 마찬가지로 증명할 수 있습니다.

D 5   1개의 열의 정수배를 다른 열에 더하여도 행렬식의 값은 변하지 않습니다. 즉, k가 상수일 때, 이를테면
$$\det(\vec{a}+k\vec{b},\vec{b},\vec{c})=\det(\vec{a},\vec{b},\vec{c})$$

증명 이 증명도 이차의 경우와 똑같이 할 수 있습니다.

즉, **D** 1에 의해
$$\det(\vec{a}+k\vec{b},\vec{b},\vec{c})$$
$$=\det(\vec{a},\vec{b},\vec{c})+\det(k\vec{b},\vec{b},\vec{c})$$
$$=\det(\vec{a},\vec{b},\vec{c})+k\cdot\det(\vec{b},\vec{b},\vec{c}).$$

D 2에 의해 최초 변의 제2항은 0입니다. 따라서 구하는 등식을 얻습니다.

D 6   임의의 삼차의 행렬 A와 그 전치행렬 ^tA의 행렬식은 같습니다. 즉,
$$\det(^tA)=\det A$$

증명 $A=\begin{bmatrix} a_1 & b_1 & c_1 \\ a_2 & b_2 & c_2 \\ a_3 & b_3 & c_3 \end{bmatrix}$ 이면 $^tA=\begin{bmatrix} a_1 & a_2 & a_3 \\ b_1 & b_2 & b_3 \\ c_1 & c_2 & c_3 \end{bmatrix}$ 이고, 이미

행렬식의 제1행에 관한 전개식과 제1열에 관한 전개식이 같은 값을 갖는다는 것을 알고 있습니다. 따라서, $\det({}^{t}A)$를 제1열에 관하여 전개하면,

$$\det({}^{t}A) = a_1\begin{vmatrix} b_2 & b_3 \\ c_2 & c_3 \end{vmatrix} - b_1\begin{vmatrix} a_2 & a_3 \\ c_2 & c_3 \end{vmatrix} + c_1\begin{vmatrix} a_2 & a_3 \\ b_2 & b_3 \end{vmatrix}$$

$$= a_1\begin{vmatrix} b_2 & c_2 \\ b_3 & c_3 \end{vmatrix} - b_1\begin{vmatrix} a_2 & c_2 \\ a_3 & c_3 \end{vmatrix} + c_1\begin{vmatrix} a_2 & b_2 \\ a_3 & b_3 \end{vmatrix}$$

이 되며, 이것은 $\det A$의 제1행에 관한 전개식과 같습니다. 그러므로

$$\det({}^{t}A) = \det A$$

입니다.

D 6에서, 행렬식의 열에 관한 성질 **D 1, D 2, D 4, D 5**는 행에 관해서도 성립함을 알 수 있습니다. 즉, 삼차의 행렬식은 3개의 행의 어느 것에 대해서도 선형입니다. 또, 어느 두 행이 같으면 행렬식의 값은 0과 같고, 어느 두 행을 서로 바꾸면 행렬식은 부호만이 바뀝니다. 또, 행렬의 한 행에 다른 행의 상수배를 더하여도 행렬식의 값은 바뀌지 않습니다.

우리들은 이들 성질을 써서 단순한 전개로도 얼마간 효율적으로 행렬식의 계산을 실행할 수 있습니다. 특히 유용한 것은 **D 5**이고, 이것을 활용함으로써 전개하려는 행 또는 열의 성분을 될 수 있는 한 많이 0으로 할 수 있습니다. (실제, 삼차의 행렬식에서는 이 테크닉의 효능은 그다지 눈에 띄지 않습니다. 그러나, 사차 이상의 행렬식이 되면 그 효과는 결정적입니다.) 아래에 간단한 예를 살펴 보기로 합니다.

예 행렬식

$$\begin{vmatrix} 3 & 2 & -5 \\ -2 & 0 & 3 \\ 1 & -4 & 3 \end{vmatrix}$$

의 값을 구하시오.

풀이 이 행렬식에는 제2열의 성분에 0이 하나 있습니다. 여기서 제3행에 제1행의 2배를 더합니다. 이 때, 주어진 행렬식은

$$\begin{vmatrix} 3 & 2 & -5 \\ -2 & 0 & 3 \\ 7 & 0 & -7 \end{vmatrix}$$

과 같고, 이 행렬식에서는 제2열의 두 성분이 0이 되어 있습니다. 그러므로 제2열에 관하여 전개합니다. 이 때,

$$-2 \times \begin{vmatrix} -2 & 3 \\ 7 & -7 \end{vmatrix}$$

이 되고, 이차의 행렬식의 정의에 따라, 이것은

$$-2 \times (14 - 21) = 14$$

가 됩니다.

예 a를 하나의 수라 합니다. 행렬식

$$\begin{vmatrix} a & 5 & 1 \\ 2 & a & 2 \\ 1 & -2 & a \end{vmatrix}$$

의 값을 구하시오.

풀이 제2행을 제1행에 더하고, 또 제3행을 제1행에 더하여도, 행렬식의 값은 변하지 않습니다. 그러므로 이 행렬식은

$$\begin{vmatrix} a+3 & a+3 & a+3 \\ 2 & a & 2 \\ 1 & -2 & a \end{vmatrix}$$

와 같고, 제1행에 관한 선형성에 의해, 이것은

$$(a+3) \begin{vmatrix} 1 & 1 & 1 \\ 2 & a & 2 \\ 1 & -2 & a \end{vmatrix}$$

가 됩니다. 여기에서 얻은 이 행렬식에서, 이번에는 제2열에서 제1열을 빼고, 또 제3열에서 제1열을 뺍니다.

(즉, 제1열의 −1배를 제2열, 제3열에 더하는 것입니다.) 이 때, 이것은

$$(a+3) \begin{vmatrix} 1 & 0 & 0 \\ 2 & a-2 & 0 \\ 1 & -3 & a-1 \end{vmatrix}$$

과 같고, 제1행에 관하여 전개하면, 구하는 행렬식의 값은

$$(a+3)(a-2)(a-1)$$

임을 알 수 있습니다.

문제 28 다음 행렬식의 값을 구하시오. (될수록 간단한 계산으로 이루어지도록 생각해 봅니다.)

(1) $\begin{vmatrix} 1 & -1 & 1 \\ 3 & 4 & 2 \\ 2 & -1 & 2 \end{vmatrix}$　　(2) $\begin{vmatrix} 4 & 2 & 1 \\ -2 & 0 & 0 \\ 3 & 5 & -2 \end{vmatrix}$

(3) $\begin{vmatrix} 5 & -4 & -4 \\ 5 & -4 & -4 \\ 2 & 3 & 7 \end{vmatrix}$　　(4) $\begin{vmatrix} 2 & 1 & -1 \\ 1 & 9 & -9 \\ 3 & 2 & -2 \end{vmatrix}$

(5) $\begin{vmatrix} 1 & 2 & 3 \\ 4 & 5 & 6 \\ 2 & 2 & 2 \end{vmatrix}$　　(6) $\begin{vmatrix} 1 & 2 & 3 \\ 9 & 7 & 4 \\ 5 & 6 & 8 \end{vmatrix}$

문제 29 a, b, c를 수라 합니다. 다음 행렬식의 값을 구하시오.

(1) $\begin{vmatrix} a & 1 & 1 \\ 1 & a & 1 \\ 1 & 1 & a \end{vmatrix}$　　(2) $\begin{vmatrix} 1 & a & b \\ a & 1 & 1 \\ b & 1 & 1 \end{vmatrix}$

(3) $\begin{vmatrix} a & b & c \\ b & c & a \\ c & a & b \end{vmatrix}$　　(4) $\begin{vmatrix} 1 & 1 & 1 \\ a & b & c \\ a^2 & b^2 & c^2 \end{vmatrix}$

문제 30 A를 삼차의 행렬, k를 상수라 합니다. $\det(kA)$를 k와 $\det A$를 써서 나타내시오.

문제 31 삼차의 행렬식 $\det(\vec{a}, \vec{b}, \vec{c})$에서

$$\vec{a} = k_1\vec{a_1} + k_2\vec{a_2} + k_3\vec{a_3}$$

라 합니다. 여기에서 $\vec{a_1}$, $\vec{a_2}$, $\vec{a_3}$은 3항열벡터 k_1, k_2, k_3은 상

수입니다. 이 때,

$$\det(\vec{a},\,\vec{b},\,\vec{c}) = k_1 \det(\vec{a_1},\,\vec{b},\,\vec{c})$$
$$+ k_2 \det(\vec{a_2},\,\vec{b},\,\vec{c})$$
$$+ k_3 \det(\vec{a_3},\,\vec{b},\,\vec{c})$$

임을 증명하시오. 합의 기호 $\sum$를 사용하면, 위의 식은

$$\det\left(\sum_{i=1}^{3} k_i\vec{a_i},\,\vec{b},\,\vec{c}\right) = \sum_{i=1}^{3} k_i \det(\vec{a_i},\,\vec{b},\,\vec{c})$$

로 나타낼 수 있습니다. 이 등식을

$$\vec{a} = \sum_{i=1}^{n} k_i\vec{a_i}$$

인 경우로 일반화하시오.

문제 32 k, l, m을 상수라 할 때,
$$\det(k\vec{a}+l\vec{b}+m\vec{c},\,\vec{b},\,\vec{c}) = k \cdot \det(\vec{a},\,\vec{b},\,\vec{c})$$
임을 증명하시오.

문제 33 $\det(\vec{a},\,\vec{b},\,\vec{c}) = D$일 때, 다음 행렬식의 값은 얼마가 되겠습니까?

(1) $\det(\vec{b},\,\vec{c},\,\vec{a})$ (2) $\det(\vec{a}+\vec{b},\,\vec{b}+\vec{c},\,\vec{c}+\vec{a})$

「보충」 n 차의 행렬식

위의 본문에서는 2×2행렬 및 3×3행렬의 행렬식에 관하여 설명했습니다. 참고를 위해 여기서 일반적으로 $n \times n$행렬의 행렬식이 어떻게 정의되는지를 설명하기로 합니다.

이미 살펴 보았듯이 삼차의 행렬식은 1개의 행 또는 1개의 열에 관한 전개식에 의해 정의되고, 그 전개식에는 3개의 이차의 행렬식이 나타납니다. 즉, 삼차의 행렬식은 이차의 행렬식을 써서 정의됩니다.

마찬가지로, 사차의 행렬식도 1개의 행 또는 1개의 열에 관한 전개식에 의해서 정의되고, 그 전개식에는 4개의 삼차의 행렬식이 나타납니다. 오차, 육차, …의 행렬식의 정의도 마찬가지입니다. 즉, n차의 행렬식은 $n=2,\ 3,\ 4,\ 5,\ \cdots$에 의해 "귀납적으로" 정의됩니다.

$n-1$에서 n으로 진행되는 단계를 명확히 설명하면, 다음과 같습니다.

지금, n을 $n \geqq 4$인 하나의 자연수라 하고, $n-1$차의 행렬에 관하여는 이미 그 행렬식이 정의된 것으로 합니다. $A = (a_{ij})$, 자세히 쓰면,

$$A = \begin{bmatrix} a_{11} & a_{12} & \cdots\cdots & a_{1n} \\ a_{21} & a_{22} & \cdots\cdots & a_{2n} \\ a_{n1} & a_{n2} & \cdots\cdots & a_{nn} \end{bmatrix}$$

이 되며, 이것을 $n \times n$행렬이라 합니다. i, j를 $1 \leqq i \leqq n$, $1 \leqq j \leqq n$을 만족하는 한 쌍의 자연수라 할 때, A에서 그 제i행과 제j열을 소거하여 얻은 $(n-1) \times (n-1)$ 행렬을 A_{ij}로 나타냅니다. A_{ij}는 $n-1$차의 행렬이므로, 귀납법의 가정에 의해서 그 행렬식 $\det(A_{ij})$가 이미 정의되어 있습니다.

이제, $1 \leqq i \leqq n$인 자연수 i를 임의로 한 개 고정합니다. 그 다음, A의 제i행의 각 성분 a_{i1}, a_{i2}, $\cdots$, a_{in}에 각각 A의 제i행과 그 성분을 포함하는 열을 소거하여 얻은 $n-1$차 행렬의 행렬식

$$\det(A_{i1}), \quad \det(A_{i2}), \quad \cdots, \quad \det(A_{in})$$

을 곱하여, 곱 $a_{ij}\det(A_{ij})$에 부호$(-1)^{i+j}$를 붙여서 더합니다. 그 합을 $n \times n$행렬 A의 행렬식 $\det A$로 <u>정의</u>합니다. 즉,

$$\begin{aligned} \det A = {}& (-1)^{i+1} a_{i1} \det(A_{i1}) \\ &+ (-1)^{i+2} a_{i2} \det(A_{i2}) + \cdots \\ &+ (-1)^{i+n} a_{in} \det(A_{in}) \end{aligned}$$

입니다. 합의 기호 $\sum$를 사용하면, 이것은 다음과 같이 쓸 수 있습니다.

$$\det A = \sum_{j=1}^{n} (-1)^{i+j} a_{ij} \det(A_{ij}) \qquad ①$$

위의 식 ①은 $\det A$의 **제i행에 관한 전개식**이라 부릅니다.   즉, $n \times n$행렬 A의 행렬식 $\det A$를 제i행에

관한 전개식에 의해 정의한 것입니다. 이 전개식의 우변에는 n개의 $n-1$차 행렬식이 나타나 있습니다.

①에서의 i는 $1 \leqq i \leqq n$을 만족시키는 하나의 고정된 자연수입니다. 이 i는 물론 1부터 n까지의 어느 정수값을 취할 수 있습니다. 그러나 i가 1부터 n까지의 어느 정수값을 취한다해도, 전개식의 값에 변화는 없습니다. 즉, 제1행에 관한 전개식, 제2행에 관한 전개식, …, 제n행에 관한 전개식은 모두 동일한 값을 줍니다. 이것은 말할 것도 없이 증명을 요하는 것으로서 중요한 논점이지만, 여기서는 증명을 생략합니다. 어쨌든 제i행에 관한 전개식의 값은, $i=1, 2, \cdots, n$의 모두에 대하여 동일하고, 그 공통의 값이 det A인 것입니다.

행렬식 det A는 또 열에 관해서도 전개할 수 있습니다. 즉, 이번에는 $1 \leqq j \leqq n$을 만족하는 1개의 정수 j를 고정하고 A의 제j열의 각 성분 $a_{1j}, a_{2j}, \cdots, a_{nj}$에 각각

$$\det(A_{1j}), \quad \det(A_{2j}), \quad \cdots, \quad \det(A_{nj})$$

를 곱하여, 부호$(-1)^{1+j}, (-1)^{2+j}, \cdots, (-1)^{n+j}$를 붙여서 더합니다. 이 때에도 역시 det A를 얻습니다. 즉,

$$\det A = \sum_{i=1}^{n} (-1)^{i+j} a_{ij} \det(A_{ij}) \qquad ②$$

입니다.

이 식 ②는 det A의 **제j 열에 관한 전개식**이라 부릅니다.

전개식 ①또는 ②에서 $a_{ij} \det(A_{ij})$에 붙는 부호의 패턴은 다음과 같습니다.

$$
\begin{array}{cccc}
+ & - & + & \cdots \\
- & + & - & \cdots \\
+ & - & + & \cdots \\
\vdots & \vdots & \vdots &
\end{array}
$$

이상에서 $n \times n$행렬 A의 행렬식의 정의를 끝냈습니다. 이와 같이 정의된 행렬식은 어느 n에 대해서도 이차나

삼차의 경우와 유사한 성질 **D1~D6**을 지니고 있습니다. 이것은 행렬식의 이론의 줄기가 되는 부분으로서 그 증명은 흥미로운 것이지만, 조합론적으로는 약간 복잡한 고찰을 요합니다. 따라서 이 증명은 생략하고, 그 대신에 사차의 행렬식을 계산하는 실제적인 한 예를 다음에 들어 둡니다.

예 다음 행렬식을 계산하시오.

$$\begin{vmatrix} 1 & 0 & -3 & 5 \\ 0 & 2 & 2 & 7 \\ 4 & 5 & -8 & 9 \\ -3 & 10 & 5 & -4 \end{vmatrix}$$

풀이 주어진 행렬식의 제3행에서 제1행의 4배를 빼고, 제4행에 제1행의 3배를 더하여도, 행렬식의 값은 변하지 않습니다. 따라서,

$$\begin{vmatrix} 1 & 0 & -3 & 5 \\ 0 & 2 & 2 & 7 \\ 4 & 5 & -8 & 9 \\ -3 & 10 & 5 & -4 \end{vmatrix} = \begin{vmatrix} 1 & 0 & -3 & 5 \\ 0 & 2 & 2 & 7 \\ 0 & 5 & 4 & -11 \\ 0 & 10 & -4 & 11 \end{vmatrix}$$

입니다. 우변의 행렬식을 제1열에 관하여 전개하면,

$$1 \times \begin{vmatrix} 2 & 2 & 7 \\ 5 & 4 & -11 \\ 10 & -4 & 11 \end{vmatrix}.$$

제2열에 관한 선형성에 의해, 이것은

$$2 \times \begin{vmatrix} 2 & 1 & 7 \\ 5 & 2 & -11 \\ 10 & -2 & 11 \end{vmatrix}$$

과 같고, 제2행에서 제1행의 2배를 빼고, 제3행에 제1행의 2배를 더하면, 이것은

$$2 \times \begin{vmatrix} 2 & 1 & 7 \\ 1 & 0 & -25 \\ 14 & 0 & 25 \end{vmatrix}$$

와 같아집니다. 여기서 최후에 제2열에 관하여 전개하면, 구하는 값은

$$2 \times (-1) \times \begin{vmatrix} 1 & -25 \\ 14 & 25 \end{vmatrix} = -2 \times (25 + 14 \cdot 25) = -750$$

이 됩니다.

21.3 연립일차방정식과 행렬식

이 절은 간단합니다. 여기에서는 연립일차방정식과 행렬식의 관계에 대하여 논합니다.

◆ $n = 2$인 경우

제1절의 마지막(1271페이지)으로 다시 돌아가, x, y를 미지수로 하는 연립일차방정식

$$\begin{cases} ax + by = p \\ cx + dy = q \end{cases} \qquad ①$$

를 생각합니다.

행렬 A 및 열벡터, $\vec{x}$, $\vec{p}$ 를

$$A = \begin{bmatrix} a & b \\ c & d \end{bmatrix}, \quad \vec{x} = \begin{bmatrix} x \\ y \end{bmatrix}, \quad \vec{p} = \begin{bmatrix} p \\ q \end{bmatrix}$$

로 정하면, ①은

$$A\vec{x} = \vec{p} \qquad ②$$

로 쓸 수 있습니다. 만일,

$$\Delta = ad - bc \neq 0$$

이면, A는 역행렬 A^{-1}를 가지며, ②는 $\vec{x}$에 관하여

$$\vec{x} = A^{-1}\vec{p} \qquad ③$$

로 일의적으로 풀 수 있었습니다.

③을 써서, 구체적으로 x, y를 a, b, c, d, p, q로 나타내면 다음과 같이 됩니다. 즉, 이미 아는 바와 같이

$$A^{-1} = \frac{1}{\Delta}\begin{bmatrix} d & -b \\ -c & a \end{bmatrix}$$

이므로

$$A^{-1}\vec{p} = \frac{1}{\Delta}\begin{bmatrix} d & -b \\ -c & a \end{bmatrix}\begin{bmatrix} p \\ q \end{bmatrix} = \frac{1}{\Delta}\begin{bmatrix} pd-bq \\ aq-pc \end{bmatrix}.$$

그러므로

$$x = \frac{pd-bq}{\Delta}, \qquad y = \frac{aq-pc}{\Delta}$$

가 됩니다.

우리들은 결과를 행렬식을 써서 나타낼 수 있습니다. 실제, Δ 는

$$\Delta = \det A = \begin{vmatrix} a & b \\ c & d \end{vmatrix}$$

이고, 또 x, y의 분자는 각각

$$pd-bq = \begin{vmatrix} p & b \\ q & d \end{vmatrix}, \quad aq-pc = \begin{vmatrix} a & p \\ c & q \end{vmatrix}$$

로 나타납니다. 그러므로, 행렬식을 사용하면 다음과 같이 말할 수 있습니다.

연립일차방정식

$$\begin{cases} ax+by = p \\ cx+dy = q \end{cases}$$

는

$$\Delta = \begin{vmatrix} a & b \\ c & d \end{vmatrix} \neq 0$$

이면, 일의적인 해를 가지며, 그 해는

$$x = \frac{\begin{vmatrix} p & b \\ q & d \end{vmatrix}}{\Delta}, \qquad y = \frac{\begin{vmatrix} a & p \\ c & q \end{vmatrix}}{\Delta}$$

로 주어진다.

문제 34 앞의 근의 공식을 써서, 다음 연립일차방정식을 푸시오.

(1) $\begin{cases} 2x-3y=37 \\ 4x+5y=19 \end{cases}$ (2) $\begin{cases} 11x-4y=-4 \\ -7x+3y=-2 \end{cases}$

◆ **$n=3$인 경우**

다음에, 3개의 미지수 x, y, z에 관한 3개의 방정식으로 이루어지는 연립일차방정식

$$\begin{cases} a_1x+b_1y+c_1z=p_1 \\ a_2x+b_2y+c_2z=p_2 \\ a_3x+b_3y+c_3z=p_3 \end{cases} \qquad ①$$

를 생각합니다.

이 연립방정식의 계수가 만드는 3×3행렬을 A, 그 제1열을 $\vec{a}$, 제2열을 $\vec{b}$, 제3열을 $\vec{c}$라 합니다. 즉,

$$A=\begin{bmatrix} a_1 & b_1 & c_1 \\ a_2 & b_2 & c_2 \\ a_3 & b_3 & c_3 \end{bmatrix}=(\vec{a}, \vec{b}, \vec{c}),$$

$$\vec{a}=\begin{bmatrix} a_1 \\ a_2 \\ a_3 \end{bmatrix}, \quad \vec{b}=\begin{bmatrix} b_1 \\ b_2 \\ b_3 \end{bmatrix}, \quad \vec{c}=\begin{bmatrix} c_1 \\ c_2 \\ c_3 \end{bmatrix}$$

라 합니다.

또, 미지수 x, y, z를 성분으로 하는 열벡터 및 방정식의 우변의 상수항이 만드는 열벡터를 각각

$$\vec{x}=\begin{bmatrix} x \\ y \\ z \end{bmatrix}, \quad \vec{p}=\begin{bmatrix} p_1 \\ p_2 \\ p_3 \end{bmatrix}$$

라 합니다. 이 때, 연립일차방정식 ①은 간단히

$$A\vec{x}=\vec{p} \qquad ②$$

로 쓸 수 있습니다.

만일, 3×3행렬 A가 역행렬 A^{-1}를 가지면 $n=2$일 때와 마찬가지로, ②의 양변의 왼쪽에서 A^{-1}을 곱함으로써,

②를 $\vec{x}$에 관하여

$$\vec{x} = A^{-1}\vec{P} \qquad\qquad ③$$

로 풀 수 있습니다. 그러나 $n=3$인 경우에는 ③에서 직접적으로 x, y, z에 관한 구체적인 계산식을 얻을 수 없습니다.

다시 한번 되돌아가서, 연립일차방정식 ①의 다른 표현을 생각합니다. 그 때문에 벡터

$$\begin{bmatrix} a_1 x + b_1 y + c_1 z \\ a_2 x + b_2 y + c_2 z \\ a_3 x + b_3 y + c_3 z \end{bmatrix}$$

는

$$x\begin{bmatrix} a_1 \\ a_2 \\ a_3 \end{bmatrix} + y\begin{bmatrix} b_1 \\ b_2 \\ b_3 \end{bmatrix} + z\begin{bmatrix} c_1 \\ c_2 \\ c_3 \end{bmatrix} = x\vec{a} + y\vec{b} + z\vec{c}$$

로 나타냄에 주의합시다. 따라서 연립일차방정식 ①은

$$x\vec{a} + y\vec{b} + z\vec{c} = \vec{p} \qquad\qquad ④$$

로 쓸 수 있습니다.

여기서 ④를 써서 행렬식

$$\det(\vec{p}, \vec{b}, \vec{c})$$

를 계산해 봅시다. 이 때, 행렬식의 성질 **D 1**, **D 2**에 의해서

$$\begin{aligned} \det(\vec{p}, \vec{b}, \vec{c}) &= \det(x\vec{a} + y\vec{b} + z\vec{c}, \vec{b}, \vec{c}) \\ &= x\det(\vec{a}, \vec{b}, \vec{c}) + y\det(\vec{b}, \vec{b}, \vec{c}) \\ &\qquad\qquad + z\det(\vec{c}, \vec{b}, \vec{c}) \\ &= x\det(\vec{a}, \vec{b}, \vec{c}), \end{aligned}$$

즉,

$$\det(\vec{p}, \vec{b}, \vec{c}) = x\det(\vec{a}, \vec{b}, \vec{c}) \qquad\qquad ⑤$$

가 됩니다. 마찬가지로 하여 $\det(\vec{a}, \vec{p}, \vec{c})$, $\det(\vec{a}, \vec{b}, \vec{p})$를 계산하면, 각각

$$\det(\vec{a}, \vec{p}, \vec{c}) = y\det(\vec{a}, \vec{b}, \vec{c}) \qquad\qquad ⑥$$

$$\det(\vec{a}, \vec{b}, \vec{p}) = z\det(\vec{a}, \vec{b}, \vec{c}) \qquad\qquad ⑦$$

를 얻습니다.

이제, 연립일차방정식 ①의 계수가 만드는 3×3행렬의 행렬식

$$\Delta = \det A = \det(\vec{a}, \vec{b}, \vec{c}) = \begin{vmatrix} a_1 & b_1 & c_1 \\ a_2 & b_2 & c_2 \\ a_3 & b_3 & c_3 \end{vmatrix}$$

가 0이 아니라고 가정합니다. 이 때, ⑤, ⑥, ⑦에서 방정식 ④를 만족하는 x, y, z는 각각

$$x = \frac{\det(\vec{p}, \vec{b}, \vec{c})}{\Delta},$$
$$y = \frac{\det(\vec{a}, \vec{p}, \vec{c})}{\Delta},$$
$$z = \frac{\det(\vec{a}, \vec{b}, \vec{p})}{\Delta}$$

로 주어지는 것을 알 수 있습니다. 이로써, 미지수가 3개인 연립일차방정식의 해를 행렬식을 써서 나타내었습니다.

이 결과를 다시 한 번 말해 두기로 합니다.

연립일차방정식 ①에서

$$\Delta = \begin{vmatrix} a_1 & b_1 & c_1 \\ a_2 & b_2 & c_2 \\ a_3 & b_3 & c_3 \end{vmatrix} \neq 0$$

이면, ①은 일의적인 해를 가지며, 그 해는

$$x = \frac{\begin{vmatrix} p_1 & b_1 & c_1 \\ p_2 & b_2 & c_2 \\ p_3 & b_3 & c_3 \end{vmatrix}}{\Delta}, \qquad y = \frac{\begin{vmatrix} a_1 & p_1 & c_1 \\ a_2 & p_2 & c_2 \\ a_3 & p_3 & c_3 \end{vmatrix}}{\Delta},$$

$$z = \frac{\begin{vmatrix} a_1 & b_1 & p_1 \\ a_2 & b_2 & p_2 \\ a_3 & b_3 & p_3 \end{vmatrix}}{\Delta}$$

로 주어진다.

위의 논의에는 행렬식의 성질이 특징적으로 잘 나타나

있습니다. 이 논의는 물론 $n=2$인 경우에도 통용됩니다.
또, 일반적인 n인 경우에도 통용됩니다.

문제 35 위의 등식 ⑥, ⑦을 증명하시오.

문제 36 위의 경우와 유사한 논의에 따라 $\Delta = ad-bc \neq 0$
일 때, 이원일차연립방정식

$$\begin{cases} ax+by = p \\ cx+dy = q \end{cases}$$

의 해가

$$x = \frac{\begin{vmatrix} p & b \\ q & d \end{vmatrix}}{\Delta}, \qquad y = \frac{\begin{vmatrix} a & p \\ c & q \end{vmatrix}}{\Delta}$$

로 주어지는 것을 증명하시오.

문제 37 행렬식을 써서 다음 연립일차방정식을 푸시오.

(1) $\begin{cases} 3x+2y+z = 2 \\ 4x+3y-z = -2 \\ 5x+4y+z = 6 \end{cases}$

(2) $\begin{cases} x+3y-5z = 5 \\ 3x+2y+3z = 0 \\ 2x-6y+13z = 0 \end{cases}$

위에서 설명한, 행렬식을 이용한 연립일차방정식의
"근의 공식"을 **크라머**(Cramer – 스위스의 수학자, 1704
~1752)**의 공식**이라 부릅니다. 이것은 훌륭한 공식으로
서, 연립일차방정식의 해를 일반적으로 나타냅니다.

사실, 역사적으로도 행렬식의 이론은 연립일차방정식
의 일반 해법을 기원으로 발전해 왔습니다.

그러나, 크라머의 공식은 오히려 이론적으로 중요한
의미를 갖는 공식으로서, 반드시 실제적인 계산에 적용
되는 것은 아닙니다. 그 이유는 행렬식의 계산에는 상당
한 시간이 걸리기 때문입니다. 실제로 연립일차방정식의

해를 구하려면, 물론 고전적인 방법으로서, 미지수의 개수를 하나씩 없애버리는 "소거법"——그것을 기술적으로 "없애 나가는 방법"이라 불리는 계산법이 있습니다——에 따르는 것이 현명합니다.

위에서는 계수인 3×3행렬의 행렬식 $\varDelta$ 가 $\varDelta \neq 0$인 경우를 생각했습니다.

$\varDelta = 0$일 때에는, 연립일차방정식은 해를 갖지 않는 경우도 있고, 또 무수히 많은 해를 갖는 경우도 있습니다. 그러나 이러한 특수한 경우에 관해서는 특별히 다루지 않습니다.

[보충 1] n원일차연립방정식과 크라머의 공식

일반적으로, n개의 미지수 $x_1, x_2, \cdots, x_n$에 관하여 n개의 일차방정식으로 이루어지는 연립일차방정식

$$
\begin{cases}
a_{11}x_1 + a_{12}x_2 + \cdots + a_{1n}x_n = p_1 \\
a_{21}x_1 + a_{22}x_2 + \cdots + a_{2n}x_n = p_2 \\
\qquad\qquad \cdots\cdots\cdots \\
a_{n1}x_1 + a_{n2}x_2 + \cdots + a_{nn}x_n = p_n
\end{cases} \qquad (*)
$$

이 주어져 있습니다. 이 계수로 이루어지는 $n \times n$행렬을 A, 그 제1열, 제2열, $\cdots$, 제n열을 $\overrightarrow{a_1}, \overrightarrow{a_2}, \cdots, \overrightarrow{a_n}$라 합니다. 즉,

$$
A = \begin{bmatrix} a_{11} & \cdots & a_{1n} \\ \vdots & & \vdots \\ a_{n1} & \cdots & a_{nn} \end{bmatrix} = (\overrightarrow{a_1}, \cdots, \overrightarrow{a_n})
$$

입니다. 또, 상수항으로 이루어지는 열벡터를

$$
\overrightarrow{p} = \begin{bmatrix} p_1 \\ \vdots \\ p_n \end{bmatrix}
$$

이라 합니다.

또, $1 \le j \le n$ 인 각 정수 j에 대하여 행렬 A의 제j열 이외에는 그대로 하고, 제j열 $\overrightarrow{a_j}$를 상수항 벡터 $\overrightarrow{p}$로 바꾼 $n \times n$ 행렬을 A_j라 합니다. 즉

$$A_j = \begin{bmatrix} a_{11} \cdots & p_1 & \cdots a_{1n} \\ \vdots & \vdots & \vdots \\ a_{n1} \cdots & p_n & \cdots a_{nn} \end{bmatrix} = (\vec{a_1}, \cdots, \boxed{\vec{p}}, \cdots, \vec{a_n})$$

제 j 열

입니다.

물론, 지금 det $A \neq 0$이라 합니다. 이 때 연립일차방정식 (✱)의 해는 일의적으로 존재하고, 그 해 x_j는

$$x_j = \frac{\det A_j}{\det A} \qquad (j=1, 2, \cdots, n)$$

으로 주어집니다. 이것이 n원인 경우의 **크라머의 공식**입니다.

이 공식에서 분모는 일정한 행렬식 det A이고, 분자는 $x_1, x_2, \cdots, x_n$ 순으로, det A의 제1열, 제2열, $\cdots$, 제n열이 순차로 상수항 벡터 $\vec{p}$로 바꾸어진 것입니다.

n원인 경우의 크라머의 공식의 증명도——n차의 행렬식의 성질을 기지의 것으로 하면——그렇게 어려운 것은 아닙니다. 즉, 앞의 3원인 경우에 따라 방정식(✱)을

$$x_1\vec{a_1} + x_2\vec{a_2} + \cdots + x_n\vec{a_n} = \vec{p}$$

의 꼴로 써서 $n=3$인 경우와 마찬가지의 논법에 따르면 됩니다. 열의가 있는 사람들은 이 증명을 끝까지 해 보십시오.

[보충 2] 행렬의 곱의 행렬식과 행렬의 역행렬

행렬의 곱의 행렬식에 관해서는 다음 정리가 성립합니다.

A, B를 두 개의 $n \times n$행렬이라 할 때,

$$\det(AB) = \det A \cdot \det B$$

가 성립한다. 즉, 곱의 행렬식은 행렬식의 곱과 같다.

$n=2$일 때에는, 이 정리는 실제로 A, B를 각각 성분으로 나타내고 행렬의 곱과 그 행렬식을 계산함으로써 쉽게 확인할 수 있습니다. 그러나, $n \geq 3$인 경우의 증명은 약간 어렵습니다. 여기에서는 정리의 증명은 생략합니다.

문제 38 $A = \begin{bmatrix} a & b \\ c & d \end{bmatrix}$, $B = \begin{bmatrix} a' & b' \\ c' & d' \end{bmatrix}$, $AB = \begin{bmatrix} p & q \\ r & s \end{bmatrix}$ 라 합니

다. p, q, r, s를 $a, b, c, d, a', b', c', d'$으로 나타내어

$$ps - qr$$

를 계산하고,

$$ps - qr = (ad - bc)(a'd' - b'c')$$

가 성립함을 확인하시오.

다음에, 3×3행렬의 역행렬에 대하여 생각해 봅니다.

A를 3×3행렬이라 합니다. 만일 $\det A \neq 0$이면, 이미 아는 바와 같이, 임의의 3항열벡터 $\vec{p}$에 대하여 방정식

$$A\vec{x} = \vec{p} \qquad \qquad ①$$

는 해를 갖습니다. 지금 $\vec{p}$라 하여 단위벡터

$$\vec{e}_1 = \begin{bmatrix} 1 \\ 0 \\ 0 \end{bmatrix}, \quad \vec{e}_2 = \begin{bmatrix} 0 \\ 1 \\ 0 \end{bmatrix}, \quad \vec{e}_3 = \begin{bmatrix} 0 \\ 0 \\ 1 \end{bmatrix}$$

를 취했을 때의 방정식 ①의 해를 각각

$$\vec{x}_1 = \begin{bmatrix} x_1 \\ y_1 \\ z_1 \end{bmatrix}, \quad \vec{x}_2 = \begin{bmatrix} x_2 \\ y_2 \\ z_2 \end{bmatrix}, \quad \vec{x}_3 = \begin{bmatrix} x_3 \\ y_3 \\ z_3 \end{bmatrix}$$

이라 합니다.

바꾸어 말하면 $\vec{x}_1, \vec{x}_2, \vec{x}_3$은 각각

$$A\vec{x}_1 = \vec{e}_1, \quad A\vec{x}_2 = \vec{e}_2, \quad A\vec{x}_3 = \vec{e}_3 \qquad ②$$

를 만족하는 벡터입니다.

이제, 3×3행렬 B를

$$B = (\vec{x}_1, \vec{x}_2, \vec{x}_3) = \begin{bmatrix} x_1 & x_2 & x_3 \\ y_1 & y_2 & y_3 \\ z_1 & z_2 & z_3 \end{bmatrix}$$

으로 정합니다. 이 때 행렬의 곱의 정의에서 알 수 있듯이

$$AB = (A\vec{x}_1, \quad A\vec{x}_2, \quad A\vec{x}_3)$$

가 되는데, 이것은 위의 ②에 의해서

$$AB = (\vec{e_1},\ \vec{e_2},\ \vec{e_3}) = \begin{bmatrix} 1 & 0 & 0 \\ 0 & 1 & 0 \\ 0 & 0 & 1 \end{bmatrix} = E$$

가 됩니다.

　실은 이 행렬 B는 $BA = E$도 만족합니다. (그 증명은 아래 문제 39에 든 증명 순서대로 합니다.) 따라서 B는 A의 역행렬입니다.

　이로써 $\det A \neq 0$이면 A는 역행렬을 갖는 것을 알았습니다.

　역으로, A가 역행렬 B를 가지면 $AB = E$에서 행렬의 곱의 행렬식에 관한 정리에 의해

$$\det A \cdot \det B = \det E = 1$$

이 됩니다. 따라서 $\det A$는 0이 되는 일은 없습니다. 즉, $\det A \neq 0$입니다.

　이상에서 3×3행렬 A가 역행렬을 갖기 위한 필요충분조건은 $\det A \neq 0$임이 밝혀졌습니다. 이것은 일반적으로 $n \times n$행렬 A에 대해서도 성립합니다.

문제 39　위에서 $\det A \neq 0$이면 $AB = E$인 행렬 B가 존재하는 것을 증명하였습니다. 이 B는 $BA = E$도 만족하는 것을 다음 순서로 증명하시오.

(a)　$\det B \neq 0$이다.

(b)　따라서 B에 대해서도 $BC = E$인 행렬 C가 존재합니다. [실은, 이 C는 A와 같아집니다.]

(c)　$BA = (BA)E = (BA)(BC)$라 하고, 결합법칙을 써서 이것을 변형하여 $BA = E$를 유도하시오.

21.4 행렬식과 넓이·부피

　이차의 행렬식, 삼차의 행렬식은 각각 넓이, 부피라는

기하학적 의미를 갖습니다. 이절에서는 이것에 관하여 논의합니다.

◆ 이차의 행렬식과 넓이

먼저, 넓이에 관하여 알아봅시다. (이 이야기는 사실상 이미 제9장에서 설명한 바 있지만, 다시 한 번 반복합니다.)

지금, 좌표가 설정된 한 개의 평면을 생각하여,

$$\vec{a} = \begin{bmatrix} a_1 \\ a_2 \end{bmatrix}, \quad \vec{b} = \begin{bmatrix} b_1 \\ b_2 \end{bmatrix}$$

를 그 평면 위의 두 벡터라 합니다. [여기에서는 평면 위의 벡터를 "열벡터"의 꼴로 썼습니다. 단, 그렇게 해야만 하는 필연성 또는 결정적인 이유가 있는 것은 아니며 단지, 기법상의 편의를 위해서입니다.]

O를 좌표의 원점으로 하고, A, B를

$$\overrightarrow{OA} = \vec{a}, \qquad \overrightarrow{OB} = \vec{b}$$

인 점으로 합니다. 우리들은 세 점 O, A, B가 동일 직선 위에 있지 않는 것으로 가정합니다. 이 때, OA, OB를 두 변으로 하는 그림의 평행사변형 $OACB$를 간단히 벡터 $\vec{a}$, $\vec{b}$를 두 변으로 하는 평행사변형, 또는 벡터 $\vec{a}$, $\vec{b}$로 퍼진 평행사변형이라 부릅니다. 이 넓이 S를 구하여 봅시다.

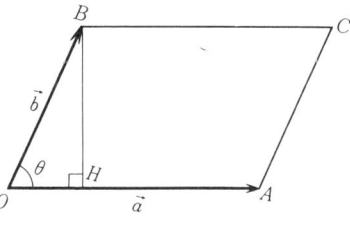

그림과 같이, 벡터 $\vec{a}$, $\vec{b}$가 이루는 각을 θ라 하고, 꼭지점 B에서 변 OA에 내린 수선을 BH라 하면,

$$BH = |\vec{b}|\sin\theta$$

입니다. 따라서 $S = OA \cdot BH$는

$$S = |\vec{a}|\,|\vec{b}|\sin\theta \qquad\qquad ①$$

로 나타납니다. ①의 양변을 제곱하면,

$$S^2 = |\vec{a}|^2|\vec{b}|^2\sin^2\theta = |\vec{a}|^2|\vec{b}|^2(1-\cos^2\theta),$$

따라서

$$S^2 = |\vec{a}|^2|\vec{b}|^2 - (\vec{a}\cdot\vec{b})^2 \qquad\qquad ②$$

입니다. 단, $\vec{a} \cdot \vec{b}$ 는 $\vec{a}$ 와 $\vec{b}$ 의 내적을 나타냅니다.

위의 식 ②의 우변을 벡터의 성분을 써서 계산하면,

$$|\vec{a}|^2|\vec{b}|^2 - (\vec{a} \cdot \vec{b})^2 = (a_1{}^2 + a_2{}^2)(b_1{}^2 + b_2{}^2) - (a_1 b_1 + a_2 b_2)^2$$
$$= (a_1 b_2 - a_2 b_1)^2,$$

그러므로

$$S = |a_1 b_2 - a_2 b_1| \qquad\qquad ③$$

이 됩니다. 식 ③의 우변의 절대값 안은 바로 행렬식

$$\det(\vec{a}, \vec{b}) = \begin{vmatrix} a_1 & b_1 \\ a_2 & b_2 \end{vmatrix}$$

입니다. 위에서는 O, A, B가 동일 직선 위에 없다고 가정
했습니다. O, A, B가 동일 직선 위에 있는 것은 $\vec{a} = \vec{0}$
또는 $\vec{b} = \vec{0}$ 또는 $\vec{a} /\!/ \vec{b}$ 인 경우입니다. 이 경우에 $OACB$
는 한 개의 선분 또는 한 개의 점으로 "퇴화"하므로, 넓
이는

$$S = 0$$

이 됩니다. 그러나 이 경우에도, 등식 ③은 역시 성립합니
다. 이 점에 주의합시다. 실제 $\vec{a} = \vec{0}$ 또는 $\vec{b} = \vec{0}$ 이면 ①의
우변은 당연히 0이 됩니다. 또, $\vec{a} \neq \vec{0}$, $\vec{b} \neq \vec{0}$, $\vec{a} /\!/ \vec{b}$ 이면,
$\vec{a}$, $\vec{b}$ 가 이루는 각 θ는 $\theta = 0°$ 또는 $\theta = 180°$ 이므로 $\sin \theta$
$= 0$ 이 되고, 역시 ①의 우변은 0이 됩니다. 그리고 등식
②와 ③은 기계적인 계산에 의해 ①에서 유도됩니다. 그러
므로, "퇴화"의 경우에도 이들 등식은 역시 성립합니다.

이상의 결과를 정리로서 기술해 두기로 합니다.

정리 평면 위의 두 벡터 $\vec{a}, \vec{b}$ 로 이루어지는 평행사
변형의 넓이 S는
$$S = |\det(\vec{a}, \vec{b})|$$
로 주어진다. 이 공식은 평행사변형이 "퇴화"하는
경우에도 성립한다.

[주의: 행렬식을

$$\begin{vmatrix} a_1 & b_1 \\ a_2 & b_2 \end{vmatrix}$$

로 쓸 때에는, 혼동을 피하기 위해, 그 절대값(absolute value)을

$$\mathrm{abs}\begin{vmatrix} a_1 & b_1 \\ a_2 & b_2 \end{vmatrix}$$

와 같은 기호로 나타냅니다.]

평면 위의 두 벡터 $\vec{a}$, $\vec{b}$는 $\det(\vec{a},\vec{b})=0$일 때, **일차종속** 또는 **선형종속**이라고 합니다. 그것은 $\vec{a}$, $\vec{b}$로 이루어진 평행사변형이 "퇴화"하는 것, 즉 $\vec{a}=\vec{0}$ 또는 $\vec{b}=\vec{0}$ 또는 $\vec{a}\,/\!/\,\vec{b}$임을 의미합니다. 이것에 대하여

$$\det(\vec{a},\vec{b})\neq 0$$

일 때에는 $\vec{a}$, $\vec{b}$를 **일차독립** 또는 **선형독립**이라고 합니다. [일차독립, 일차종속을 약하여 단지 독립, 종속이라고도 합니다.] 쉽게 관찰할 수 있도록——이것도 이미 제9장에서 설명한 바 있지만——$\vec{a}$, $\vec{b}$가 평면 위의 일차독립인 두 벡터이면, 그 평면 위의 임의의 벡터, $\vec{p}$는 $\vec{a}$, $\vec{b}$의 "일차결합"으로 하여 단 한가지로

$$\vec{p}=m\vec{a}+n\vec{b}$$

의 꼴로 나타낼 수 있습니다.

문제 40 평면 위의 세 점 (x_1, y_1), (x_2, y_2), (x_3, y_3)이 동일 직선 위에 있지 않을 때, 이들 세 점을 꼭지점으로 하는 삼각형의 넓이는

$$\frac{1}{2}\mathrm{abs}\begin{vmatrix} 1 & 1 & 1 \\ x_1 & x_2 & x_3 \\ y_1 & y_2 & y_3 \end{vmatrix}$$

로 주어짐을 증명하시오. 단, 위에서도 기술했지만 기호 abs는 절대값을 나타냅니다.

문제 41 평면 위의 세 점 (x_1, y_1), (x_2, y_2), (x_3, y_3)이 동일 직선 위에 있기 위한 필요충분조건은

$$\begin{vmatrix} 1 & 1 & 1 \\ x_1 & x_2 & x_3 \\ y_1 & y_2 & y_3 \end{vmatrix} = 0$$

으로 주어짐을 증명하시오.

◆ 삼차의 행렬식과 부피

다음에 삼차원 공간 내의 세 벡터

$$\vec{a} = \begin{bmatrix} a_1 \\ a_2 \\ a_3 \end{bmatrix}, \qquad \vec{b} = \begin{bmatrix} b_1 \\ b_2 \\ b_3 \end{bmatrix}, \qquad \vec{c} = \begin{bmatrix} c_1 \\ c_2 \\ c_3 \end{bmatrix}$$

를 생각합니다.

O를 좌표의 원점, A, B, C를

$$\overrightarrow{OA} = \vec{a}, \quad \overrightarrow{OB} = \vec{b}, \quad \overrightarrow{OC} = \vec{c}$$

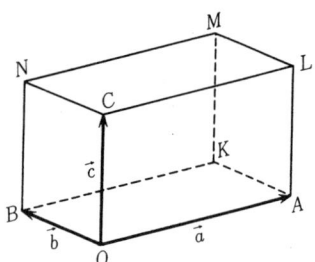

인 점이라 합니다. 여기에서도 처음에 네 점 O, A, B, C가 동일 평면 위에는 없는 것으로 가정합니다. 이 때, OA, OB, OC를 세 변으로 하는 그림과 같은 평행육면체 $OAKB-CLMN$을 $\vec{a}, \vec{b}, \vec{c}$를 세 변으로 하는 평행육면체 또는 $\vec{a}, \vec{b}, \vec{c}$로 **이루어지는** 평행육면체라고 합니다.

이 평행육면체의 부피를 V라 하면, 평면 위의 평행사변형의 넓이의 경우와 유사하게

$$V = |\det(\vec{a}, \vec{b}, \vec{c})|$$

가 됩니다. 이것을 다음에 밝혀 보기로 합시다.

지금,

$$\vec{x} = \begin{bmatrix} x_1 \\ x_2 \\ x_3 \end{bmatrix}$$

을 임의의 3항 열벡터라 하고, 3×3행렬 $M(\vec{x})$를

$$M(\vec{x}) = (\vec{a}, \vec{b}, \vec{x}) = \begin{bmatrix} a_1 & b_1 & x_1 \\ a_2 & b_2 & x_2 \\ a_3 & b_3 & x_3 \end{bmatrix} \qquad ①$$

으로 정의합니다. 또,

$$\Delta_1 = a_2 b_3 - a_3 b_2,$$

$$\Delta_2 = a_3 b_1 - a_1 b_3,$$
$$\Delta_3 = a_1 b_2 - a_2 b_1$$

으로 놓고, 벡터 $\vec{u}$ 를

$$\vec{u} = \begin{bmatrix} \Delta_1 \\ \Delta_2 \\ \Delta_3 \end{bmatrix}$$

라 정의합니다. 이것은 $\vec{x}$ 에 관계 없이 $\vec{a}, \vec{b}$ 만으로 정해지는 벡터입니다.

행렬 $M(\vec{x})$ 의 행렬식 $\det(M(\vec{x}))$ 를 제3열에 관하여 전개하면

$$\det(M(\vec{x})) = x_1 \Delta_1 + x_2 \Delta_2 + x_3 \Delta_3$$

이고, 이것은 벡터 $\vec{u}$ 와 $\vec{x}$ 와의 내적입니다. 즉,

$$\det(M(\vec{x})) = \vec{u} \cdot \vec{x} \qquad \text{②}$$

입니다.

한편, $M(\vec{x})$ 의 $\vec{x}$ 에 $\vec{a}$ 를 대입하면 행렬 $M(\vec{a})$ 의 제1열과 제3열은 같아지므로, $\det(M(\vec{a}))=0$ 입니다.

마찬가지로, $\det(M(\vec{x}))=0$ 이 됩니다. ②에 의하면, 이것은

$$\vec{u} \cdot \vec{a} = 0, \qquad \vec{u} \cdot \vec{b} = 0$$

으로 나타납니다. 바꾸어 말하면, 벡터 $\vec{u}$ 는 벡터 $\vec{a}, \vec{b}$ 의 양쪽에 직교하며, 따라서 앞쪽 그림의 밑면 $OAKB$ 에 수직입니다.

위에서 보인 바와 같이, 벡터 $\vec{u}$ 는 밑면 $OAKB$ 에 수직인 벡터인데, 더구나 그 길이 $|\vec{u}|$ 는 이 밑면 $OAKB$ 의 넓이를 나타냅니다. 실제, $|\vec{u}|^2$ 을 계산하면,

$$|\vec{u}|^2 = \Delta_1{}^2 + \Delta_2{}^2 + \Delta_3{}^2$$
$$= (a_2 b_3 - a_3 b_2)^2 + (a_3 b_1 - a_1 b_3)^2 + (a_1 b_2 - a_2 b_1)^2$$

이 되고, 계산에 의해 쉽게 확인할 수 있듯이, 이것은

$$(a_1{}^2 + a_2{}^2 + a_3{}^2)(b_1{}^2 + b_2{}^2 + b_3{}^2) - (a_1 b_1 + a_2 b_2 + a_3 b_3)^2$$
$$= |\vec{a}|^2 |\vec{b}|^2 - (\vec{a} \cdot \vec{b})^2$$

과 같아집니다. (여러분은 이것을 확인해 보십시오)

$$|\vec{u}|^2 = |\vec{a}|^2|\vec{b}|^2 - (\vec{a} \cdot \vec{b})^2$$

이고, 따라서 밑면 $OAKB$의 넓이, 즉 벡터 $\vec{a}$, $\vec{b}$로 이루어지는 평행사변형의 넓이를 S라 하면

$$S = |\vec{u}| \qquad\qquad ③$$

가 됩니다. 왜냐하면 앞의 항에서 설명한 공식

$$S^2 = |\vec{a}|^2|\vec{b}|^2 - (\vec{a} \cdot \vec{b})^2$$

은 분명히 공간의 두 벡터로 이루어지는 평행사변형에 대해서도 성립합니다.

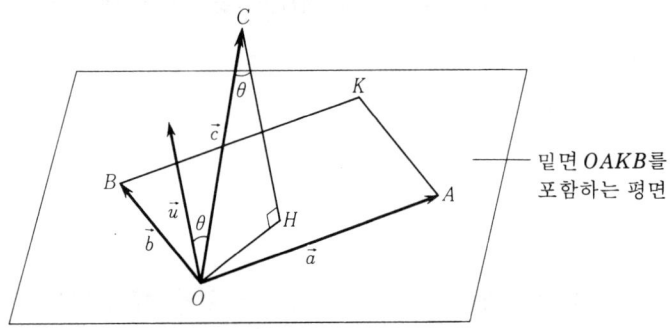

— 밑면 $OAKB$를 포함하는 평면

이제, 위의 그림과 같이 점 C에서 밑면 $OAKB$를 포함하는 평면에 내린 수선을 CH라 하면, 평행육면체의 부피 V는

$$V = S \times CH \qquad\qquad ④$$

가 됩니다. 위의 설명에서 직선 CH는 벡터 $\vec{u}$에 평행하므로, $\vec{c}$가 $\vec{u}$와 이루는 각의 크기를 θ라 하면,

$$CH = |\vec{c}||\cos\theta| \qquad\qquad ⑤$$

입니다. (위에 그린 그림에서 θ는 예각이지만, θ가 둔각인 경우도 있으므로, $\cos\theta$에 절대값을 붙여 놓았습니다.)
③, ④, ⑤에 의해서 우리들은

$$V = |\vec{u}||\vec{c}||\cos\theta| = |\vec{u} \cdot \vec{c}|$$

를 얻습니다. 그리고 ②에서

$$\vec{u} \cdot \vec{c} = \det(M(\vec{c}))$$

이고, 행렬 $M(\vec{x})$의 정의식 ①에 의해서

$$\det(M(\vec{c})) = \det(\vec{a}, \vec{b}, \vec{c})$$

입니다.

이로써, $V = |\det(\vec{a}, \vec{b}, \vec{c})|$ 임이 증명되었습니다.

이상은 평행육면체가 퇴화하지 않는 경우입니다.

다음에 평행육면체가 '퇴화'하는 경우에도

$$V = |\det(\vec{a}, \vec{b}, \vec{c})|$$

가 성립하는 것을 증명합니다. 평행육면체가 "퇴화"하는 —— 실제로는 평행육면체를 형성하지 않음 —— 것은 네 점 O, A, B, C 가 동일 평면 위에 있는 경우이고, 그 때에는 물론 $V = 0$ 이므로, 우리들이 증명하고 싶은 것은, 이 경우

$$\det(\vec{a}, \vec{b}, \vec{c}) = 0$$

이 됩니다. 만일, 앞의 논의에서 밑면의 평행사변형 $OAKB$ 가 이미 퇴화되어 있으면,

$$S = |\vec{u}| = 0$$

따라서 $\vec{u} = \vec{0}$ 이므로, 물론

$$\det(\vec{a}, \vec{b}, \vec{c}) = \vec{u} \cdot \vec{c} = 0$$

이 됩니다. 또, 밑면 $OAKB$ 가 퇴화되어 있지 않으면, $OAKB$ 를 포함하는 평면 위에 점 C 가 있게 되고, 따라서 앞쪽의 그림에서 C 는 수선의 발 H 와 일치합니다. 그러므로 이 그림에서의 각 θ 는 $\theta = 90°$ 입니다. 바꾸어 말하면, 벡터 $\vec{u}$ 와 $\vec{c}$ 는 직교합니다. 따라서 $\vec{u} \cdot \vec{c} = 0$ 이고 이 경우에도,

$$\det(\vec{a}, \vec{b}, \vec{c}) = 0$$

이 됩니다.

이차원의 경우와 평행하게, 이상의 결과를 정리로서 간추려 놓기로 합니다.

정리 공간내의 세 벡터 $\vec{a}, \vec{b}, \vec{c}$ 로 이루어지는 평행육면체의 부피 V 는

$$\det(\vec{a}, \vec{b}, \vec{c}) = \begin{vmatrix} a_1 & b_1 & c_1 \\ a_2 & b_2 & c_2 \\ a_3 & b_3 & c_3 \end{vmatrix}$$

> 의 절대값과 같다. 즉,
> $$V = |\det(\vec{a}, \vec{b}, \vec{c})|$$
> 이다. 이 공식은 평행육면체가 퇴화하는 경우에도 성립한다.

이차원의 경우와 마찬가지로, 삼차원 공간내의 세 벡터 $\vec{a}, \vec{b}, \vec{c}$에 대해서도

$$\det(\vec{a}, \vec{b}, \vec{c}) = 0$$

일 때에는, $\vec{a}, \vec{b}, \vec{c}$를 **일차종속**이라 하고,

$$\det(\vec{a}, \vec{b}, \vec{c}) \neq 0$$

일 때에는, $\vec{a}, \vec{b}, \vec{c}$를 **일차독립**이라 합니다.

$\vec{a}, \vec{b}, \vec{c}$가 일차독립이면, 이 세 벡터는 실제로 하나의 퇴화하지 않은 평행육면체를 이룹니다. 그리고 제11장에서 본 바와 같이 공간 내의 임의의 벡터 $\vec{p}$는 $\vec{a}, \vec{b}, \vec{c}$의 "일차결합"으로서

$$\vec{p} = l\vec{a} + m\vec{b} + n\vec{c}$$

의 꼴의 단 한가지로 나타납니다.

문제 42 다음 세 벡터로 이루어지는 평행육면체의 부피를 구하시오.

$$\vec{a} = \begin{bmatrix} 3 \\ -2 \\ 1 \end{bmatrix}, \quad \vec{b} = \begin{bmatrix} -2 \\ 1 \\ 3 \end{bmatrix}, \quad \vec{c} = \begin{bmatrix} 1 \\ 3 \\ -2 \end{bmatrix}$$

문제 43 [이 문제와 다음 문제에서는——극히 미미 하지만——사차의 행렬식에 관한 지식을 가정합니다.]

공간 내의 네 점 $(x_i, y_i, z_i)(i = 1, 2, 3, 4)$가 동일 평면 위에 있기 위한 필요충분조건은

$$\begin{vmatrix} 1 & 1 & 1 & 1 \\ x_1 & x_2 & x_3 & x_4 \\ y_1 & y_2 & y_3 & y_4 \\ z_1 & z_2 & z_3 & z_4 \end{vmatrix} = 0$$

으로 주어지는 것을 증명하시오.

문제 44 공간내에, 동일 평면 위에 있지 않은 네 개의 정점 $A_i(a_i,\ b_i,\ c_i)\,(i=1,\ 2,\ 3,\ 4)$가 있습니다. 이제, 네 개의 동점 $P_1,\ P_2,\ P_3,\ P_4$가 시각 $t=0$에서 동시에 각각 점 $A_1,\ A_2,$ $A_3,\ A_4$를 출발하여, 각각 연속적으로 움직여서, 시각 $t=1$에서 동시에 각각 $A_2,\ A_3,\ A_4,\ A_1$에 도착한다고 합니다. 이 때, 시각 $t=0$과 $t=1$사이에 네 점 P_1, P_2, P_3, P_4가 동일 평면 위에 있는 시각이 적어도 한 개 있음을 증명하시오.

(각 동점 P_i는 연속적으로 움직일 뿐, 어느 경로를 취하여도 상관 없습니다)

[힌트 : 시각 t에서의 P_i의 좌표를

$$(a_i(t),\quad b_i(t),\quad c_i(t))$$

라 합니다. P_i가 "연속적으로 움직인다"는 것은, 정확히 말해서 "함수 $a_i(t), b_i(t), c_i(t)$ 가 t의 연속함수이다"라는 뜻입니다.

따라서, 행렬식

$$f(t) = \begin{vmatrix} 1 & 1 & 1 & 1 \\ a_1(t) & a_2(t) & a_3(t) & a_4(t) \\ b_1(t) & b_2(t) & b_3(t) & b_4(t) \\ c_1(t) & c_2(t) & c_3(t) & c_4(t) \end{vmatrix}$$

도 t의 연속함수입니다. (왜냐하면, 행렬식은 그 성분의 다항식으로서 나타나기 때문입니다.) 행렬식 $f(0)$과 $f(1)$의 값을 비교하여 보시오. 그리고 중간값의 정리와 앞의 문제를 활용하시오.]

해 답

제 18 장

문제 1 (1) $c=1$ (2) $c=\pm\sqrt{\dfrac{7}{3}}$

(3) $c=e-1$

문제 2 생략

문제 3 $y'=3x^2+2ax+b$에서 $a^2-3b>0$이면 방정식 $y'=0$은 두 근 α, β를 가지며, $\alpha<\beta$라 하면 α는 극대점, β는 극소점. $a^2-3b\leqq 0$이면 y는 $(-\infty, \infty)$에서 증가.

문제 4 (1) $(-\infty, -2]$, $[2, \infty)$에서 감소, $[-2, 2]$에서 증가. $x=-2$에서 극소값 -16, $x=2$에서 극대값 16을 갖습니다.

(2) $(-\infty, -2]$, $[0, \infty)$에서 증가, $[-2, 0]$에서 감소. $x=-2$에서 극대값 $\dfrac{4}{3}$, $x=0$에서 극소값 0을 갖습니다.

(3) $(-\infty, \infty)$에서 증가.

(4) $(-\infty, \infty)$에서 감소.

(5) $(-\infty, -1]$, $[0, 1]$에서 감소, $[-1, 0]$, $[1, \infty)$에서 증가. $x=-1$, $x=1$에서 극소값 0, $x=0$에서 극대값 1을 갖습니다.

(6) $(-\infty, 0]$에서 감소, $[0, \infty)$에서 증가. $x=0$에서 극소값 0을 갖습니다.

(7) $(-\infty, 3]$에서 감소, $[3, \infty)$에서 증가. $x=3$에서 극소값 -27을 갖습니다.

(8) $(-\infty, 0]$, $[2, 3]$에서 감소, $[0, 2]$, $[3, \infty)$에서 증가. $x=0$, $x=3$에서 극소값 0, $x=2$에서 극대값 4를 갖습니다.

(9) $(-\infty, -1]$ $[1, \infty)$에서 증가, $(-1, 0)$, $(0, 1]$에서 감소. $x=-1$에서 극대값 -2, $x=1$에서 극소값 2를 갖습니다.

(10) $(-\infty, -1]$에서 감소, $[-1, \infty)$에서 증가. $x=-1$에서 극소값 $-e^{-1}$를 갖습니다.

(11) $\left[0, \dfrac{2}{3}\pi\right]$, $\left[\dfrac{4}{3}\pi, 2\pi\right]$에서 증가, $\left[\dfrac{2}{3}\pi, \dfrac{4}{3}\pi\right]$에서 감소. $x=\dfrac{2}{3}\pi$에서 극대값 $\dfrac{2}{3}\pi+\sqrt{3}$, $x=\dfrac{4}{3}\pi$에서 극소값 $\dfrac{4}{3}\pi-\sqrt{3}$을

갖습니다.

문제 5 (1) $y=2x^3-3x^2-12x+3$

(2) $y=-2x^3+6x^2-8$

문제 6 $f(x)=(x-1)-\log x$ 는 $x=1$ 일 때 최소값 0을 갖습니다.

문제 7 $\dfrac{\log x}{x-1}=\dfrac{\log x-\log 1}{x-1}$, $(\log x)'=\dfrac{1}{x}$ 이므로, 평균값의 정리에 의해

$$\frac{\log x}{x-1}=\frac{1}{c}, \qquad 1<c<x$$

를 만족하는 c가 존재합니다. 이에 따라 증명해야 할 부등식을 얻습니다.

문제 8 n이 홀수인가, 짝수인가에 따라

$$(g_n(x)-\log(1+x))'=\frac{x^n}{1+x} \text{ 또는 } -\frac{x^n}{1+x}$$

입니다. 이 부호를 조사하면, n이 홀수이면 $g_n(x)-\log(1+x)$는 구간 $[0, \infty)$에서 증가, n이 짝수이면 구간 $[0, \infty)$에서 감소함을 알 수 있습니다. 그러므로 다음 결론을 얻습니다.

n이 홀수이면 $g_n(x)>\log(1+x)$,

n이 짝수이면 $g_n(x)<\log(1+x)$

문제 9 일반화는 다음과 같습니다.

$$F_n(x)=x-\frac{x^3}{3!}+\frac{x^5}{5!}-\cdots+(-1)^{n-1}\frac{x^{2n-1}}{(2n-1)!}$$

$$G_n(x)=1-\frac{x^2}{2!}+\frac{x^4}{4!}-\cdots+(-1)^n\frac{x^{2n}}{(2n)!}$$

이라 놓으면, $x>0$일 때

n이 홀수이면 $F_n(x)>\sin x$, $G_n(x)<\cos x$,

n이 짝수이면 $F_n(x)<\sin x$, $G_n(x)>\cos x$.

문제 10 힌트에 따릅니다.

문제 11 힌트에 따라서 풉니다. 관계식 $f_{n+1}'(x)=f_n(x)$를 사용합니다.

문제 12 $g(x)=f(x)e^{-x}$이라 두면

$$g'(x)=(f'(x)-f(x))>e^{-x}$$

그러므로 가정으로부터 $(0, \infty)$에서 $g'(x)>0$, 따라서 $[0, \infty)$에서 $g(x)$는 증가.

그러므로 $x>0$일 때 $g(x)>g(0)=1$

문제 13 (1) $f(t)$는 $t=1$일 때 최소값 0을 갖습

니다.

(2) $at+b \geqq t^a$의 t에 x/y를 대입하여 양변에 y를 곱하면 됩니다.

문제 14 (1) $f(x)$는 $x=\dfrac{b}{n}$일 때 최소이고, 최소값은 0입니다.

(2) $a_1, a_2, \cdots, a_n$에 대한 부등식을 가정하고, 힌트와 같이

$$b=a_1+a_2+\cdots+a_n, \quad x=a_{n+1}$$

이라 놓으면

$$\left(\frac{a_1+\cdots+a_n+a_{n+1}}{n+1}\right)^{n+1} \geqq \left(\frac{a_1+\cdots+a_n}{n}\right)^n \cdot a_{n+1}$$
$$\geqq (a_1 \cdots a_n) \cdot a_{n+1}$$

문제 15 $a<0, a=0, 0<a<1, a=1, a>1$에 따라서 1개, 2개, 3개, 2개, 1개.

문제 16 $a>\dfrac{27}{4}$

문제 17 $m \leqq 0$일 때 1개, $0<m<\dfrac{1}{e}$일 때 2개, $m=\dfrac{1}{e}$일 때 1개, $m>\dfrac{1}{e}$일 때 0개.

문제 18 최대값 75 ($x=5$일 때), 최소값 -6 ($x=2$일 때)

문제 19 최대값 $2(x=0, y=1$일 때), 최소값 $6-4\sqrt{2}$ $(x=2-\sqrt{2}, y=\sqrt{2}-1$일 때)

문제 20 $r:h=1:2$

문제 21 점 $(1,1)$

문제 22 (1) 점 $(0,1)$ (2) $A(0,1), b(1,0)$일 때 최소이고, 최소값 $\sqrt{2}$.

문제 23 $x=\dfrac{ap}{p+q}$일 때, 최소값 $\sqrt{a^2+(p+q)^2}$

문제 24 (1) $1(\theta=\dfrac{\pi}{4}, x=\dfrac{1}{\sqrt{2}}$일 때)

(2) $2\sqrt{5}(\tan\theta=\dfrac{1}{2}, x=\dfrac{2}{\sqrt{5}}$일 때)

문제 25 $\tan\theta=\dfrac{7x}{x^2+144}$. 이것을 최대로 하면 됩니다. $x=12$.

문제 26 반지름$=3$m, 중심각$=2$라디안. 넓이의 최대값$=9$m²

문제 27 높이 x일 때의 조도를 $f(x)$라 하면, c를 상수라 할 때

$$f(x)=\frac{cx}{(x^2+a^2)^{\frac{3}{2}}}$$

이것을 최대로 하는 x는 $x=\dfrac{a}{\sqrt{2}}$

문제 28 $S=\pi r \sqrt{h^2+r^2}$(일정)에서 $h=\dfrac{S^2-\pi^2 r^4}{\pi^2 r^2}$

이것을 $V^2=\dfrac{1}{9}\pi^2 r^4 h^2$에 대입하면

$$V^2=\frac{1}{9}r^2(S^2-\pi^2 r^4)$$

이것을 최대로 하는 r의 값을 r_0이라 하면 $3\pi^2 r_0^4=S^2$. 이 때 h의 값 h_0은

$$h_0^2=\frac{S^2-\pi^2 r_0^4}{\pi^2 r_0^2}=2r_0^2$$

그러므로 $r:h=1:\sqrt{2}$일 때 최대.

문제 29 (1) x의 변역은 $x>1$이고, 넓이를 S라 하면, $S=\dfrac{x^2}{x-1}$. 이것은 $x=2$일 때 최소이고, 최소값$=4$

(2) 길이를 l이라 하면 $l^2=x^2+\dfrac{4x^2}{(x-1)^2}$

이것을 $f(x)$라 하면, $f'(x)=\dfrac{2x\{(x-1)^3-4\}}{(x-1)^3}$

그러므로 $f(x)$의 최소점은 $x=1+\sqrt[3]{4}$이고, l의 최소값$=(1+\sqrt[3]{4})^{\frac{3}{2}}$.

문제 30 $f'(m)=\dfrac{(m^2-2)\sqrt{m^2+1}+(m^2-2)}{m^2\sqrt{m^2+1}}$

$f'(m)=0$을 풀면, $m=\dfrac{4}{3}$. 그러므로 $f(m)$은 $m=\dfrac{4}{3}$일 때 최소이고, 최소값은 10.

문제 31 점 P를 지 고 양축에 접하는 원의 중심을 $C(r,r)$라 하면

$$r^2=(r-1)^2+(r-2)^2$$

에서 $r=5$. 이에 따라 둘레의 최소값$=2r=10$.

문제 32 접선의 방정식은

$$y=f(a)+f'(a)(x-a)$$

이고, $g(x)=f(x)-f(a)-f'(a)(x-a)$라 놓으면 $g'(x)=f'(x)-f'(a)$

이 식과 가정으로부터 $x<a$이면 $g'(x)<0$, $x>a$이면 $g'(a)>0$. 그러므로 $x=a$에서 최소입니다.

문제 33 (1) 구간 $x<1$에서 아래로 볼록, 구간 $1<x$에서 위로 볼록. 변곡점 $(1,2)$.

(2) 구간 $x<-\dfrac{1}{\sqrt{3}}$와 구간 $\dfrac{1}{\sqrt{3}}<x$에서 아래로 볼록, 구간 $-\dfrac{1}{\sqrt{3}}<x<\dfrac{1}{\sqrt{3}}$에서 위로 볼록. 변곡점 $\left(-\dfrac{1}{\sqrt{3}}, \dfrac{4}{9}\right), \left(\dfrac{1}{\sqrt{3}}, \dfrac{4}{9}\right)$.

(3) 구간 $-\dfrac{\pi}{2}<x<0$에서 위로 볼록. 구간

$0<x<\dfrac{\pi}{2}$에서 아래로 볼록. 변곡점 $(0,0)$.

문제 34　$f(x)$가 삼차함수이면 $f''(x)$는 일차함수. 그러므로 $f''(a)=0$이 되는 a가 단 1개 있고, a의 전후에서 f''의 부호가 변합니다.

문제 35　$g(x)=f(x)-f(a)-f'(a)(x-a)$라 두면 $g'(x)=f'(x)-f'(a)$. 가정에서 f'은 $x=a$에서 극소이므로, g'도 $x=a$에서 극소이고, $g'(a)=0$입니다. 그러므로 g'의 부호는 $x=a$의 전후에서 양이고, 따라서(a의 근방에서) 함수 g는 단조증가합니다. 따라서 $x<a$이면 $g(x)<0$, $x>a$이면 $g(x)>0$가 됩니다.

문제 36

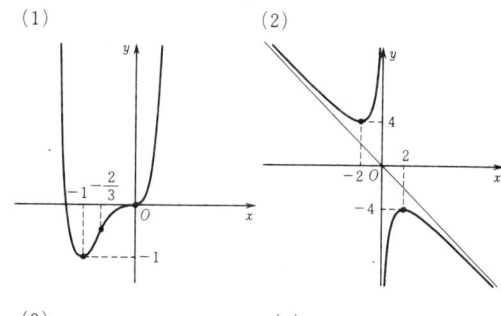

(1)　(2)

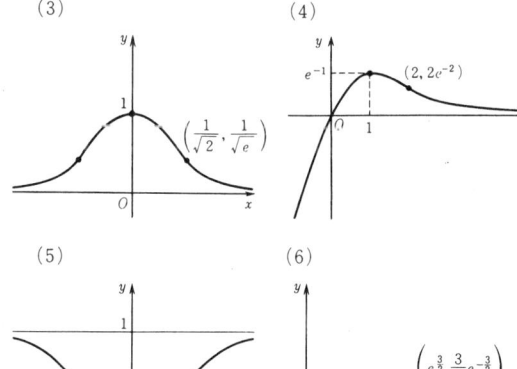

(3)　(4)

(5)　(6)

문제 37　1062페이지의 부등식(✳)에서

$$f(x)<f(a)+\frac{f(b)-f(a)}{b-a}(x-a)$$
$$=f(b)+\frac{f(b)-f(a)}{b-a}(x-b)$$

이것을 변형하면 됩니다.

문제 38　부등식(✳✳)에서 $t=\dfrac{1}{2}$로 놓습니다. 등호가 성립하는 것은 $a=b$일 때.

문제 39　$f''(x)=p(p-1)x^{p-2}>0$이므로, f는 아래로 볼로. 그러므로

$$\left(\frac{a+b}{2}\right)^p\le\frac{a^p+b^p}{2}$$

이 양변이 p제곱근을 취합니다.

문제 40　$0<p<1$일 때는 $f(x)$는 위로 볼록. 그러므로

$$\left(\frac{a+b}{2}\right)^p\ge\frac{a^p+b^p}{2}$$

이고 $f(x)=x^p$는 단조증가. 따라서

$$\frac{a+b}{2}\ge\left(\frac{a^p+b^p}{2}\right)^{\frac{1}{p}}$$

$p<0$일 때는 $f(x)$는 아래로 볼록. 그러므로

$$\left(\frac{a+b}{2}\right)^p\le\frac{a^p+b^p}{2}$$

이고, $f(x)=x^p$은 단조감소. 따라서

$$\frac{a+b}{2}\ge\left(\frac{a^p+b^p}{2}\right)^{\frac{1}{p}}$$

문제 41　힌트의 끝 부분에서

$$z=s_1x_1+\cdots+s_{n-1}x_{n-1}$$

이라 놓으면

$$f(t_1x_1+\cdots+t_nx_n)\le(1-t_n)f(z)+t_nf(x_n)$$

여기서 귀납법에서 가정의 부등식을 사용합니다.

문제 42　문제 41에서 $t_1=\cdots=t_n=\dfrac{1}{n}$로 놓습니다.

문제 43　$f(x)=\log x$가 $x>0$에서 위로 볼록이므로

$$\log\frac{x_1+\cdots+x_n}{n}\ge\frac{1}{n}(\log x_1+\cdots+\log x_n)$$
$$=\log(x_1\cdots x_n)^{\frac{1}{n}}$$

따라서 $\log x$가 증가함수임을 이용하면, 문제의 부등식을 얻습니다.

문제 44　(1)　극소점 : $x=-2,\,x=1$, 극대점 : $x=0$　(2)　극소점 : $x=-2$

문제 45　생략

문제 46　$\dfrac{dy}{dx}=\dfrac{3}{2}t$　(1)　$3x-2y-1=0$

(2)　$3x+y-4=0$　(3)　$12x-16y-1=0$

문제 47　(1)　$y-\dfrac{1}{2}a=\sqrt{3}\left\{x-a\left(\dfrac{\pi}{3}-\dfrac{\sqrt{3}}{2}\right)\right\}$

(2)　$y=2a$

(3)　$y-a\left(1+\dfrac{1}{\sqrt{2}}\right)$

$$= (1-\sqrt{2})\left\{x - a\left(\frac{5}{4}\pi + \frac{1}{\sqrt{2}}\right)\right\}$$

문제 48 계산에 의해 쉽게 확인됩니다.

문제 49 점 P의 좌표를 $(f(t), g(t))$라 하면 가정에 의해서

$$(f'(t))^2 + (g'(t))^2 = c^2$$

은 일정합니다. 이 양변을 미분하면,

$$2f'(t)f''(t) + 2g'(t)g''(t) = 0$$

그러므로 $\vec{v}(t) = (f'(t),\ g'(t))$와 $\vec{\alpha}(t) = (f''(t), g''(t))$는 수직입니다.

문제 50 (1) $(\sqrt{2}, \pi/4)$ (2) $(2, -\pi/6)$

(3) $(2, \pi)$ (4) $(2\sqrt{2}, -3\pi/4)$

문제 51 (1) $(\sqrt{2}, \sqrt{2})$ (2) $(\sqrt{3}, 3)$

(3) $(0, -1)$ (4) $(-4, 0)$

문제 52 문제 속에 이미 해답이 나와 있습니다.

문제 53 (1) 1006   (2) 3.002   (3) 0.504

(4) 0.5002

문제 54 생략

문제 55 생략

문제 56 $T=f(l)$이라 하면, 구해야 할 값은 $\varDelta T \doteqdot f'(l)\varDelta l$의 $l=20$, $\varDelta l=1$일 때의 값으로서

$$\varDelta T \doteqdot f'(20) = \frac{\pi}{140} = 0.022\cdots, \text{ 약 } 0.022초$$

문제 57 약 $\frac{5\pi}{36} = 0.436 \text{ cm}^2$증가합니다.

문제 58 $P(x) = (x-a)^k Q(x)$를 미분하면,

$$P'(x) = k(x-a)^{k-1}Q(x) + (x-a)^k Q'(x)$$
$$= (x-a)^{k-1}\{kQ(x) + (x-a)Q'(x)\}.$$

여기서 $Q_1(x) = kQ(x) + (x-a)Q'(x)$라 하면, $Q_1(a) = kQ(a) \neq 0$.

그러므로 a는 방정식 $P'(x)=0$의 $k-1$ 중근입니다.

문제 59 잉여항 R_n에 대하여

$$|R_n| = \frac{|f^{(n)}(\theta x)|}{n!}|x|^n \leq M\frac{|x|^n}{n!}$$

인 평가가 나옵니다. 1098페이지의 보조 정리를 사용합니다.

문제 60 $\sqrt{1+x} = 1 + \frac{1}{2}x - \frac{1}{8}x^2 + \frac{1}{16}x^3 - \cdots\cdots$

문제 61 (1) $\frac{1}{2}$ (2) $\frac{1}{6}$

(3) $1\ [\frac{1}{x} = t$라 놓으면 됩니다.$]$

(4) $\log a$ (5) $\log a - \log b$ (6) e^a

(7) 1   (8) $-\frac{1}{8}$ [로피탈의 정리를 써도 되고, 분모, 분자에 $\sqrt{1+x} + \left(1 + \frac{1}{2}x\right)$를 곱해도 됩니다.]

(9) $\frac{1}{3}$ (10) $y = \left(\frac{a^x + b^x}{2}\right)^{\frac{1}{x}}$이라 놓으면, $\log y = \frac{1}{x}\log\left(\frac{a^x + b^x}{2}\right)$. $x \to +0$일 때

$$\left\{\log\left(\frac{a^x + b^x}{2}\right)\right\}' \to$$
$$\frac{1}{2}(\log a + \log b) = \log\sqrt{ab}$$

그러므로 $x \to +0$일 때, $\log y \to \log\sqrt{ab}$.

따라서 $\displaystyle\lim_{x \to +0} y = \sqrt{ab}$

제 19 장

문제 1 생략

문제 2 (이하, 부정적분의 답에서 특히 필요하지 않으면, 적분상수는 생략합니다.)

$$\frac{1}{5}x^5,\ \frac{1}{6}x^6,\ \frac{1}{7}x^7,\ \frac{1}{101}x^{101}$$

문제 3 (1) $x^3 - 2x^2 - 2x$ (2) $x^2 + \frac{1}{4}x^4$

(3) $\frac{2}{3}x^3 - \frac{5}{2}x^2 + 3x$ (4) $\frac{1}{5}t^5 - \frac{3}{2}t^4$

(5) $\frac{1}{6}(2y+5)^3$ (6) $7y$

문제 4 $\frac{1}{3}x^3 - 2x^2 + 5$

문제 5 $F(x) = -x^3 + 2x^2 - x + 3$

문제 6 $a=1$, $f(x) = \frac{1}{4}x^4 - \frac{1}{2}x^2 - 2$

문제 7 (1) $-\frac{1}{x}$ (2) $\frac{1}{5x^5}$ (3) $2x\sqrt{x}$

(4) $-\frac{1}{4}x^{\frac{4}{3}}$ (5) $-\frac{2}{\sqrt{x}}$ (6) $8x^{\frac{3}{4}}$

문제 8 (1) $x - 4\sqrt{x} + \log x$

(2) $x + 2\log|x| - \frac{1}{x}$

(3) $-\frac{1}{x} - 2\log|x| + 3x - 2x^2$

(4) $\frac{2}{3}x\sqrt{x} + 3x + 6\sqrt{x} + \log x$

문제 9 (1) $-3\cos x - 4\sin x$

(2) $-\cos x + 2\sin x$ (3) $\tan x - \sin x$

(4) $4e^x + 5x$

문제 10 $\dfrac{a^x}{\log a}$

문제 11 (1) $\dfrac{1}{11}(x+2)^{11}$ (2) $-\dfrac{1}{20}(1-5x)^4$

(3) $\dfrac{1}{(1-2x)^3}$ (4) $\dfrac{1}{2}\log|2x-3|$

(5) $-\dfrac{2}{3}(4-x)^{\frac{3}{2}}$ (6) $\sqrt{2x+3}$

(7) $\dfrac{1}{(n+1)a}(ax+b)^{n+1}$ (8) $-\dfrac{1}{5}\cos 5x$

(9) $-2\sin\left(\dfrac{\pi}{3}-\dfrac{x}{2}\right)$

(10) $-\dfrac{1}{a}\cos(ax+b)$ (11) $\dfrac{1}{a}\sin(ax+b)$

(12) $-\dfrac{1}{4}e^{-4x}$ (13) $\dfrac{1}{a}e^{ax+b}$

문제 12 (1) $\dfrac{1}{8}(1+x^2)^4$ (2) $\dfrac{1}{15}(1+x^3)^5$

(3) $\dfrac{1}{2}\sin^2 x$ (4) $\dfrac{1}{3}\sin^3 x$ (5) $\dfrac{1}{6}\sin^6 x$

(6) $-\dfrac{1}{4}\cos^4 x$ (7) $\dfrac{1}{2}e^{x^2}$ (8) $\dfrac{1}{2}(\log x)^2$

(9) $\log(x^2+x+1)$ (10) $-\dfrac{1}{4}\log|1-x^4|$

(11) $-\log|\cos x|$ (12) $\log(1+e^x)$

문제 13 (1), (2) $\dfrac{2}{5}(x+2)(x-3)\sqrt{3-x}$

(3) $\dfrac{1}{3}(\log x)^3$ (4) $\sqrt{x^2+1}$

(5) $-\dfrac{1}{2(n-1)(x^2+1)^{n-1}}$

문제 14 (1) $-x\cos x + \sin x$

(2) $x\sin x + \cos x$ (3) $xe^x - e^x$

(4) $-xe^{-x} - e^{-x}$ (5) $-\dfrac{1}{2}xe^{-2x} - \dfrac{1}{4}e^{-2x}$

(6) $\dfrac{1}{2}x^2\log x - \dfrac{1}{4}x^2$ (7) $\dfrac{1}{3}x^3\log x - \dfrac{1}{9}x^3$

(8) $x(\log x)^2 - 2x\log x + 2x$

(9) $-x^2\cos x + 2x\sin x + 2\cos x$

(10) $(x^2-2x+2)e^x$

(11) $-\dfrac{1}{2}e^{-x}(\sin x + \cos x)$

(12) $\dfrac{1}{5}e^{2x}(\sin x + 2\cos x)$

문제 15 $I_n = x(\log x)^n - \displaystyle\int x\{(\log x)^n\}'\,dx$

$\qquad = x(\log x)^n - n\displaystyle\int(\log x)^{n-1}\,dx$

$\qquad = x(\log x)^n - nI_{n-1}$

문제 16 $\cos^2 x$ 를 $1-\sin^2 x$ 로 바꾼 결과는

$\qquad I_n = -\sin^{n-1}x\cos x + (n-1)(I_{n-2}-I_n)$

문제 17 (1) $-\dfrac{1}{14}\sin 7x + \dfrac{1}{2}\sin x$

(2) $\dfrac{1}{12}\sin 6x + \dfrac{1}{8}\sin 4x$

문제 18 (1) $x^2 + 2x + 2\log|x-1|$

(2) $\dfrac{1}{3}x^3 - x^2 + 3x - 4\log|x+2|$

(3) $\log\dfrac{(x-1)^2}{|x-2|}$ (4) $\dfrac{1}{4}\log\left|\dfrac{x-2}{x+2}\right|$

(5) $\dfrac{x^2}{2} - x + \dfrac{1}{3}\log|(x-1)(x+2)^8|$

(6) $\log\left|\dfrac{x}{x-1}\right| - \dfrac{3}{x-1}$

(7) $\dfrac{2}{\sqrt{3}}\arctan\dfrac{2x+1}{\sqrt{3}}$

(8) $\dfrac{1}{2}\log(x^2+x+1) - \dfrac{1}{\sqrt{3}}\arctan\dfrac{2x+1}{\sqrt{3}}$

(9) $-\dfrac{1}{x+1} + \dfrac{1}{2(x+1)^2}$

(10) $\dfrac{1}{2}\log\dfrac{x^2}{x^2+1} + \dfrac{1}{2(x^2+1)}$

문제 19 (1) $-\dfrac{1}{x}\log(1+x) + \log\left|\dfrac{x}{1+x}\right|$

(2) $\dfrac{1}{2}(x^2+1)\log(x^2+1) - \dfrac{x^2}{2}$

(3) $x - \log(e^x+1)$ (4) $\dfrac{1}{2}\log\left|\dfrac{e^x-1}{e^x+1}\right|$

(5) $2\sqrt{1+x} + \log\left|\dfrac{\sqrt{1+x}-1}{\sqrt{1+x}+1}\right|$

(6) $4\sqrt{x} - x - 4\log(1+\sqrt{x})$

문제 20 (1) 21   (2) $\dfrac{34}{3}$ (3) 9

(4) -4 (5) -4 (6) 0

문제 21 (1) 12   (2) $-\dfrac{1}{2}$ (3) 1

(4) $\dfrac{1}{3}$ (5) $\dfrac{1}{2}(e^2-e^{-2})$ (6) -1

문제 22 (1) $\dfrac{22}{3}$ (2) -1 (3) $\dfrac{11}{6}$

(4) 4 　(5) 2 　(6) $e-5+4\log 2$

문제 23 $k\neq0$ 이면

$$\int_{-\pi}^{\pi}\cos kx\,dx=\left[\frac{1}{k}\sin kx\right]_{-\pi}^{\pi}=0-0=0$$

다른 것도 마찬가지입니다.

문제 24 (1) $\sin mx\cos nx$

$$=\frac{1}{2}[\sin(m+n)x+\sin(m-n)x].$$

그러므로 $[-\pi,\pi]$에서의 적분은 0

(2) $\sin mx\sin nx$

$$=\frac{1}{2}[\cos(m-n)x-\cos(m+n)x].$$

우변의 [　]안의 제2항의 적분은 언제나 0, 제1항의 적분은 $m=n$일 때에만 2π, 다른 경우에는 0.

문제 25 (1) $\dfrac{\pi}{2}$ 　(2) $\dfrac{\pi}{6}$

문제 26 (1) 78 　(2) $\dfrac{1}{3}$ 　(3) 0 　(4) $\dfrac{1}{160}$

(5) $\dfrac{1}{2}(e-1)$ 　(6) 1

문제 27 (1) $\dfrac{9}{2}\pi$ 　(2) $a^2\left(\dfrac{\pi}{12}+\dfrac{\sqrt{3}}{8}\right)$ 　(3) $\dfrac{\pi}{6}$

문제 28 $a=0,\ b=-\dfrac{3}{5},\ c=0$

문제 29 등식의 좌변의 적분은

$$-2c\int_0^p(x^2-p^2)\,dx=\frac{4}{3}cp^3$$

이 됩니다.

문제 30 $\sin\left(\dfrac{\pi}{2}-x\right)=\cos x$를 사용하면 됩니다.

문제 31 힌트와 같이 m,p를 정하면 주어진 적분은

$$\int_{-p+m}^{p+m}(x-c)(x-m+p)(x-m-p)\,dx$$
$$=\int_{-p}^{p}(x+m-c)(x+p)(x-p)\,dx$$

이것이 0이 되는 것이므로, 문제 29에 의해 $c-m=0$, 즉 $c=m$이어야 합니다.

문제 32 (1) $\dfrac{\pi}{2}-1$ 　(2) π 　(3) 1

(4) $\dfrac{1}{9}(2e^3+1)$

문제 33 생략

문제 34 $\displaystyle\int_\alpha^\beta(x-\alpha)^n(x-\beta)\,dx$

$$=\left[\frac{1}{n+1}(x-\alpha)^{n+1}(x-\beta)\right]_\alpha^\beta$$
$$-\frac{1}{n+1}\int_\alpha^\beta(x-\alpha)^{n+1}dx$$
$$=-\left[\frac{1}{(n+1)(n+2)}(x-\alpha)^{n+2}\right]_\alpha^\beta$$
$$=-\frac{1}{(n+1)(n+2)}(\beta-\alpha)^{n+2}$$

문제 35 힌트와 같이 놓으면,

$$\int_0^1(1-x^2)^n\,dx=\int_0^{\frac{\pi}{2}}\cos^{2n}\theta\cdot\cos\theta\,d\theta$$
$$=\int_0^{\frac{\pi}{2}}\cos^{2n+1}\theta\,d\theta$$

이 됩니다.

문제 36 (1) $\displaystyle\int_0^1(1+x)^2\,dx=\frac{7}{3}$

(2) $\displaystyle\int_0^1 x^\alpha dx=\frac{1}{\alpha+1}$ 　(3) $\displaystyle\int_0^1\frac{dx}{1+x}=\log 2$

(4) $\displaystyle\int_0^1\sin\pi x\,dx=\frac{2}{\pi}$

(5) $\displaystyle\int_0^1\frac{dx}{\sqrt{1+x}}=2(\sqrt{2}-1)$

문제 37 힌트와 같이 분모, 분자를 $n^{(\alpha+1)(\beta+1)}$로 나누면, 분자는

$$\left(\frac{1^\alpha+2^\alpha+\cdots+n^\alpha}{n^{\alpha+1}}\right)^{\beta+1}$$

이 되어, (　)안의 극한은 $\dfrac{1}{\alpha+1}$. 따라서 분자의 극한은 $\dfrac{1}{(\alpha+1)^{\beta+1}}$. 마찬가지로, 분모의 극한은 $\dfrac{1}{(\beta+1)^{\alpha+1}}$. 그러므로 답은 $\dfrac{(\beta+1)^{\alpha+1}}{(\alpha+1)^{\beta+1}}$.

문제 38 예에서 증명된 부등식에서

$$1<\frac{1+\frac{1}{2}+\cdots+\frac{1}{n}}{\log n}<\frac{1}{\log n}+1$$

이 됩니다.

문제 39 $f(x)\leqq|f(x)|$에서 $\displaystyle\int_a^b f\leqq\int_a^b|f|$, $-f(x)\leqq|f(x)|$에서 $\displaystyle-\int_a^b f\leqq\int_a^b|f|$

증명해야 할 부등식의 좌변은, 위의 두 부등식의 좌변의 어느 하나입니다. 그러므로 결론을 얻습니다.

문제 40 $[a, b]$에서 f의 최소점, 최대점을 s, t라 하면, 힌트에 의해서
$$f(s) < K < f(t)$$
입니다. 그러므로 중간값의 정리에서 구간 (s, t)에 $f(c) = K$가 되는 c가 존재합니다.

문제 41 $[a, b]$에서 $(f(x))^2$, $f(x)g(x)$, $(g(x))^2$의 적분을 각각 A, B, C라 하면 힌트에서
$$Ak^2 + 2Bk + C \geqq 0$$
이고, 이것은 모든 실수 k에 대하여 성립합니다. 그러므로 $B^2 - AC \leqq 0$입니다.

제 20 장

문제 1 (1) $\dfrac{4}{3}$ (2) $\dfrac{3}{4}$ (3) $\dfrac{1}{12}$ (4) $\dfrac{32}{3}$

(5) $\dfrac{32}{3}$ (6) $\dfrac{1}{3}$ (7) 6 (8) $\dfrac{1}{\sqrt{2}}$

(9) $\sqrt{2} - 1$ (10) 6 (11) $\dfrac{15}{8} - 2\log 2$

문제 2 (1) $e - 1$ (2) 1 (3) $e(e - 2)$

문제 3 $y = ax^2$과 x축 사이의 구간 $[0, c]$에서의 넓이는
$$\int_0^c ax^2 dx = \frac{a}{3}c^3 = \frac{1}{3}c \cdot ac^2$$
이고, 이것은 그림의 직사각형 $ROQP$의 넓이의 $\dfrac{1}{3}$ 입니다.

문제 4 $ax^2 + bx + c = a(x - \alpha)(x - \beta)$이므로, 앞 장의 문제 33에 의해서
$$\int_\alpha^\beta (ax^2 + bx + c)dx = -\frac{a}{6}(\beta - \alpha)^3$$
여기에서 S에 관한 제1식이 얻어집니다. 제2식은 $\beta - \alpha = \dfrac{\sqrt{D}}{|a|}$ 인 것에서 나옵니다.

문제 5 (1) $\dfrac{14\sqrt{14}}{13}$ (2) $72\sqrt{2}$

문제 6 $\dfrac{27}{4}$

문제 7 접선의 방정식은 $y = \dfrac{x}{e}$ 이고, 구하는 넓이는
$$\frac{e}{2} - \int_1^e \log x\, dx = \frac{e}{2} - 1$$

문제 8 A, B에서의 접선의 방정식은
$$y = 2ax - a^2, \quad y = 2bx - b^2$$
이고, 그 교점은
$$Q\left(\frac{a+b}{2}, ab\right) \quad \text{또,} \quad M\left(\frac{a+b}{2}, \frac{a^2 + b^2}{2}\right)$$

(1) M, Q의 x좌표가 같다는 데서 나옵니다.

(2) P의 좌표는 $\left(\dfrac{a+b}{2}, \left(\dfrac{a+b}{2}\right)^2\right)$이고, 이 y좌표는 M, Q의 y좌표의 합의 $\dfrac{1}{2}$

(3) $S_1 = \dfrac{(b-a)^3}{6}$ (3) (문제 4의 공식에서)

(4) $S_2 = \displaystyle\int_a^{\frac{a+b}{2}} \{x^2 - (2ax - a^2)\}dx$
$$+ \int_{\frac{a+b}{2}}^b \{x^2 - (2bx - b^2)\}dx$$
$$= \int_a^{\frac{a+b}{2}}(x - a)^2 dx + \int_{\frac{a+b}{2}}^b (x - b)^2 dx$$
$$= \left[\frac{1}{3}(x - a)^3\right]_a^{\frac{a+b}{2}} + \left[\frac{1}{3}(x - b)^3\right]_{\frac{a+b}{2}}^b$$
$$= \frac{(b-a)^3}{12}$$

(5) $S_3 = \dfrac{1}{2}(S_1 + S_2) = \dfrac{(b-a)^3}{8}$

(6) $S_1 : S_2 : S_3 = 4 : 2 : 3$

문제 9 $S_1 + S_2 = \dfrac{16}{3}$, $S_1 = \dfrac{13}{6}$, $S_1 : S_2 = 13 : 19$

문제 10 포물선 $y^2 = 4x$의 초점은 $\left(0, \dfrac{1}{4}\right)$. 또, 포물선 $ax = y^2 + by$의 초점은 $\left(\dfrac{a}{4} - \dfrac{b^2}{4a}, -\dfrac{b}{2}\right)$ 양자가 일치하는 것으로부터 $a = \dfrac{1}{2}$, $b = -\dfrac{1}{2}$. 넓이 S는
$$S = \int_0^1 (x - x^2)dx + \int_0^1 \{y - (2y^2 - y)\}dy = \frac{1}{2}$$

문제 11 점 $(1, 2)$를 지나고 기울기 m인 직선 $y = m(x - 1) + 2$와 포물선 $y = x^2$과의 교점의 x좌표는 이차방정식
$$x^2 - mx + (m - 2) = 0$$
의 근이고, 문제 4에 의해서
$$S = \frac{D^{\frac{3}{2}}}{6}, \quad D = m^2 - 4m + 8$$
D(따라서 S)를 최소로 하는 m은 $m = 2$. 이 때, $S = \dfrac{4}{3}$

문제 12 $S = 2\int_{-a}^{a} y\, dx = 2\int_{\pi}^{0} b\sin\theta\cdot(-a\sin\theta)\,d\theta$

$$= 2ab\int_{0}^{\pi}\sin^2\theta\,d\theta = ab\left[\theta - \frac{1}{2}\sin 2\theta\right]_{0}^{\pi}$$

$$= \pi ab$$

문제 13 (1) $a > 1$ 이면,

$$\int_{h}^{1}\frac{dx}{x^{\alpha}} = \left[-\frac{1}{\alpha-1}\cdot\frac{1}{x^{\alpha-1}}\right]_{h}^{1}$$

$$= \frac{1}{\alpha-1}\left(\frac{1}{h^{\alpha-1}}-1\right)$$

$\alpha > 1$, 따라서 $\alpha-1 > 0$이므로, $h \to 0$일 때 이것은 $+\infty$로 발산합니다.

(2) $0 < \alpha < 1$이면

$$\int_{h}^{1}\frac{dx}{x^{\alpha}} = \left[\frac{x^{1-\alpha}}{1-\alpha}\right]_{h}^{1} = \frac{1}{1-\alpha}(1-h^{1-\alpha})$$

$0 < \alpha < 1$, 따라서 $1-\alpha > 0$이므로, $h \to 0$일 때 이 값은 $\frac{1}{(1-\alpha)}$에 수렴합니다. 그러므로

$$\int_{0}^{1}\frac{dx}{x^{\alpha}} = \frac{1}{1-\alpha}$$

문제 14 힌트와 같이 $x = \sin\theta$로 놓고, $h = \sin\beta$라 하면,

$$\int_{0}^{h}\frac{dx}{\sqrt{1-x^2}} = \int_{0}^{\beta}\frac{\cos\theta}{\cos\theta}\,d\theta = \beta$$

$h \to 1$일 때 $\beta = \arcsin h \to \frac{\pi}{2}$.

문제 15 (1) $b \to \infty$일 때

$$\int_{1}^{b}\frac{dx}{x^{\alpha}} = \frac{1}{1-\alpha}(b^{1-\alpha}-1) \to \infty$$

(2) $b \to \infty$일 때

$$\int_{1}^{b}\frac{dx}{x^{\alpha}} = \frac{1}{\alpha-1}\left(1-\frac{1}{b^{\alpha-1}}\right) \to \frac{1}{\alpha-1}$$

그러므로 $\int_{1}^{\infty}\frac{dx}{x^{\alpha}} = \frac{1}{\alpha-1}$

문제 16 (1) 1   (2) 1

(3) 부정적분은 $F(x) = -e^{-x}(x^2+2x+2)$ 이고 $F(0) = -2, \lim_{b\to\infty}F(b) = 0$. 그러므로

$$\int_{0}^{\infty}x^2 e^{-x}dx = [F(x)]_{0}^{\infty} = 2$$

(4) 부정적분은 $F(x) = -\frac{1}{x}(\log x + 1)$ 이고, $F(1) = -1, \lim_{b\to\infty}F(b) = 0$. 따라서

$$\int_{1}^{\infty}\frac{\log x}{x^2}dx = [F(x)]_{1}^{\infty} = 1$$

문제 17 $\int_{-a}^{a}\frac{1}{2}(a^2-x^2)\,dx = \frac{2}{3}a^3$

문제 18 $\frac{1}{3}\pi m^2 h^3$. 이것은 밑넓이 $\pi m^2 h^2$ 과 높이 h의 곱의 $\frac{1}{3}$ 과 같습니다.

문제 19 (1) $\frac{4}{3}\pi ab^2$ (2) $\frac{4}{3}\pi a^2 b$ (3) $\frac{16}{15}\pi h^5$

(4) $\frac{1}{2}\pi h^4$ (5) $\frac{1}{30}\pi(b-a)^5$ (6) $\frac{\pi^2}{2}$

(7) $\frac{\pi}{2}$

문제 20 $\frac{32\pi}{3}$

문제 21 $\frac{\pi}{15}$

문제 22 $\pi\int_{-\frac{r}{2}}^{r}(r^2-x^2)\,dx - \frac{\pi}{3}\left(\frac{\sqrt{3}\,r}{2}\right)^2\frac{r}{2} = \pi r^3$

문제 23 구하는 양은

$$\pi\int_{0}^{r\sin 15°}(r^2-x^2)\,dx = \frac{9\sqrt{6}-7\sqrt{2}}{48}\pi r^3 \text{ (cm}^3)$$

문제 24 구를 $y = \sqrt{r^2-x^2}$이 x축 둘레로 회전하여 생긴 것으로 하고, 두 평면은 x좌표가 각각 $x_1, x_2(x_1 < x_2)$인 점에서 x축과 수직이라 하면, 문제의 부피는

$$V = \pi\int_{x_1}^{x_2}(r^2-x^2)\,dx$$

이고, 여기에서

$$x_2 - x_1 = h, \; r_1{}^2 + x_1{}^2 = r_2{}^2 + x_2{}^2 = r^2$$

이므로

$$V = \frac{\pi h}{3}(3r^2 - x_1{}^2 - x_1 x_2 - x_2{}^2)$$

$$= \frac{\pi h}{6}\{3(r^2-x_1{}^2) + 3(r^2-x_2{}^2) + (x_2-x_1)^2\}$$

$$= \frac{\pi h}{6}(3r_1{}^2 + 3r_2{}^2 + h^2)$$

문제 25 $V = \pi\int_{\frac{\pi}{2}}^{0}x^2(-\sin x)\,dx$이고, 이하 부분적분법을 2회 실행하면 $V = \pi(\pi-2)$를 얻습니다.

문제 26 (1) $\int_{0}^{a}\sqrt{1+\left(\frac{dy}{dx}\right)^2}\,dx$

$$= \frac{1}{2}\int_{0}^{a}(e^x + e^{-x})\,dx = \frac{1}{2}(e^a - e^{-a})$$

(2) $\frac{1}{4}[2\sqrt{5} + \log(2+\sqrt{5})]$

문제 27 $6a$

문제 28 $\sqrt{2}(e-1)$

문제 29 (1) $v(t)=27-1.8t=0$이라 하면 $t=15$, 또, $\int_0^{15} v(t)dt=202.5$. 그러므로 15초 후에 202.5m 달려서 정지합니다.

(2) T초 후에 180m 나아간다고 하면,
$$\int_0^T v(t)dt=27T-0.9T^2=180.$$
여기에서 $T=10,20$. 그러나 (1)에서 $T=20$은 문제의 뜻에 적합하지 않습니다. 그러므로
$$T=10$$

문제 30 (1) 35.1 m, 51.6 m (2) 약 55.92 m

(3) 약 64.34 m

문제 31 (1) $y=\dfrac{1}{3}x^3+C$ (2) $y=2\sqrt{x}+C$

(3) $y=-\dfrac{1}{3}e^{-3x}+C$

문제 32 (1) $y=\dfrac{1}{3}x^3+2$ (2) $y=5e^{3x}$

(3) $y=\dfrac{1}{2}(1-\cos 2x)$

문제 33 $y=y_0 e^{k(x-x_0)}$

문제 34 처음 양을 C라 하면 $y=Ce^{-\frac{t}{2}}$. 구하는 시각은 $Ce^{-\frac{t}{2}}=\dfrac{1}{2}C$에서 $t=\log 4$(초후)

문제 35 $20e^2$ 그램

문제 36 $y=Ce^{kt}$에서 $Ce^{10k}=2C$

(1) $k=\dfrac{\log 2}{10}$ (2) $t=\dfrac{10\log 10}{\log 2}$

문제 37 $x=100e^{-kt}$, $50=100e^{-40k}$.

그러므로 $k=\dfrac{\log 2}{40}$.

(1) $x=50\sqrt{2}$ (2) $t=\dfrac{40\log 10}{\log 2}$

문제 38 (1) $y'=2x$ (2) $y'=\dfrac{2y}{x}$ 또는 $xy'=2y$

(3) $y'=-y^2$

(4) $y'=-\dfrac{x}{y}$ 또는 $yy'=-x$

문제 39 (1) $y=Ce^{\frac{x^2}{2}}$ (2) $y=\dfrac{C}{x}$

(3) $y=Cx+1$ (4) $\dfrac{x^2}{2}+y^2=C$ ($C>0$)

(5) $y=\dfrac{1+Ce^{2x}}{1-Ce^{2x}}$ 및 $y=-1$[단, $y=-1$은 전자에서 $C\to\infty$로 했을 경우로 생각할 수 있습니다.]

문제 40 (1) $y=3e^{\frac{1}{2}x^2}+1$ (2) $y=5(x^2+1)$

문제 41 이외에도 해가 있습니다. 실제, a를 임의의 양의 상수라 하고, 함수 $f(x)$를
$$f(x)=\begin{cases} 0 & 0\leq x\leq a\text{일 때} \\ \dfrac{1}{4}(x-a)^2, & a\leq x\text{일 때} \end{cases}$$
로 정의하면, $y=f(x)$는 미분방정식의 주어진 초기조건을 만족하는 해입니다.

문제 42 $P(x,y)$에서의 접선의 방정식은 (X,Y)를 접선 위의 좌표로 하면,
$$Y-y=\dfrac{dy}{dx}(X-x)$$
로 나타내집니다. 가정으로부터 $X=0$일 때 $Y=2y$이므로, 여기에서 미분방정식 $xy'=-y$를 얻습니다. 이것을 풀면 $xy=C$, C는 0이 아닌 임의의 상수.

문제 43 쌍곡선 $x^2-y^2=C$ (C는 0이 아닌 임의의 상수) 및 두 직선 $(x-y)(x+y)=0$. [두 직선은 쌍곡선의 방정식에서 $C=0$으로 놓은 경우로도 생각할 수 있습니다.]

문제 44 타원 $\dfrac{x^2}{3a^2}+\dfrac{y^2}{a^2}=1$ 및 직선 $x=0$

문제 45 (1) $V=\pi\int_{-R}^{x-R}(R^2-u^2)du$
$$=\pi(Rx^2-\dfrac{1}{3}x^3)$$

(2) 가정으로부터 $\dfrac{dV}{dt}=-k\sqrt{x}$.

한편 $\dfrac{dV}{dt}=\pi(2Rx-x^2)\dfrac{dx}{dt}$.

그러므로 $-\dfrac{dx}{dt}=\dfrac{k}{\pi\sqrt{x}(2R-x)}$

(3) (2)에서 얻은 식을 초기조건 "$t=0$일 때 $x=2R$"로 돌아가서 풀면,
$$\pi\left(\dfrac{4R}{3}-\dfrac{2}{5}x\right)x\sqrt{x}$$
$$=-kt+\dfrac{16\sqrt{2}}{15}\pi R^2\sqrt{R}$$

(4) 위의 식에서 $x=R$라 놓으면
$$t=\dfrac{2(8\sqrt{2}-7)}{15}\cdot\dfrac{\pi R^2\sqrt{R}}{k}$$

문제 46 양변을 x로 미분하면 $f'(x)=f(x)+1$,
즉 $y'=y+1$. 이로부터 $y=Ce^x-1$. 또 $x=0$
일 때 $f(0)=2$. 그러므로 $C=3$.
따라서 $y=f(x)=3e^x-1$

문제 47 생략

문제 48 3만 밝힙니다.
$y=e^{ax}\sin bx$, $y=e^{ax}\cos bx$인 경우에 밝히면
충분합니다. $y=e^{ax}\sin bx$인 경우에는

$$y''+py'+qy=(a^2-b^2+pa+q)\,e^{ax}\sin bx$$
$$+(2ab+pb)\,e^{ax}\cos bx.$$

이고, $a+bi$가 이차방정식 $X^2+pX+q=0$의
근이라는 사실에서

$$(a+bi)^2+p(a+bi)+q$$
$$=(a^2-b^2+pa+q)+(2ab+pb)\,i=0$$

따라서 $a^2-b^2+pa+q=0,\ 2ab+pb=0$
그러므로 $y''+py'+qy=0$ 이 됩니다.
$y=e^{ax}\cos bx$인 경우도 같습니다.

문제 49 (1) $y=C_1e^x+C_2e^{-x}$

(2) $y=C_1\sin x+C_2\cos x$

(3) $y=C_1xe^{3x}+C_2e^{3x}$

(4) $y=\pi(\sin \pi x+\cos \pi x)$

(5) $y=e^x+2e^{-2x}$

(6) $y=2e^{-2x}\sin 3x-e^{-2x}\cos 3x$

제 21 장

문제 1 (1) 2×2. 제1행 (2 0), 제2행 (−5 9).
제1열 $\begin{bmatrix}2\\-5\end{bmatrix}$, 제2열 $\begin{bmatrix}0\\9\end{bmatrix}$

(2) 2×3. 제1행 (−1 −2 3),
제2행 (4 5 −6)
제1열 $\begin{bmatrix}-1\\4\end{bmatrix}$, 제2열 $\begin{bmatrix}-2\\5\end{bmatrix}$, 제3열 $\begin{bmatrix}3\\-6\end{bmatrix}$
성분 $-2, 3, 4, -6$

문제 2 (1) $x=3,\ y=-1,\ z=-1,\ w=2$

(2) $x=1,\ y=2,\ z=-1,\ w=3$

문제 3 (1) $\begin{bmatrix}3 & -3\\-1 & 3\end{bmatrix}$ (2) $\begin{bmatrix}-1 & -1\\9 & 3\end{bmatrix}$

(3) $\begin{bmatrix}3 & -6\\12 & 9\end{bmatrix}$ (4) $\begin{bmatrix}-4 & 2\\10 & 0\end{bmatrix}$

(5) $\begin{bmatrix}7 & -5\\-11 & 3\end{bmatrix}$ (6) $\begin{bmatrix}0 & -3\\13 & 6\end{bmatrix}$

문제 4 (1) $\begin{bmatrix}0 & 6 & 6\\1 & 2 & -5\end{bmatrix}$ (2) $\begin{bmatrix}2 & -2 & 0\\-3 & 2 & 5\end{bmatrix}$

(3) $\begin{bmatrix}3 & 6 & 9\\-3 & 6 & 0\end{bmatrix}$ (4) $\begin{bmatrix}2 & -8 & -6\\-4 & 0 & 10\end{bmatrix}$

(5) $\begin{bmatrix}-2 & 14 & 12\\5 & 2 & -15\end{bmatrix}$ (6) $\begin{bmatrix}3 & 0 & 3\\-4 & 4 & 5\end{bmatrix}$

문제 5 전반: ${}^t\!A=\begin{bmatrix}1 & 4\\-2 & 3\end{bmatrix}$, ${}^t\!B=\begin{bmatrix}2 & -5\\-1 & 0\end{bmatrix}$

후반: ${}^t\!A=\begin{bmatrix}1 & -1\\2 & 2\\3 & 0\end{bmatrix}$, ${}^t\!B=\begin{bmatrix}-1 & 2\\4 & 0\\3 & -5\end{bmatrix}$

문제 6 생략

문제 7 분명히 임의의 정사각행렬 A에 대하여
${}^t({}^t\!A)=A$이므로 $B=A+{}^t\!A,\ C=A-{}^t\!A$라 놓으면

$${}^t\!B={}^t\!A+{}^t({}^t\!A)={}^t\!A+A=B$$
$${}^t\!C={}^t\!A-{}^t({}^t\!A)={}^t\!A-A=-C$$

문제 8 (1) $\begin{bmatrix}0 & 10\\10 & 0\end{bmatrix}$ (2) $\begin{bmatrix}-5 & 10\\3 & -8\end{bmatrix}$

(3) $\begin{bmatrix}1 & 0\\0 & 1\end{bmatrix}$ (4) $\begin{bmatrix}-1\\29\end{bmatrix}$

(5) $(-20\ \ 21)$ (6) $\begin{bmatrix}-8 & 10\\-12 & 15\end{bmatrix}$

(7) $\begin{bmatrix}-3\\11\end{bmatrix}$ (8) -18

문제 9 $A^n=\begin{bmatrix}1 & 2^n-1\\0 & 2^n\end{bmatrix}$

문제 10 $A^n=\begin{bmatrix}1 & n & n(n+1)/2\\0 & 1 & n\\0 & 0 & 1\end{bmatrix}$

문제 11 (1) 모두 $\begin{bmatrix}12 & 1\\-9 & 13\end{bmatrix}$

(2) 모두 $\begin{bmatrix}0 & 4\\6 & 16\end{bmatrix}$

(3) 모두 $\begin{bmatrix}25\\1\end{bmatrix}$

문제 12 (1) $\begin{bmatrix}-3 & 2\\0 & 1\end{bmatrix}$ (2) $\begin{bmatrix}-1 & 1\\3 & -1\end{bmatrix}$

(3) $\begin{bmatrix} 19 & -12 \\ -4 & 3 \end{bmatrix}$ (4) $\begin{bmatrix} 21 & -13 \\ -1 & 1 \end{bmatrix}$

문제 13 $x=5,\ y=2$

문제 14 $A=\begin{bmatrix} a & b \\ c & d \end{bmatrix}$ 가 $x=\begin{bmatrix} 1 & 0 \\ 0 & 0 \end{bmatrix}$ 과 가환이

므로 $b=0,\ c=0$을 얻고 $x=\begin{bmatrix} 0 & 0 \\ 1 & 0 \end{bmatrix}$ 과 가환

이므로 $a=d$를 얻습니다.

문제 15 $x=y=-1$

문제 16 (1)은 계산으로 쉽게 증명됩니다. (2), (3)은 (1)에서 나옵니다.

문제 17 힌트와 같이 하면
$$\{(ad-bc)-(a+d)^2\}A$$
$$+(ad-bc)(a+d)E=O$$

그러므로 "$A=kE$" 또는 "윗식의 A, E의 계수는 모두 0입니다. 전자의 경우는
$$A^3=k^3E=O$$
에서 $k=0$. 따라서 $A=O$.

그러므로 $A^2=O$

후자의 경우는
$$(ad-bc)-(a+d)^2=0$$
$$(ad-bc)(a+d)=0$$
에서 $ad-bc=0$이고 $a+d=0$. 그러므로 문제 16의 등식에서 $A^2=O$을 얻는다.

문제 18 생략

문제 19 (1) $\begin{bmatrix} 2 & 1 \\ 5 & 3 \end{bmatrix}$,   (2) $\begin{bmatrix} -3/4 & 1/4 \\ 1 & 0 \end{bmatrix}$

(3) $\begin{bmatrix} 0 & -1 \\ -1 & 0 \end{bmatrix}$ (4) 갖지 않는다.

문제 20 $(AB)(B^{-1}A^{-1})=A(BB^{-1})A^{-1}=AEA^{-1}$
$$=AA^{-1}=E.$$

따라서 $B^{-1}A^{-1}$는 AB의 역행렬입니다.

문제 21 공식에서 바로 증명됩니다.

문제 22 (1) $A^{-1}=\dfrac{1}{a-b}\begin{bmatrix} a & -b \\ -b & a \end{bmatrix}\in M$

(2) 수학적 귀납법에 의합니다. 한 개의 자연수 k에 대하여
$$A^k=\begin{bmatrix} a_k & b_k \\ b_k & a_k \end{bmatrix}\in M,\ \text{즉}\ a_k+b_k=1,\ a_k\ne b_k$$
라고 가정하면,

$$A^{k+1}=\begin{bmatrix} a_ka+b_kb & a_kb+b_ka \\ b_ka+a_kb & b_kb+a_ka \end{bmatrix}$$

여기서 $a_ka+b_kb=a_{k+1},\ a_kb+b_ka=b_{k+1}$로 놓으면, $A^{k+1}=\begin{bmatrix} a_{k+1} & b_{k+1} \\ b_{k+1} & a_{k+1} \end{bmatrix}$에서

$$a_{k+1}+b_{k+1}=(a_k+b_k)(a+b)=1,$$
$$a_{k+1}-b_{k+1}=(a_k-b_k)(a-b)\ne 0.$$

그러므로 $A^{k+1}\in M$

문제 23 $\varDelta=\pm 1$이면 $A^{-1}=\pm\begin{bmatrix} d & -b \\ -c & a \end{bmatrix}$이므

로, A^{-1}도 정수성분의 행렬입니다. 역으로
$$A^{-1}=\begin{bmatrix} d/\varDelta & -b/\varDelta \\ -c/\varDelta & a/\varDelta \end{bmatrix}$$

가 정수성분의 행렬이면,
$$\frac{d}{\varDelta}\cdot\frac{a}{\varDelta}-\left(-\frac{b}{\varDelta}\right)\left(-\frac{c}{\varDelta}\right)=\frac{ad-bc}{\varDelta^2}=\frac{1}{\varDelta}$$

은 정수이므로, $\varDelta=\pm 1$ 이어야 합니다.

문제 24 (1) $x=-4,\ y=5$ (2) $x=3,\ y=23$

문제 25 $-a_{12}\det(A_{12})+a_{22}\det(A_{22})-a_{32}\det(A_{32})$,
$a_{13}\det(A_{13})-a_{23}\det(A_{23})+a_{33}\det(A_{33})$

문제 26 (1) -20 (2) -28 (3) 1155
(4) -360 (5) 13 (6) 0

문제 27 (1) -6 (2) 24 (3) 0
(4) $a_{11}a_{22}a_{33}$

문제 28 (1) 1 (2) -18 (3) 0 (4) 0
(5) 0 (6) -15

문제 29 (1) $(a+2)(a-1)^2$ (2) $-(a-b)^2$
(3) $-(a+b+c)(a^2+b^2+c^2-bc-ca-ab)$
(4) $(b-a)(c-a)(c-b)$

문제 30 $\det(kA)=k^3\det A$

문제 31 $\vec{a}=\sum\limits_{i=1}^{n}k_i\vec{a_i}$ 라 하면
$$\det(\vec{a},\ \vec{b},\ \vec{c})=\sum\limits_{i=1}^{n}k_i\det(\vec{a_i},\ \vec{b},\ \vec{c})$$

문제 32 $D1$ 및 $D2$에 의합니다.

문제 33 (1) $\det(\vec{b},\ \vec{c},\ \vec{a})=-\det(\vec{b},\ \vec{a},\ \vec{c})$
$$=\det(\vec{a},\ \vec{b},\ \vec{c})=D$$

(2) $D1$을 써서 $\det(\vec{a}+\vec{b},\ \vec{b}+\vec{c},\ \vec{c}+\vec{a})$ 을 전개하면 8개의 행렬식의 합이 되지만 $D2$에 의해 그 중의 6개는 0입니다. 결과는

$$\det(\vec{a}+\vec{b},\ \vec{b}+\vec{c},\ \vec{c}+\vec{a})$$
$$=\det(\vec{a},\ \vec{b},\ \vec{c})+\det(\vec{b},\ \vec{c},\ \vec{a})=2D$$

문제 34 (1) $x=11,\ y=-5$

(2) $x=-4,\ y=-10$

문제 35 생략

문제 36 생략

문제 37 (1) $x=-5,\ y=7,\ z=3$

(2) $x=4,\ y=-3,\ z=-2$

문제 38 계산으로 쉽게 확인됩니다.

문제 39 (a)는 행렬의 곱의 행렬식에 관한 정리에서 알 수 있습니다.

(c)의 변형. $BA=(BA)(BC)=B(A(BC))$
$$=B((AB)C)=B(EC)=BC$$
$$=E$$

문제 40 구하는 삼각형의 넓이는 벡터 $(x_2-x_1,\ y_2-y_1)$, $(x_3-x_1,\ y_3-y_1)$으로 이루어지는 평행사변형의 넓이의 $\frac{1}{2}$입니다. 이것과 행렬식의 성질

$$\begin{vmatrix} 1 & 1 & 1 \\ x_1 & x_2 & x_3 \\ y_1 & y_2 & y_3 \end{vmatrix}=\begin{vmatrix} 1 & 0 & 0 \\ x_1 & x_2-x_1 & x_3-x_1 \\ y_1 & y_2-y_1 & y_3-y_1 \end{vmatrix}$$

을 사용하면, 결론이 나옵니다.

문제 41 세 점이 동일 직선 위에 있는 것은, 앞 문제의 넓이가 0이 되는 경우뿐입니다.

문제 42 38

문제 43 네 점이 동일 평면 위에 있는 것은, 벡터

$$\begin{bmatrix} x_2-x_1 \\ y_2-y_1 \\ z_2-z_1 \end{bmatrix},\quad \begin{bmatrix} x_3-x_1 \\ y_3-y_1 \\ z_3-z_1 \end{bmatrix},\quad \begin{bmatrix} x_4-x_1 \\ y_4-y_1 \\ z_4-z_1 \end{bmatrix}$$

이 일차종속인 것과 동치입니다. 그리고 행렬식의 성질로부터 문제로 주어진 행렬식은 제2열, 제3열, 제4열에서 각각 제1열을 빼고, 제1행에 관하여 전개하면, 삼차의 행렬식

$$\begin{vmatrix} x_2-x_1 & x_3-x_1 & x_4-x_1 \\ y_2-y_1 & y_3-y_1 & y_4-y_1 \\ z_2-z_1 & z_3-z_1 & z_4-z_1 \end{vmatrix}$$

과 같아집니다.

문제 44 가정으로부터

$$f(0)=\begin{vmatrix} 1 & 1 & 1 & 1 \\ a_1 & a_2 & a_3 & a_4 \\ b_1 & b_2 & b_3 & b_4 \\ c_1 & c_2 & c_3 & c_4 \end{vmatrix},\quad f(1)=\begin{vmatrix} 1 & 1 & 1 & 1 \\ a_2 & a_3 & a_4 & a_1 \\ b_2 & b_3 & b_4 & b_1 \\ c_2 & c_3 & c_4 & c_1 \end{vmatrix}$$

이지만, 행렬식 $f(1)$의 제4열을 잇따라 제3열, 제2열, 제1열과 바꿔 놓으면 부호가 3회 바뀌어서 행렬식 $f(0)$으로 고쳐집니다. 따라서 $f(1)=-f(0)$입니다. 그러므로 $f(0)$과 $f(1)$은 서로 다른 부호입니다. 따라서 연속함수에 관한 중간값의 정리에 의해서, 0과 1사이에 $f(t)=0$이 되는 t가 적어도 하나 존재합니다. 그 시각 t에서 네 점 P_1, P_2, P_3, P_4는 동일 평면 위에 있습니다.

지은이 ● 마츠자카 가즈오 (松坂和夫)

일본의 수학자, 1927년 도쿄 출생, 도쿄대 졸업.
닛쿄대 명예교수. 지은책으로 『대수에의 출발』
『선형 대수 입문』 등이 있다.
이 책은 저자가 그간의 연구와 교육을 종합하여
수학의 기초부터 새롭게 이해하는 '새로운 수학 교과서'로
집필한 것이다.

옮긴이 ● 김태성 (金泰星)

서울대학교 문리과대학 졸업.
미국 오리건주립대학교 대학원 졸업, 이학박사.
국립철도고등학교 · 경동고등학교 수학교사 역임.
현재 원광대학교 자연과학대 통계학과 교수.
저서로 『대학수학』 등이 있음.

Super mathematics

수학독본

제 ❺ 권 미분법의 응용/적분법/적분법의 응용 행렬과 행렬식

지은이 ● 마츠자카 가즈오(松坂和夫)
옮긴이 ● 김태성(金泰星)
펴낸이 ● 김언호
펴낸곳 ● (주)도서출판 한길사

등록 ● 1976년 12월 24일 (제74호)
주소 ● 10881 경기도 파주시 광인사길 37
홈페이지 ● www.sonyunhangil.co.kr
전자우편 ● sonyunhangil@hangilsa.co.kr
전화 ● 031-955-2000~3
팩스 ● 031-955-2005

제1판 제 1쇄 1994년 1월 20일
제1판 제18쇄 2022년 2월 18일

값 12,000원
ISBN 89-356-4041-6 54410
        89-356-4043-3 (세트)

Super mathematics

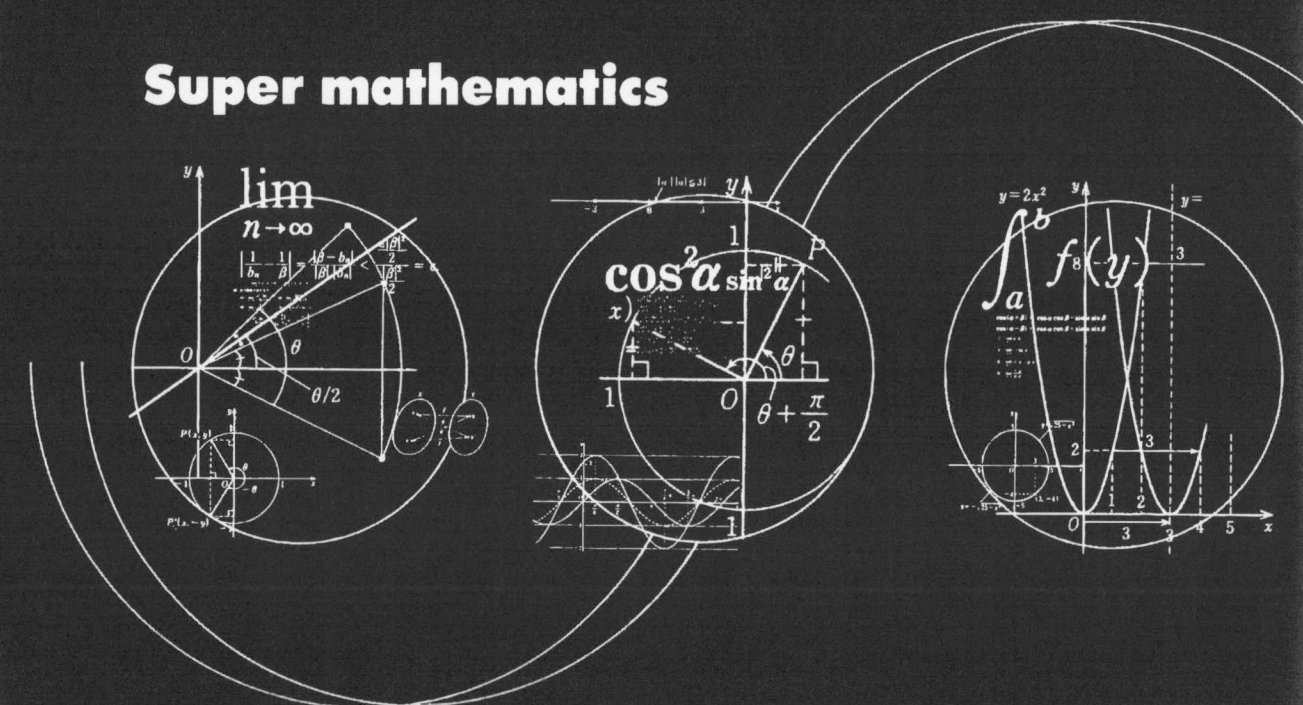

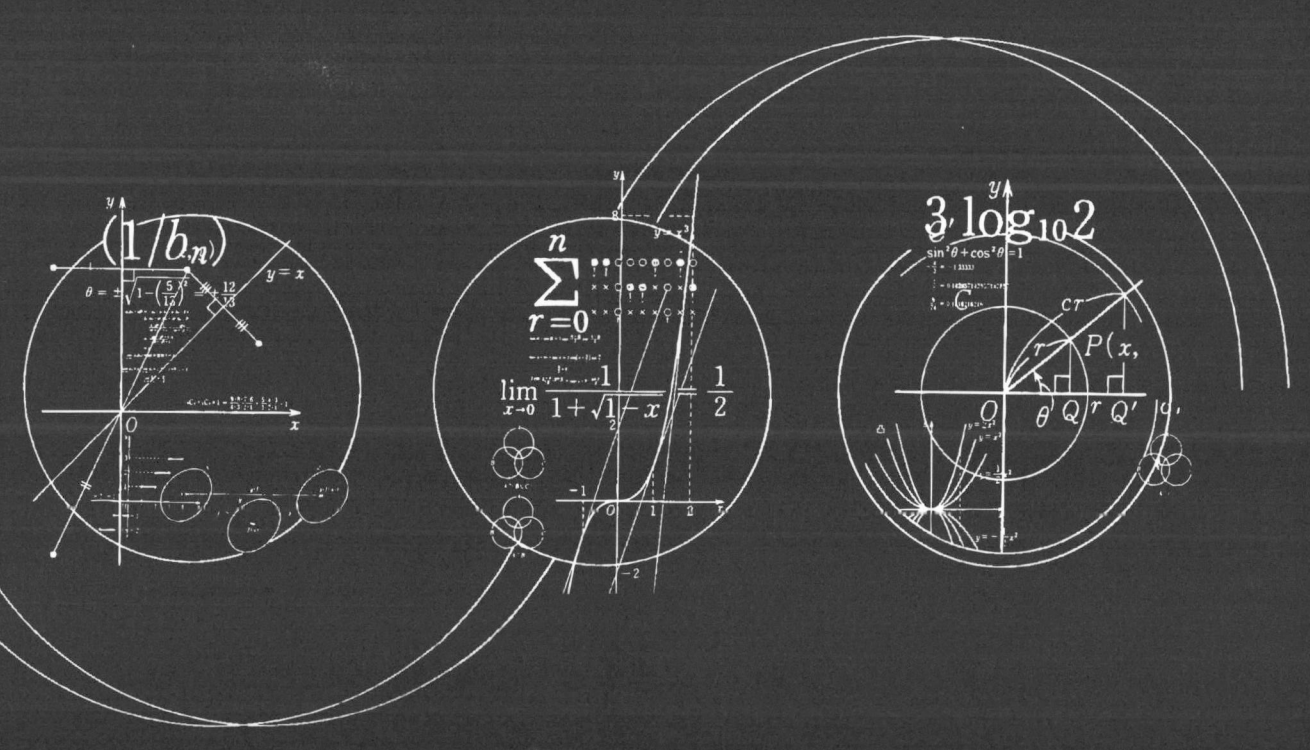